技能型人才培养实用教材
高等职业院校“十四五”新形态信息化教材

工程制图与CAD

智媒体版

主　　编　刘亚娟　邹　蕾　陈光伸
副 主 编　张红红　罗　平

课件　微课　视频　新形态教材

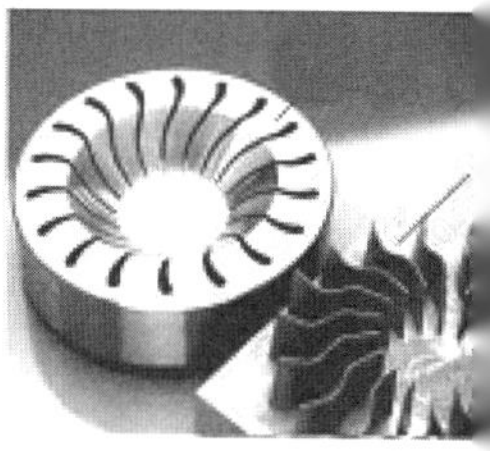

西南交通大学出版社
·成　都·

图书在版编目（CIP）数据

工程制图与CAD：智媒体版 / 刘亚娟，邹蕾，陈光伸主编. —成都：西南交通大学出版社，2021.8（2024.6 重印）

技能型人才培养实用教材　高等职业院校“十四五”新形态信息化教材

ISBN 978-7-5643-8159-2

Ⅰ. ①工… Ⅱ. ①刘… ②邹… ③陈… Ⅲ. ①工程制图－AutoCAD软件－高等职业教育－教材 Ⅳ. ①TB237

中国版本图书馆CIP数据核字（2021）第150593号

技能型人才培养实用教材
高等职业院校“十四五”新形态信息化教材

Gongcheng Zhitu yu CAD（Zhimeiti Ban）
工程制图与CAD（智媒体版）

主　编　刘亚娟　邹　蕾　陈光伸

责任编辑　何明飞
封面设计　何东琳设计工作室

出版发行　西南交通大学出版社
（四川省成都市金牛区二环路北一段111号
西南交通大学创新大厦21楼）
邮政编码　610031
发行部电话　028-87600564　028-87600533
网址　http://www.xnjdcbs.com
印刷　成都蜀雅印务有限公司

成品尺寸　185 mm × 260 mm
印张　18
字数　373千
版次　2021年8月第1版
印次　2024年6月第3次
定价　49.80元
书号　ISBN 978-7-5643-8159-2

课件咨询电话：028-81435775

前言
PREFACE

随着我国经济的快速发展，社会对技能型人才的需求越来越大，高职院校所培养的学生大部分都是面向生产一线的应用型人才，工程类专业学生毕业将走向施工员、造价员、绘图员、监理员等工作岗位，无论哪个岗位都要求具备较强的工程图绘制与识读能力。

“工程制图与 CAD”课程是工科专业一门制图理论和计算机操作技能兼具的技术基础课。本书依据高等职业院校工程及交通相关专业培养方案的基本要求，按照“任务驱动，教、学、做一体化”的课程教学模式编写，将知识点组织到各个教学任务中，教师指导学生在完成实训任务的过程中学习和掌握必要的基础理论和基本技能。本书教学内容按照工程“施工员”等岗位任职要求构建，教学任务设计贴近工程实际，强化工程制图及识图能力。本书结合笔者多年从事工程制图与 CAD 课程的教学经验，在内容的选取上，以实用为主，知识较为精简，融入了大量的插图，让学生能从实践中掌握理论知识，同时配有技能训练和能力训练，通过实训练习和课后练习强化学生的知识掌握程度。全书共包含了 10 个教学项目，前 5 个项目为工程制图部分，主要内容包括制图基础知识、工程形体投影图的绘制、轴侧投影、组合体投影、剖面图与断面图绘制；后 5 个项目为 AutoCAD 学习部分，主要内容包括 AutoCAD 的基本操作、二维绘图命令、二维编辑命令、文字与尺寸标注和图形的打印与输出。通过本书的学习，学生能运用 AutoCAD 完成较复杂的绘图任务。

本书由重庆能源职业学院刘亚娟、邹蕾和云南水利水电职业学院陈光伸担任主编，重庆能源职业学院张红红、罗平担任副主编，具体编写分工如下：项目一、项目二、项目五由刘亚娟编写，项目四、项目七、项目八由邹蕾编写，项目六由陈光伸编写，项目九、项目十由张红红编写，项目三由罗平编写，全书由刘亚娟统稿。本书可作为高等职业学院工程及交通大类相关专业的教材，也可作为工程技术人员的参考用书。

由于编者水平有限，书中难免存在疏漏和不当之处，恳请读者批评指正。

编 者

2021 年 6 月

数字资源目录

目录
CONTENTS

项目一　制图的基本知识

知识目标

- 1. 了解常用制图工具的使用方法。
- 2. 掌握制图图线的标准。
- 3. 掌握制图尺寸标注的方法及要点。
- 4. 掌握正五边形、正六边形的绘制方法。
- 5. 掌握椭圆的绘制方法。
- 6. 掌握圆弧连接的绘制方法。
- 7. 掌握平面图形线段分析方法和绘图步骤。

技能目标

- 1. 能够正确使用绘图工具。
- 2. 能够绘制符合国家标准的图线。
- 3. 能够正确注写符合国家标准的尺寸和文字。
- 4. 能够使用圆规绘制正多边形、椭圆。
- 5. 能够使用圆规绘制圆弧连接平面图形。
- 6. 能够正确绘制图框、标题栏。

课程导入

近代一切机器、仪器和工程建筑都是根据图样进行制造和建设的。在现代工程建设中，无论是混凝土浇筑、基础开挖、线路设计、桥梁设计及施工、轨道安装等，都离不开工程图样。工程图样是表达工程建筑物的形状、大小、材料、构造以及各组成部分之间相互关系的图纸。在工程技术领域，设计者通过图样来描述设计对象，将工程结构和尺寸表达出来，工程图样是工程技术人员用以表达设计意图、组织生产施工、交流技术思想的重要技术资料；施工人员通过图样来了解设计要求，组织制造和施工；使用者通过图样来了解使用对象的结构和性能，进行保养和维护。因此，工程图是工程技术人员交流与思想表达的工具——“工程技术语言”。正确规范地绘制和阅读工程图是一名工程技术人员必备的基本素质。

任务一 制图工具的认识

工程制图中用到的画图工具主要有图板和丁字尺、三角板、比例尺、圆规、铅笔、曲线板等。工程制图是一门专业基础学科，它以画法几何的投影理论为基础，以直尺、圆规、图板为工具，以黑板、木模、挂图为媒介，已有 200 多年的历史。工程制图在培养学生以创造性思维为基础的空间想象力及构思能力和促进工业化进程等诸多方面发挥了重要的作用。下面主要介绍几种主要的制图工具。

一、图　板

图板是铺贴图纸用的，要求板面平滑光洁；工作边（图版左侧边）平直光滑。图纸需用胶带纸固定在图板上。当图纸较小时，应将图纸铺贴在图板靠近左上方的位置，如图 1-1 所示。

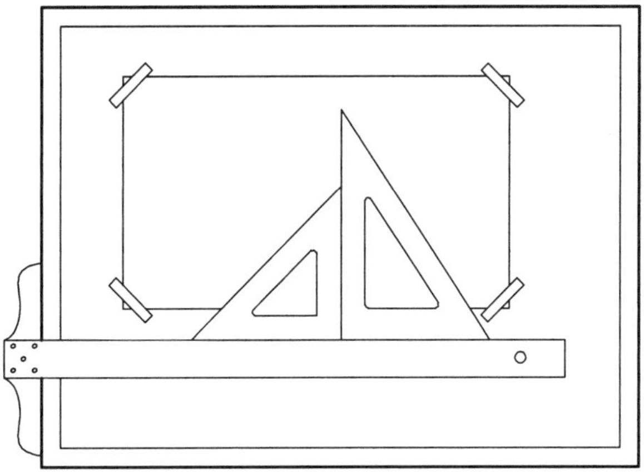

图 1-1　绘图板、丁字尺和三角板

二、丁字尺

丁字尺由尺头和尺身两部分组成。它主要用来画水平线，其头部必须紧靠绘图板左边，然后用丁字尺的上边画线。移动丁字尺时，用左手推动丁字尺头沿图板上下移动，把丁字尺调整到准确的位置，然后压住丁字尺画水平线，如图 1-2（a）所示。画竖直线时，必须与三角板配合使用，是从下向上，在画线前进方向略有倾斜，有多条竖直线时，按先左后右的顺序依次画出，如图 1-2（b）所示。

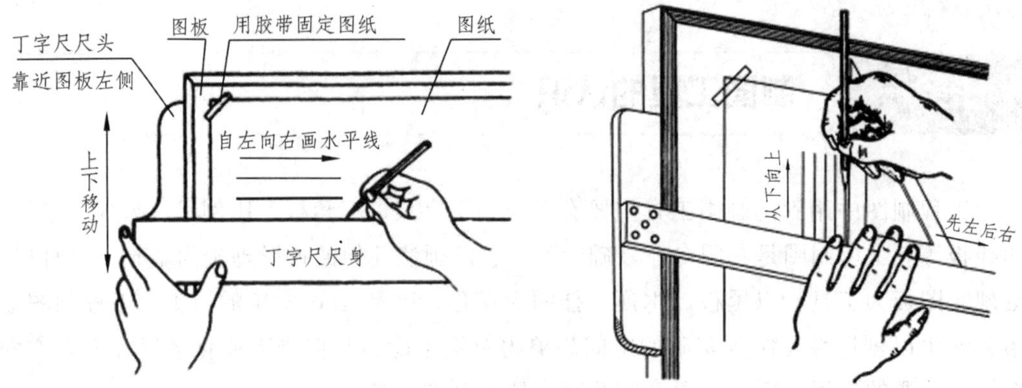

（a）画水平线　　（b）画垂直线

图 1-2　丁字尺和三角板的配合使用

三、三角板

三角板分 45°和 30°/60°两块，可配合丁字尺画铅垂线及 15°倍角的斜线。用两块三角板配合可以画任意角度已知直线的平行线或垂直线，如图 1-3 所示。

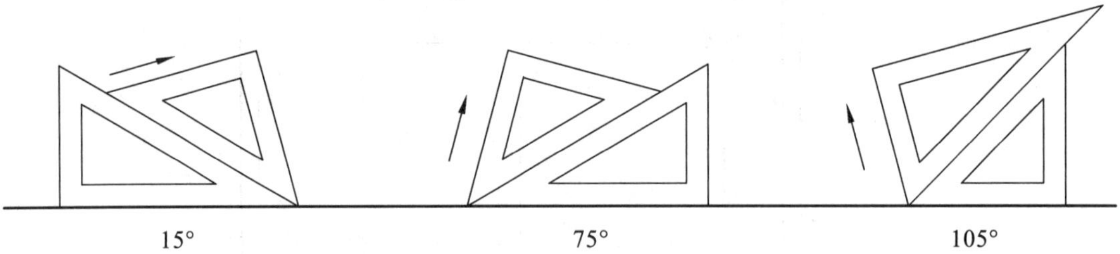

（a）画常用角度的线

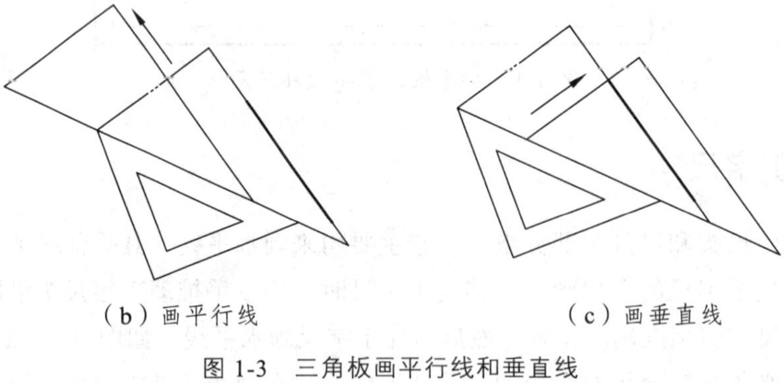

（b）画平行线　　（c）画垂直线

图 1-3　三角板画平行线和垂直线

四、铅　笔

绘图用铅笔的铅芯有不同的硬度，用硬度符号表示，分为软（B）、硬（H）、中性（HB）三种。“H”表示硬性铅笔，色浅淡，H 前面的数字越大，表示铅芯越硬（浅淡）；“B”表示软性铅笔，色浓黑，B 前面的数字越大，表示铅芯越软（浓黑）；“HB”是中性铅，表示铅芯软硬适当。绘图时根据不同使用要求，应准备以下几种硬度不同的铅笔。

B 或 HB——画粗实线用；

HB 或 H——画箭头和写字用；

H 或 2H——画各种细线和画底稿用。

其中用于画粗实线的 B 或 HB 型铅笔磨成矩形，其宽度 b 为粗实线的线宽（一般 $b \approx 0.7$ mm），其余的磨成圆锥形，如图 1-4 所示。

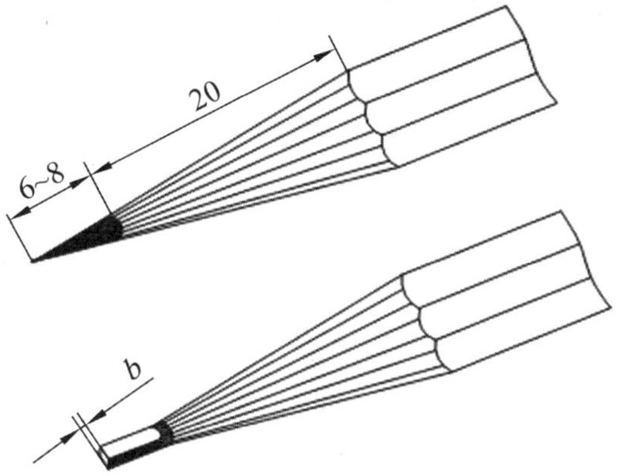

图 1-4　铅芯的形状图

五、圆规和分规

圆规用来画圆和圆弧。画图时应尽量使钢针和铅芯都垂直于纸面，钢针的台阶与铅芯尖应平齐，使用方法如图 1-5 所示。

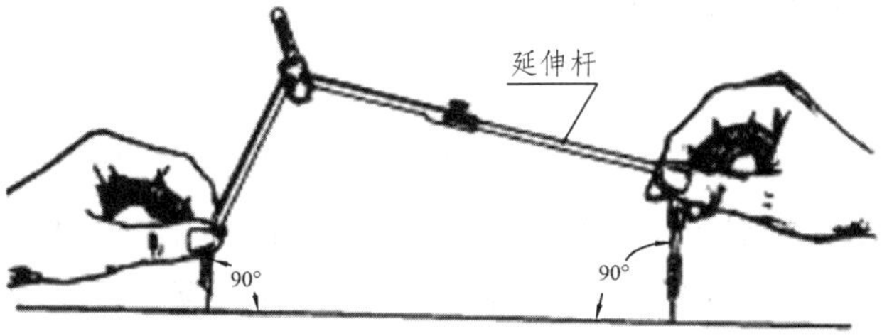

（a）

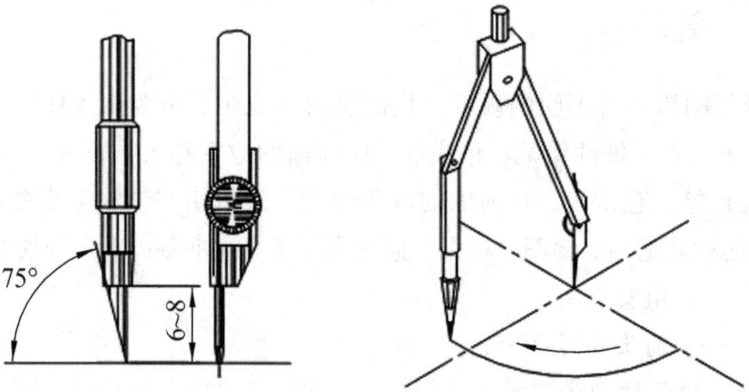

（b）　　　　（c）

图 1-5　圆规的用法

分规主要用来量取线段长度或等分已知线段，其用法如图 1-6 所示。

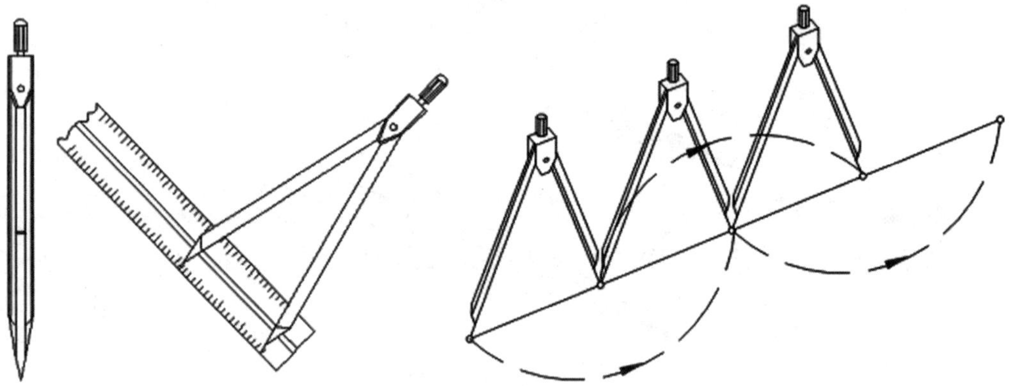

（a）　　　　（b）

图 1-6　分规的用法

任务二　制图的标准

图框为工程图纸的必要组成部分，也是绘制工程图之前需要准备的首要步骤。由于 A3 图幅相对较小（A4 太小，绘制内容有限），在野外工地方便携带，故公路工程常用 A3 幅面（横放），如图 1-7 所示。绘制 A3 横式图幅时应注意符合工程制图的标准，线型、线框运用准确，字体工整。所以要绘制该图框，必须要掌握工程制图标准中的相关规定，掌握制图工具的正确使用。

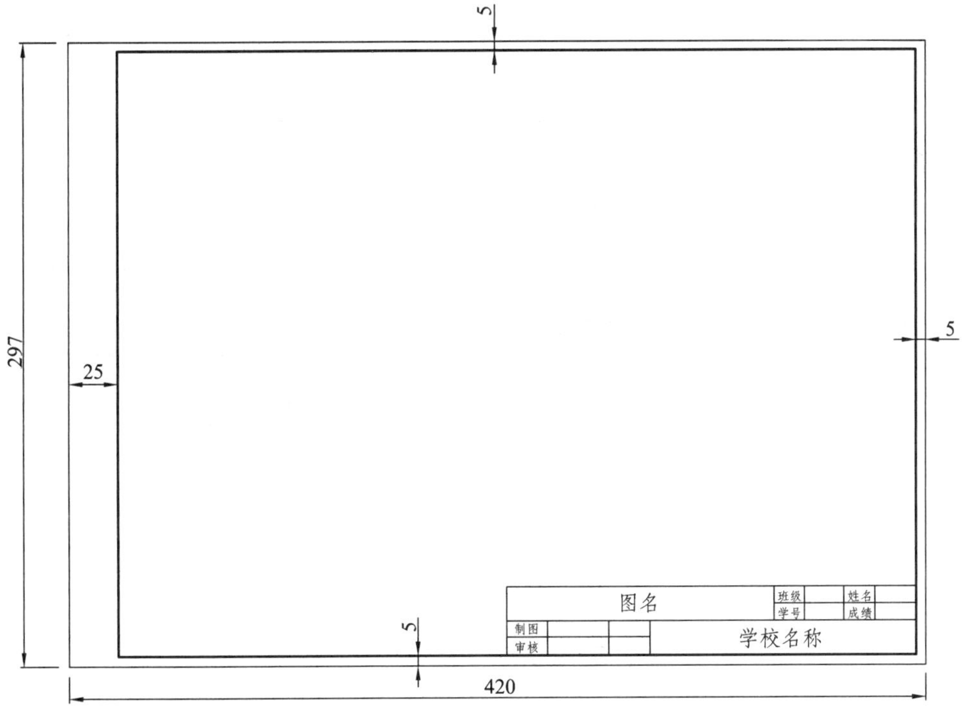

图 1-7　横式 A3 图幅

一、常用制图国家标准

在绘制图样前，先要熟练掌握国家工程制图标准的一些基本知识。我国国家标准代号为“GB”（“GB/T”为推荐性国标），现行的有关交通运输类图的国家标准有：《道路工程制图标准》（GB 50162—92）、《铁路工程制图标准》（TB/T10058—2015）、《CAD工程制图规则》（GB/T 18229—2000）等。

本书选取了制图标准中的一部分规定，主要包括图幅、图线、字体、比例、尺寸标注等。

（一）图纸的幅面和格式

1. 图纸幅面、图框

图纸的幅面

图幅，即图纸的大小，图幅的规格共有 5 种，从大到小的幅面代号为 A0、Al、A2、A3、A4。各种图幅的幅面尺寸见表 1-1。

表 1-1　图纸幅面代号和尺寸　　单位：mm

幅面代号	A0	A1	A2	A3	A4
$B \times L$	841×1 189	594×841	420×594	297×420	210×297
a	25				
c	10			5	

表中 B 为幅面短边尺寸，L 为幅面长边尺寸，c 为图框线与幅面间宽度，a 为图框线与装订边间宽度。A1 图幅由 A0 图幅对裁而得，其他图幅依此类推。

长边作为水平边使用的图幅称为横式图幅，短边作为水平边的称为立式图幅。A0 ~ A3 图幅宜横式使用，必要时立式使用，A4 图幅只立式使用。

在图纸上，图框线用粗实线画出，如图 1-8 所示。图形必须画在图框之内。

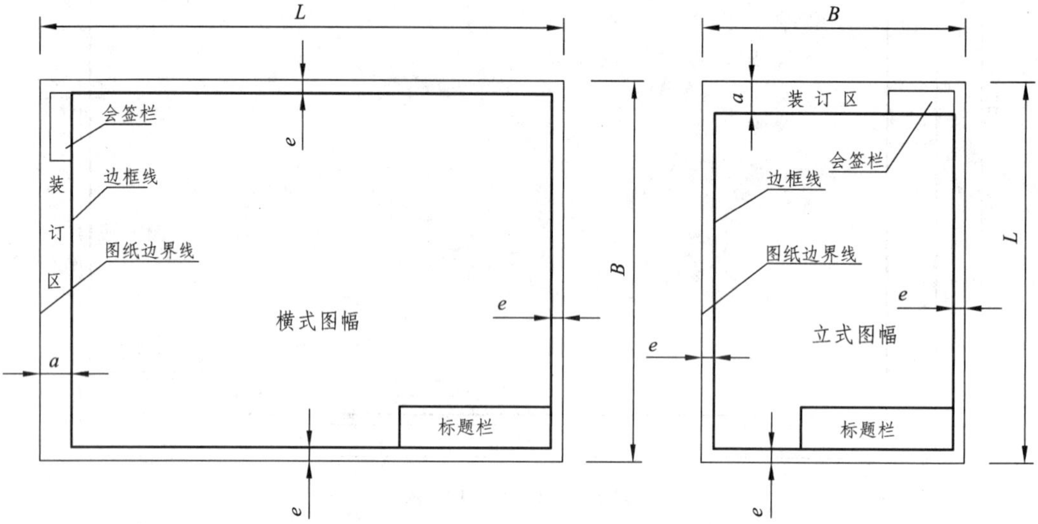

图 1-8　需要装订图样的图框格式

2. 标题栏

标题栏是用来说明图样内容的专栏，标题栏的外框用粗实线绘制，内部用细实线绘制。每张图纸都应在图框的右下角设置标题栏，位置如图 1-9 所示。

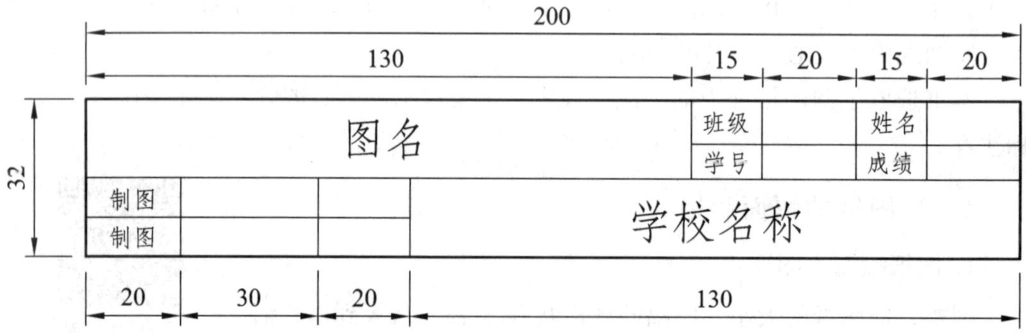

图 1-9　标题栏（单位：mm）

3. 会签栏

会签栏应按图 1-10 的格式绘制，其尺寸应为 100 mm×20 mm，栏内应填写会签人员所代表的专业、姓名、日期（年、月、日）；一个会签栏不够时，可另加一个，两个会签栏应并列；不需会签的图纸可不设会签栏。

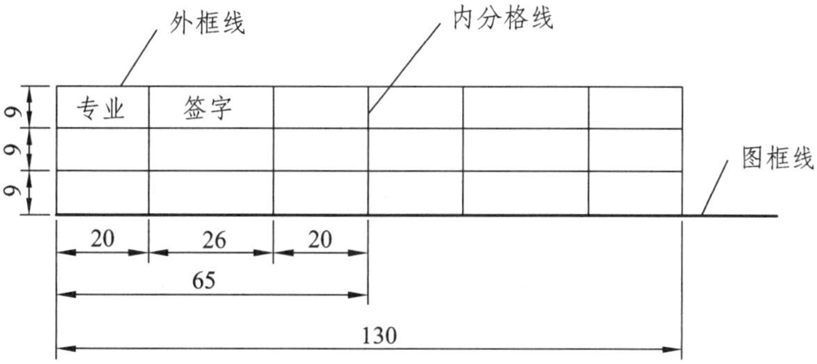

图 1-10　会签栏（单位：mm）

（二）图　线

1. 线　型

图线是构成任何工程图样的基本元素，主要包括线宽和线型两个方面，任何工程图样都是由不同线型、不同粗细的线条所构成，这些图线可表达图样的不同内容，以及分清图中的主次。工程图中常用的图线线型有实线、虚线、点画线、折断线、波浪线等，各类图线名称、线型、线宽及用途见表 1-2。

表 1-2　图线

名称		线型	线宽	用途
实线	粗实线		b	主要可见轮廓线
	中粗实线		$0.7b$	可见轮廓线、图框线
	中实线		$0.5b$	可见轮廓线
	细实线		$0.25b$	可见轮廓线、尺寸线、尺寸界线等
虚线	粗虚线		b	新建的给水排水管道线、总平面图中的地下建筑物或地下构筑物等
	中粗虚线		$0.7b$	不可见轮廓线
	中虚线		$0.5b$	不可见轮廓线、图例线
	细虚线		$0.25b$	不可见轮廓线、图例填充线
单点长画线	粗单点长画线		b	见各有关专业制图标准
	中粗单点长画线		$0.7b$	见各有关专业制图标准
	细单点长画线		$0.25b$	中心线、对称线、定位轴线等
双点长画线	粗双点长画线		b	见各有关专业制图标准
	中粗双点长画线		$0.7b$	见各有关专业制图标准
	细双点长画线		$0.25b$	假想轮廓线、成型以前的原始轮廓线
折断线	细线		$0.25b$	断开界线
波浪线	细线		$0.25b$	断开界线

2. **线　宽**

图线的宽度，每种线型一般都有 4 种不同宽度。粗线：中粗线：中线：细线 =b：0.7b：0.5b：0.25b。字母 b 为基本线宽，具体的图线宽度应根据图形的复杂程度及作图比例大小，从表 1-3 中选取。同一张图纸内，相同比例的各图样，应选用相同的线宽组。

表 1-3　线宽组　　单位：mm

线宽比	线宽组					
b	2.0	1.4	1.0	0.7	0.5	0.35
0.7b	1.4	1.0	0.7	0.5	0.35	0.25
0.5b	1.0	0.7	0.5	0.35	0.25	0.18
0.25b	0.5	0.35	0.25	0.18		

图纸的图框和标题栏线，可采用表 1-4 的线宽。

表 1-4　图框和标题栏线宽　　单位：mm

幅面代号	图框线	标题栏外框线	标题栏分格线、会签栏线
A01、A1	1.4	0.7	0.35
A2、A3、A4	1.0	0.7	0.35

3. **图线的画法规定**

（1）相互平行的两直线，其间隙不宜小于其中的粗线宽度，且不宜小于 0.7 mm。

（2）虚线、单点长画线或双点长画线的线段长度和间隔，宜各自相等。

（3）单点长画线或双点长画线，当在较小的图形中绘制有困难时，可用实线代替。

（4）单点长画线或双点长画线的两端不应是点，点画线与点画线交接或点画线与其他图线交接时，应是线段交接。

（5）虚线与虚线交接或虚线与其他图线交接时，应是线段交接。虚线为实线的延长线时，不得与实线连接。

（6）图线不得与文字、数字或符号重叠、混淆，不可避免时，应首先保证文字等的清晰。

（三）字　体

图样中，应有文字来对它的基本信息、技术要求等做出说明，称工程中所用字体为工程字，主要包括汉字、字母和数字。字体的高度也称之为字号，常用的字号有 3.5、5、7、10、14、20 号字等，见表 1-5。

字体

表 1-5　长仿宋体字高宽的关系　　单位：mm

字高	20	14	10	7	5	3.5
字宽	14	10	7	5	3.5	2.5

工程图中书写字体的基本要求：

（1）图纸上所需书写的文字、数字或符号等，均应笔画清晰、字体端正、排列整齐；标点符号应清楚正确。

（2）文字的字高，应从如下系列中选用：3.5 mm、5 mm、7 mm、10 mm、14 mm、20 mm。如需书写更大的字，其高度应按 2 的比值递增。

（3）图样及说明中的汉字，宜采用长仿宋体，汉字的高度应不小于 3.5 mm，其字高宽比一般为 3∶2。宽度与高度的关系应符合表 1-5 的规定。长仿宋体的书写方法为：横平竖直、笔锋满格、字体工整、起落分明、笔锋满格、布局均匀，如图 1-11 所示。

10号字　字体工整　笔画清楚　间隔均匀　排列整齐

7号字　横平竖直　注意起落　结构均匀　填满方格

5号字　技术制图　机械电子　汽车船舶　土木建筑

3.5号字　螺纹齿轮　航空工业　施工排水　供暖通风　矿山港口

图 1-11　长仿宋体字例

（4）拉丁字母、阿拉伯数字与罗马数字的字高，应不小于 2.5 mm。数量的数值注写，应采用正体阿拉伯数字。如需写成斜体字，其斜度应是从字的底线逆时针向上倾斜 75°。

拉丁字母、阿拉伯数字与罗马数字的字例如图 1-12 所示。

（5）分数、百分数和比例数的注写，应采用阿拉伯数字和数学符号，如四分之三、百分之二十五和一比二十应分别写成 3/4、25%和 1∶20。

（四）比　例

通常称图样的比例为图形与实物相对应的线性尺寸之比，也就是比例=图形大小∶实物大小。比例可分为原值比例（即 1∶1）、放大比例（如 2∶1）和缩小比例（如 1∶2）。

比例在实际工程图样中，应注意：

（1）每张图样都应标注出绘制图形所采用的比例。

ABCDEFGHIJKLMNOPQRSTUVWXYZ

abcdefghijklmnopqrstuvwxyz

ABCDEFGHIJKLMNOPQRSTUVWXYZ

abcdefghijklmnopqrstuvwxyz

1234567890

1234567890

Ⅰ Ⅱ Ⅲ Ⅳ Ⅴ Ⅵ Ⅶ Ⅷ Ⅸ Ⅹ

Ⅰ Ⅱ Ⅲ Ⅳ Ⅴ Ⅵ Ⅶ Ⅷ Ⅸ Ⅹ

图 1-12　拉丁字母、阿拉伯数字与罗马数字示例

（2）采用的比例，应根据图样大小以及图形的复杂程度从表 1-6 中选取，常用比例优先。

表 1-6　绘图比例

放大比例		2∶1，3∶1，4∶1，5∶1，10∶1
缩小比例	常用比例	1∶1，1∶2，1∶5，1∶10，1∶20，1∶50，1∶100，1∶200，1∶500，1∶1 000
	可用比例	1∶3，1∶4，1∶6，1∶15，1∶30，1∶40，1∶60，1∶80，1∶250，1∶300

（3）比例宜注写在图名的右侧，字的基准线应取平；比例的字高宜比图名的字高小一号或二号。比例标注的样例如图 1-13 所示。

平面图 1∶100　②1∶100

图 1-13　比例标注样例

（4）无论采用放大比例还是缩小比例，图形所注的尺寸数字，必须为实物的实际大小，而与所采用的比例无关。

（五）尺寸标注

1. 尺寸的组成

如图 1-14 所示，一个完整的尺寸标注，应包括尺寸界线、尺寸线、尺寸起止符号

和尺寸数字。

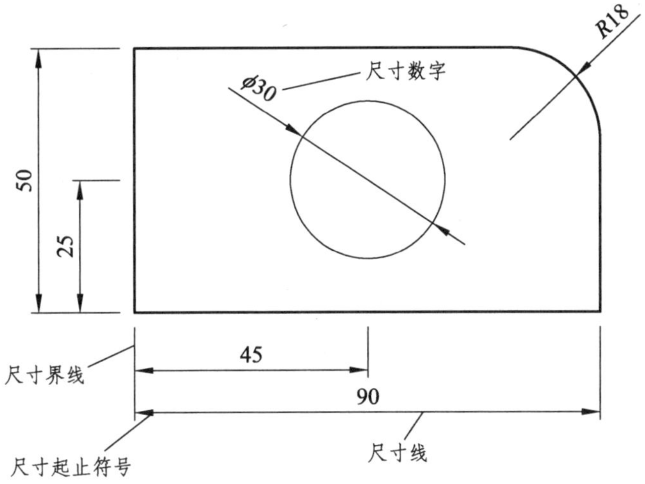

图 1-14　尺寸的组成

（1）尺寸界线。

尺寸界线应用细实线绘制，一般应与被注长度垂直，其一端应离开图样轮廓线不小于 2 mm，另一端宜超出尺寸线 2 ~ 3 mm，图样轮廓线可兼用作尺寸界线，如图 1-15 所示。

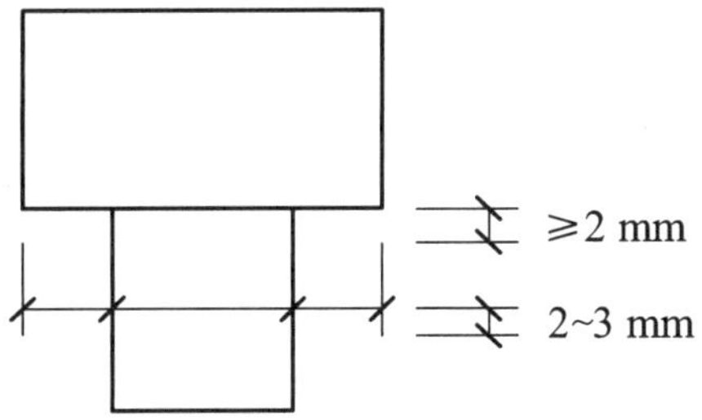

图 1-15　尺寸界线

（2）尺寸线。

尺寸线用来标明尺寸的方向，应用细实线绘制，并与被注长度平行，需要单独绘制（图样本身的任何图线均不得用作尺寸线），不能与其他图线重合，如图 1-15 所示。尺寸线绘制时，应注意尺寸线离轮廓线的间距大于等于 10 mm，尺寸线之间的间距宜为 8 ~ 10 mm

（3）尺寸起止符号。

机械制图中，尺寸起止符号一般用实心箭头绘制，箭头长约 4 mm；建筑制图中，尺寸起止符号一般用粗斜短线绘制，样式如图 1-16 所示。

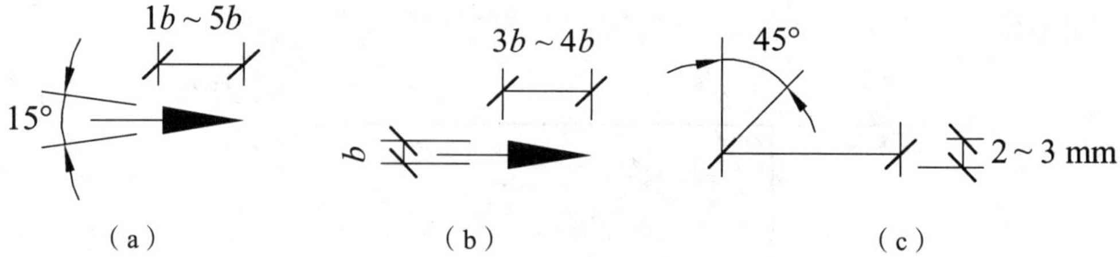

图 1-16　尺寸起止符号画法

（4）尺寸数字。

图样上的尺寸，应以尺寸数字为准，不得从图上直接量取。图样上的尺寸单位，除标高及总平面以米为单位外，其他必须以毫米为单位。

尺寸数字的方向有如下的规定：水平尺寸注在尺寸线的上方，字头向上；竖直尺寸注在尺寸线的左方，字头向左；倾斜尺寸注在尺寸线的上方，字头有朝上的趋势，如图 1-17（a）所示；若尺寸在 30°斜线区内，宜按图 1-17（b）、（c）所示形式注写。

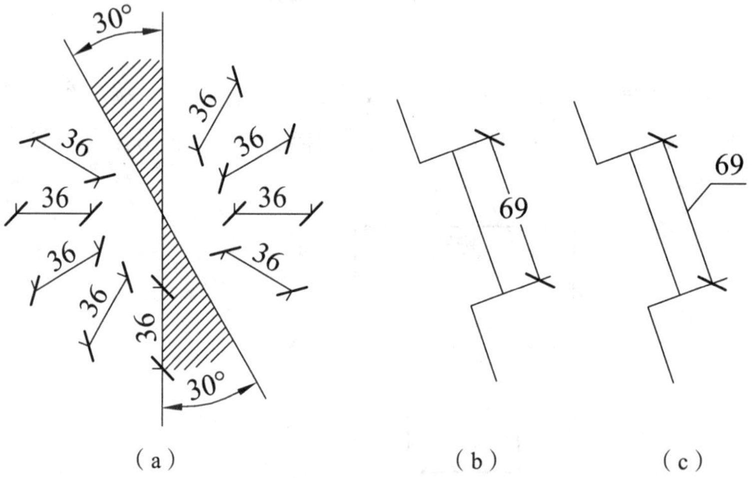

图 1-17　尺寸数字的注写方向

尺寸数字一般应依据其方向注写在靠近尺寸线的上方中部。如没有足够的注写位置，最外边的尺寸数字可注写在尺寸界线的外侧，中间相邻的尺寸数字可错开注写，如图 1-18 所示。

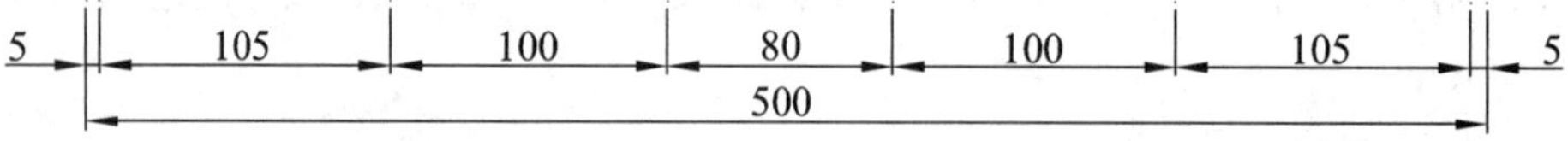

图 1-18　尺寸数字的注写位置

2. 尺寸的排列与布置

尺寸宜标注在图样轮廓以外，不宜与图线、文字及符号等相交，如果尺寸数字与图线相交不可避免，则应将图线断开，如图 1-19 所示。

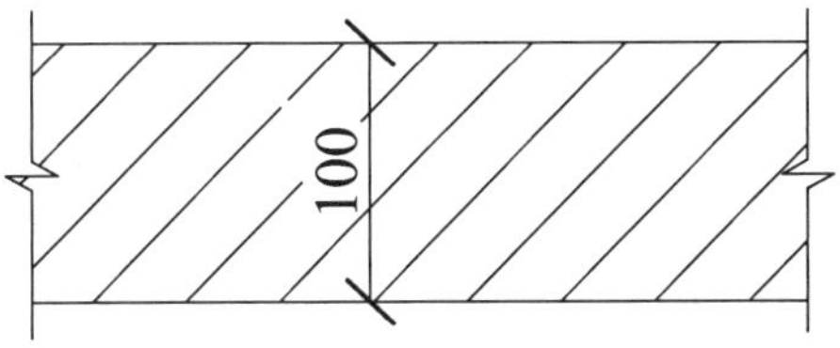

图 1-19　尺寸数字处图线应断开

互相平行的尺寸线，应从被注写的图样轮廓线由近向远整齐排列，较小尺寸应离轮廓线较近，较大尺寸应离轮廓线较远，如图 1-20 所示。

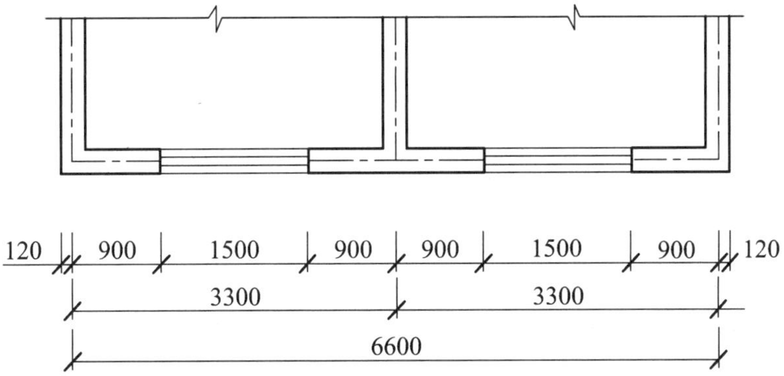

图 1-20　尺寸的排列

图样轮廓线以外的尺寸界线，距图样最外轮廓之间的距离，不宜小于 10 mm。平行排列的尺寸线的间距，宜为 7 ~ 10 mm，并应保持一致。

3. 圆弧、圆、球的尺寸标注

（1）圆弧半径标注。

一般情况下，小于或等于半圆的圆弧标注半径。圆弧半径的尺寸线应一端从圆心开始，另一端画箭头指向圆弧，半径数字前应加注半径符号“*R*”，样式如图 1-21 所示。

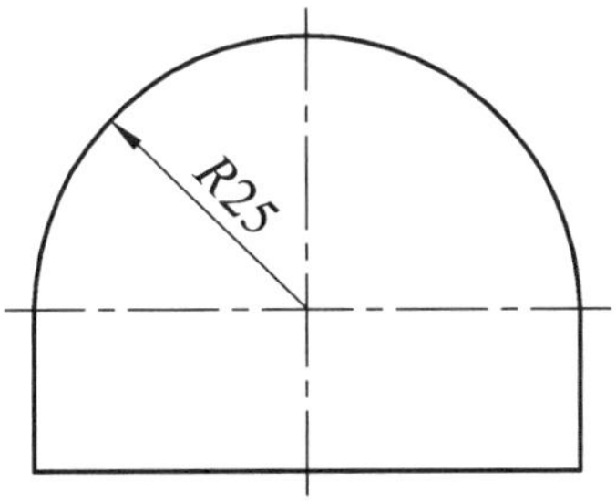

图 1-21　半径标注方法

较小圆弧的半径，可按图 1-22（a）的样式标注。

较大尺寸圆弧的半径，可按图 1-22（b）的样式标注。

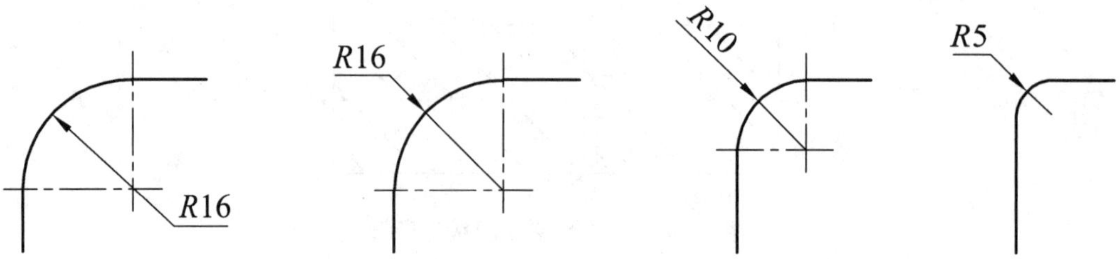

（a）小圆弧半径标注

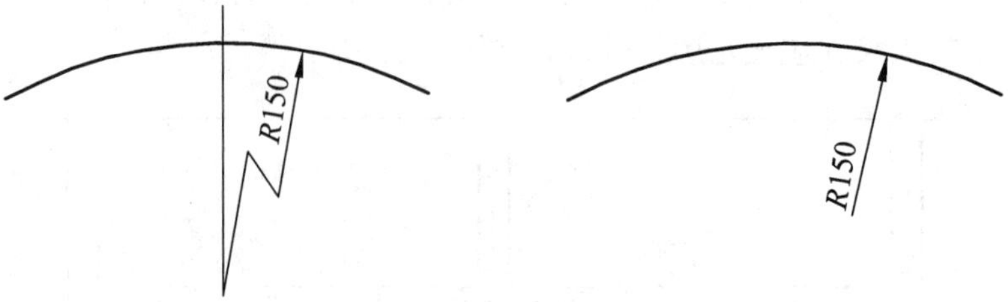

（b）大圆弧半径标注

图 1-22 圆弧半径标注

（2）圆直径标注。

一般情况下，圆或大于半圆的圆弧标注直径。标注圆的直径尺寸时，圆内标注的尺寸线应通过圆心，直径数字前应加直径符号“ϕ”。在两端画箭头指至圆弧，样式如图 1-23 所示。

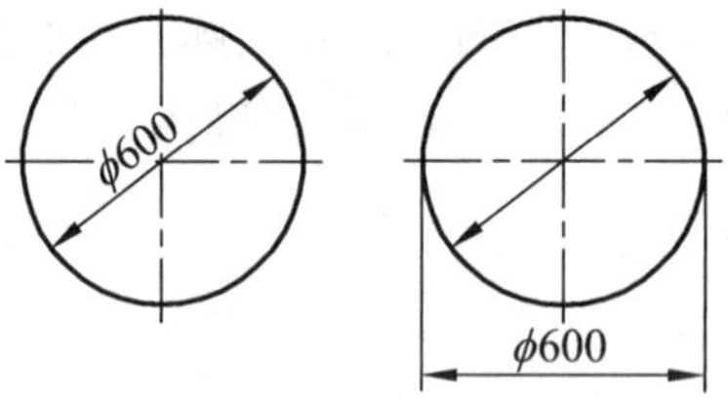

图 1-23 圆直径标注

较小圆的直径尺寸，可标注在圆外，样式如图 1-24 所示。

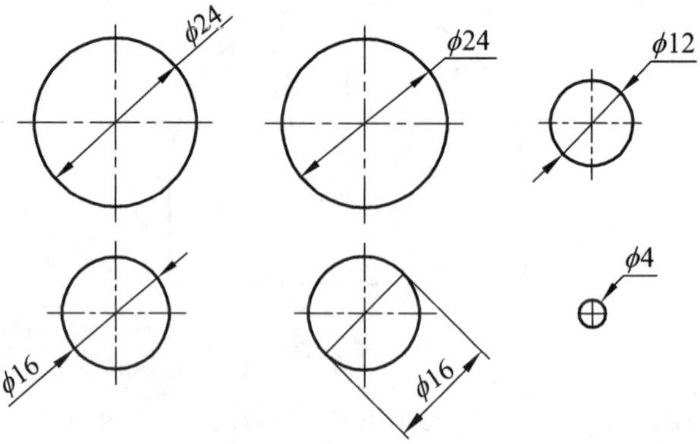

图 1-24 小圆直径标注

（3）圆球标注：标注球的半径尺寸时，应在尺寸数字前应加注符号“*SR*”；标注球的直径尺寸时，应在尺寸数字前应加注符号“$S\phi$”。注写方法与圆弧半径和圆直径的尺寸标注方法相同，如图 1-25 所示。

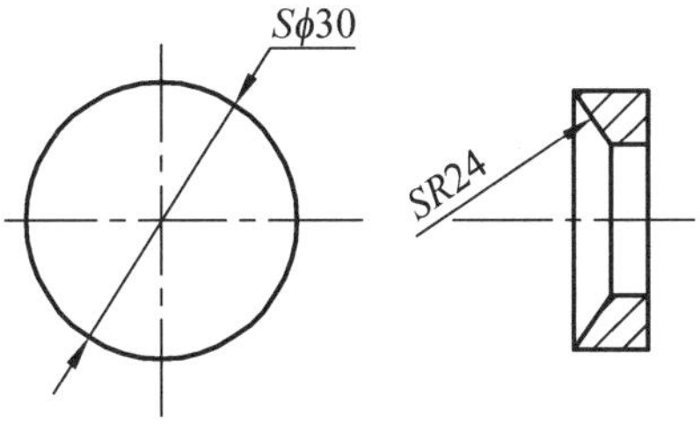

图 1-25

4. **角度、弧度、弧长的标注**

（1）角度标注。

角度的尺寸线用细实线圆弧表示，该圆弧的圆心为角的顶点，角的两条边为尺寸界线，起止符号应以箭头表示，如没有足够位置画箭头，可以圆点代替，角度数字应按水平方向注写。如图 1-26 所示。

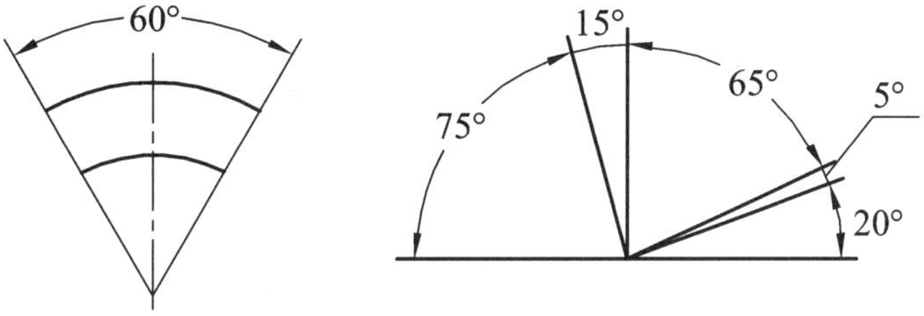

图 1-26　角度的标注

（2）弦长标注。

标注圆弧的弦长时，尺寸线应以平行于该弦的直线表示，尺寸界线垂直于该弦，起止符号用中粗斜短线表示，如图 1-27（a）所示。

（3）弧长标注。

标注圆弧的弧长时，尺寸线应以与圆弧同心的细圆弧线表示，尺寸界线应垂直于该圆弧的弦，起止符号用箭头表示，弧长数字上应加圆弧符号“⌒”，如图 1-27（b）所示。

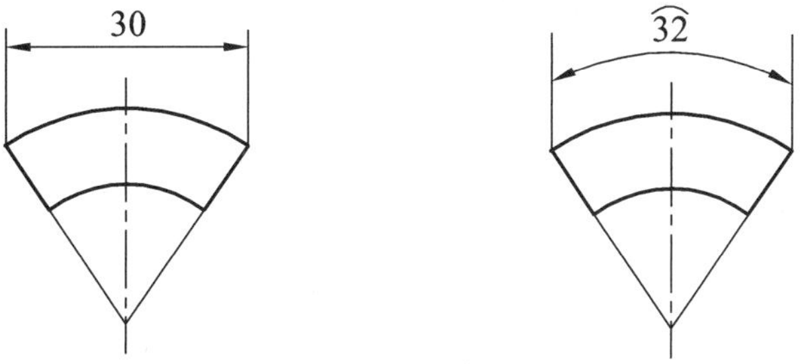

（a）弦长的标注　　（b）弧长的标注

图 1-27　弧度、弧长的标注

（六）坐　标

坐标网格应以细实线绘制，表示地区的方位和路线的走向，用指北针或坐标网格表示。应画成网格通线或十字线，坐标代号应采用 X、Y，或用 N、E 表示，如图 1-28 所示。

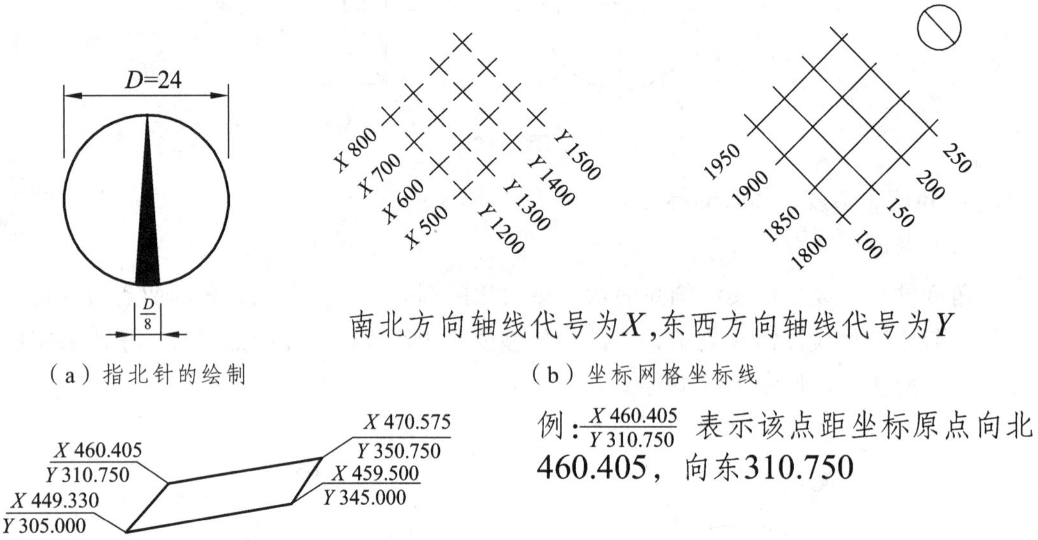

（a）指北针的绘制　（b）坐标网格坐标线

（c）控制点坐标的标注

图 1-28　指北针、坐标网格、坐标标注

二、平面图形的绘图步骤

1. 做好准备工作

将粗、细铅笔按要求削、磨好；圆规同样准备粗、细两种铅芯削磨好；图板、丁字尺、三角板擦干净。

2. 选择绘图比例和图纸幅面

根据图形的大小，确定绘图比例和图纸的幅面，所绘图形在图纸中不可太拥挤，也不可太松散，一般情况下图形占图纸幅面的 2/3 较为合适。

3. 固定图纸

丁字尺尺头紧靠图板左边，与图板下边保留 1 ~ 2 个尺身的距离，将图纸下边与丁字尺对齐用胶纸粘贴在图板上。

4. 画图框和标题栏

按规定要求画出图框和标题栏，注意最好先用细线画然后再描深，这样可减轻绘图时反复摩擦图面造成的污损。

5. 布　图

设想、计算布图方案，画出图形的基准线，如中心线、对称线、底边线等。

6. 绘制底稿

绘制底稿时用细而轻的图线，便于擦涂和修改，但图形尺寸要准确无误。

7. 检查、修改和清理

检查图形，修改错误，清理作图线。

8. 描深

描深指的是将粗、细线描到规定的线宽，将点画线和虚线按标准画好。描深时顺序应为先点画线、虚线，再细实线，最后粗实线；在描同一线型时应先圆后直线。

三、技能训练

（一）实训任务

手工绘制如图 1-27 所示的图框，标题栏尺寸参照图 1-9。

（二）实训要求

（1）准备好绘图工具，正确使用铅笔和圆规。

（2）绘制 A3 图框线，图形对中。

（3）尺寸标注符合国家标准。

能力训练

1. 单项选择题

（1）基本线宽 b=0.7 mm，那么标准栏的外框线应该为（　　）mm。

A. 0.7　　B. 1　　C. 0.5　　D. 0.35

（2）在线性尺寸中尺寸数字 200 mm 代表（　　）。

A. 物体的实际尺寸是 200 mm　　B. 图上线段的长度是 200 mm

C. 比例是 1∶200　　D. 线段长是图上线段长的 200 倍

（3）制图标准规定，尺寸起止符号必须采用箭头的是（　　）。

A. 弧长　　B. 半径　　C. 角度　　D. 以上都是

（4）制图国家标准规定，图纸优先选用的基本幅面代号为（　　）种。

A. 3　　B. 4　　C. 5　　D. 6

（5）工程图样中的汉字通常应尽可能选择（　　）字体。

A. 楷体　　B. 宋体　　C. 仿宋体　　D. 长仿宋体

（6）下列叙述正确的是（　　）。

A. 1∶2 是放大比例　　B. 1∶2 是缩小比例

C. 1∶2 是优先选用比例　　D. 1∶2 是原值比例

（7）A2 幅面图纸尺寸 $b \times l$（单位：mm）正确的是（　　）。

A. 594×841　　B. 841×420　　C. 420×594　　D. 420×297

（8）一张 A0 幅面纸相当于（　　）张 A3 幅面图纸。

A. 5　　B. 6　　C. 7　　D. 8

（9）在尺寸标注中，轮廓线可以用作（　　）。

A. 尺寸界线　　B. 尺寸线　　C. 起止符号　　D. 尺寸数字

（10）在制图时，表示主要可见轮廓线采用（　　）线型。

A. 粗实线　　B. 细实线　　C. 波浪线　　D. 虚线

2. 判断题

（1）图幅，即图纸的大小。（　）

（2）制图时，图纸以短边作为垂直边为横式，以短边作为水平边为立式。（　）

（3）标题栏通常外框用细实线，内部用中粗实线。（　）

（4）绘制圆的对称中心线时，首末两端不宜超出图形。（　）

（5）图线是构成任何工程图样的基本元素，主要包括线宽和线型两个方面。（　）

（6）主要轮廓线用虚线表示。（　）

（7）一栋房屋在图上量得长度为 60 cm，用的是 1∶100 比例，其实际长度是 60 m。（　）

（8）尺寸的起止符号只能用 45°短线。（　）

（9）在尺寸标注中，"*SR*"表示球体的半径。（　）

（10）工程图又叫工程界的语言。（　）

3. 思考题

（1）列举出常用的图纸图幅。

（2）绘制图线时的注意事项有哪些？

（3）常用的制图工具和仪器有哪些？

任务三　几何图形绘制

工程构造物的形状是多种多样的，但图样大都是由直线、圆弧及曲线构成的几何图形。为了准确、迅速地绘制图样，并提高绘图质量，必须掌握各种几何图形的作图方法。

一、等分任意已知线段

如图 1-29 所示，将已知线段 AB 五等分。

（1）过端点 A 作任意直线 AC。

（2）用分规在 AC 上量取 1、2、3、4、5 各等分点。

（3）连接 $5B$，分别过 1、2、3、4 等分点作 $5B$ 的平行线，与 AB 相交得 1′、2′、3′、4′点，即为所求的等分点。

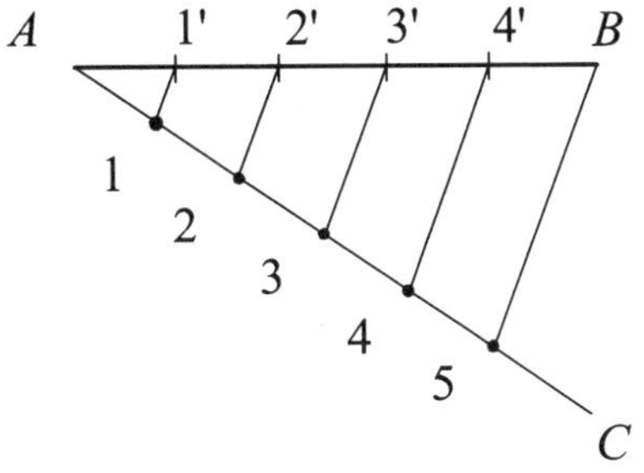

图 1-29　线段的五等分

二、圆的内接正多边形

绘制正多边形一般是先画出正多边形的外接圆，然后用圆规等分外接圆圆周，再连接等分点。

（一）正六边形

正六边形画法如图 1-30 所示，画图步骤如下：

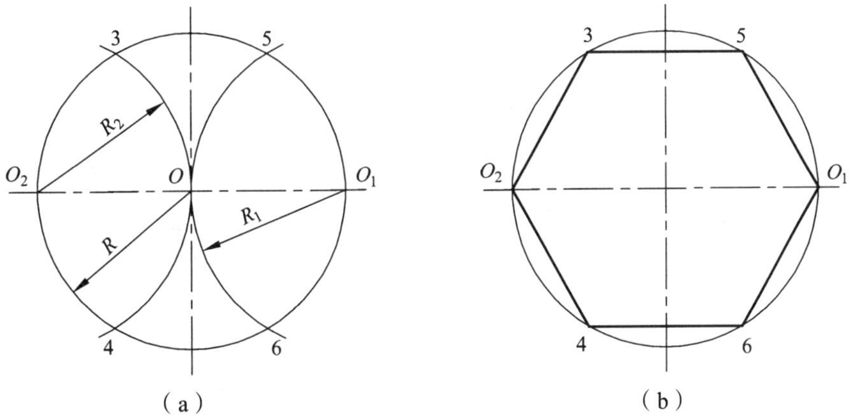

图 1-30　正六边形画法

（1）如图 1-30（a）所示，先画出正六边形的外接圆 O，分别以 O_1、O_2 为圆心，以 R_1、R_2（$R_1=R_2=R$）为半径画弧与圆 O 相交于 3、4、5、6 四点，则图中 O_1、O_2、3、4、5、6 点为圆 O 上的六等分点。

（2）如图 1-30（b）连接圆 O 上的六等分点，则画出圆内接正六边形。

（二）正五边形

正五边形画法如图 1-31 所示，画图步骤如下：

（1）如图 1-31（a）所示，先画出正五边形的外接圆 O，以 O_1 为圆心，以 R_1（$R_1=R$）为半径画弧与圆 O 相交于 A_1、A_2 两点，连接 A_1、A_2，与圆 O 的水平中心线交于 O_2 点。

（2）如图 1-31（b）所示，以 O_2 点为圆心，以 R_2（$R_2=O_1O_2$）为半径画弧与圆 O 的水平中心线交于 B 点。

（3）如图 1-31（c）所示，以 O_3 点为圆心，以 R_3（$R_3=O_3B$）为半径画弧与圆 O 交于 1、2 两点。再分别以 1、2 两点为圆心，以 R_3 为半径画弧与圆 O 交于 3、4 两点。则 O_3、1、2、3、4 五点为圆 O 的五等分点。

（4）如图 1-31（d）连接圆 O 上五等分点，则画出圆内接正五边形。

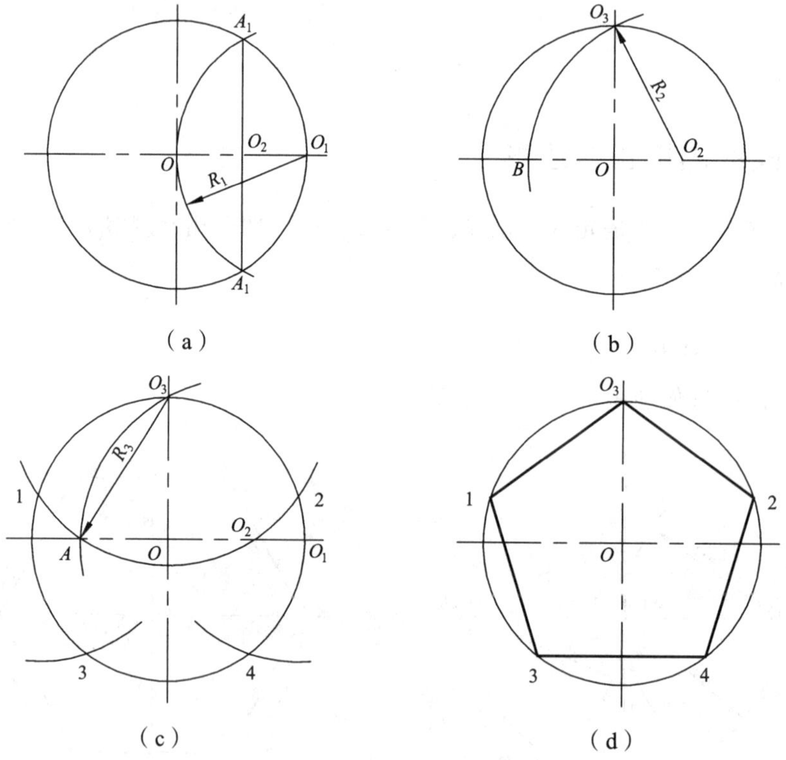

图 1-31　正五边形画法

（三）正七边形

正五边形画法如图 1-32 所示，画图步骤如下：

（1）先画出正七边形的外接圆 O，如图 1-32（a）所示，连接直径 AM，并对 AM 进行 7 等分。

（2）如图 1-32（b）所示，以 *M* 点为圆心，*MA* 为半径绘制圆弧交水平直径的延长线于 *N* 点。

（3）如图 1-32（c）所示，分别将 *N* 隔点连接各等分点并延长交圆于 *B*、*C*、*D* 三点。

（4）如图 1-32（d）所示，过 *B*、*C*、*D* 三点作平行线交圆于 *E*、*F*、*G*，连接 *A*、*B*、*C*、*D*、*E*、*F*、*G*，所得图形即为正七边形。

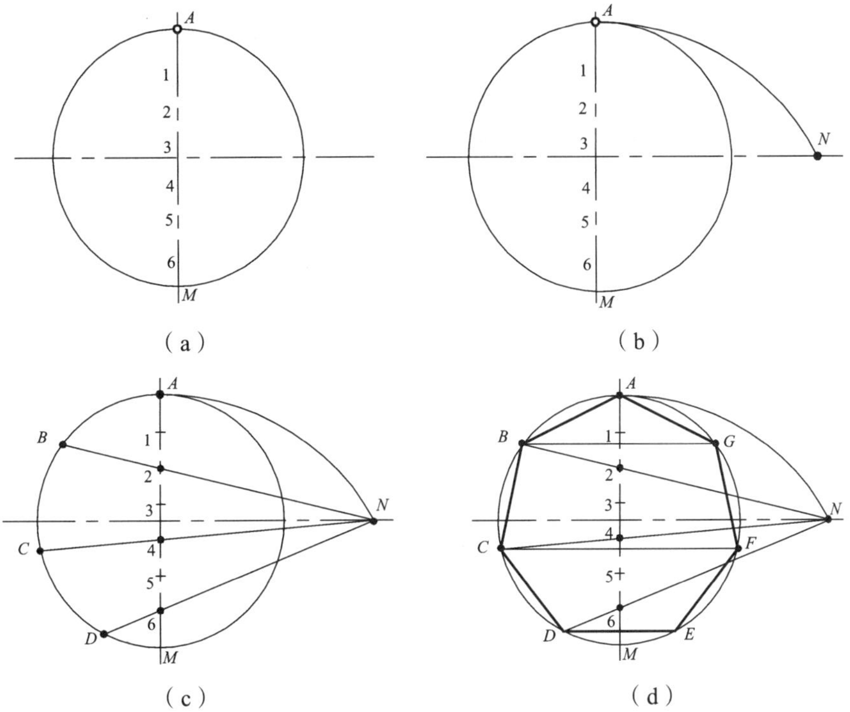

图 1-32　正七边形的绘制

该方法适用于所有正多边形的近似绘制。

三、绘制椭圆

椭圆有两条相互垂直而且对称的轴，即长轴和短轴。常见的椭圆画法主要有同心圆法和四心圆法两种。同心圆法是先求出椭圆曲线上一定数量的点，再徒手将各点连接成椭圆；四心圆法是用四段圆弧连接成近似椭圆。下面分别介绍其画法。

（一）同心圆法

已知椭圆长轴和短轴，用同心圆画法绘制椭圆的步骤如下：

（1）以长轴和短轴为直径画两同心圆，如图 1-33（a）所示。

（2）过圆心作一系列直线与两圆相交，本例将圆周 12 等分，过等分点和圆心均匀画出直线，直线与内外圆均有交点，如图 1-33（b）所示。

（3）如图 1-33（c）所示，从每一个直线与外圆的交点画竖直线，再从每一个直线与内圆的交点画水平线，水平面和竖直线的交点就是椭圆上的点。

（4）徒手连接各点，即得所求椭圆，如图 1-33（d）所示。

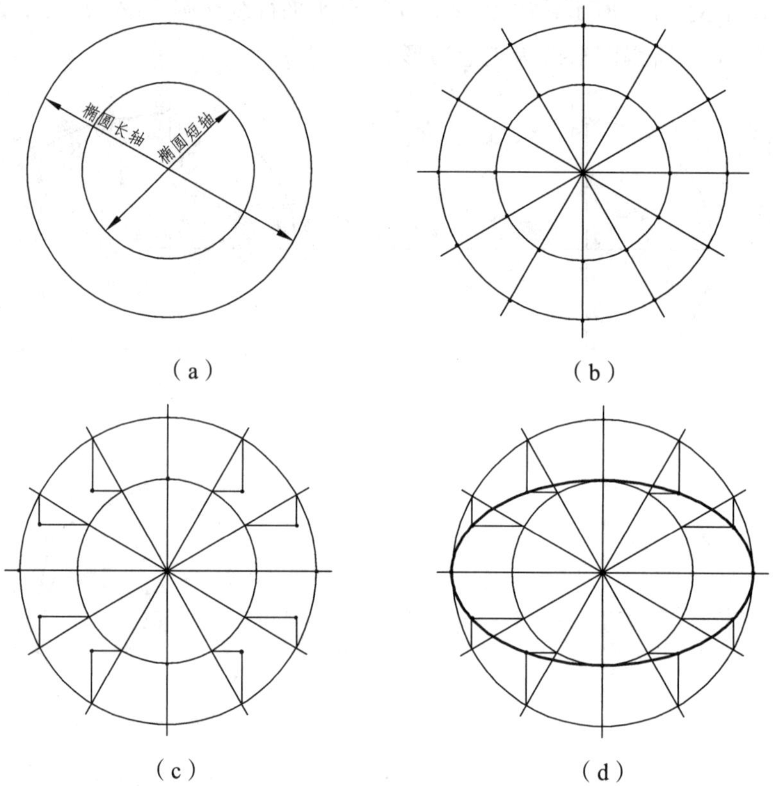

图 1-33　同心圆法画椭圆

（二）四心圆法

已知椭圆长轴 AB 和短轴 CD，用四心圆法作椭圆的步骤如下：

（1）如图 1-34（a）所示，画出椭圆的长短轴中心线，量取长轴 AB 和短轴 CD。

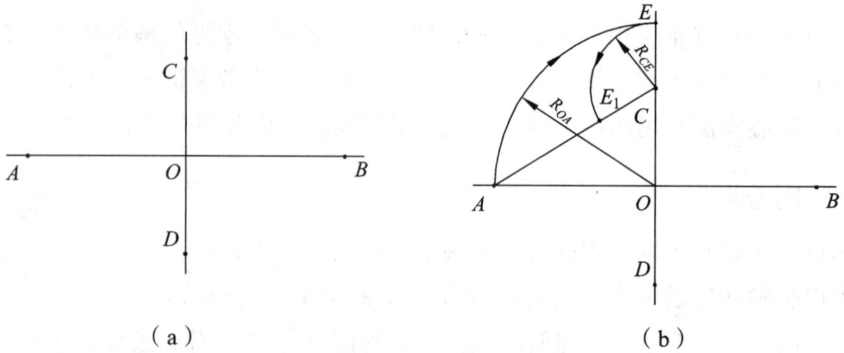

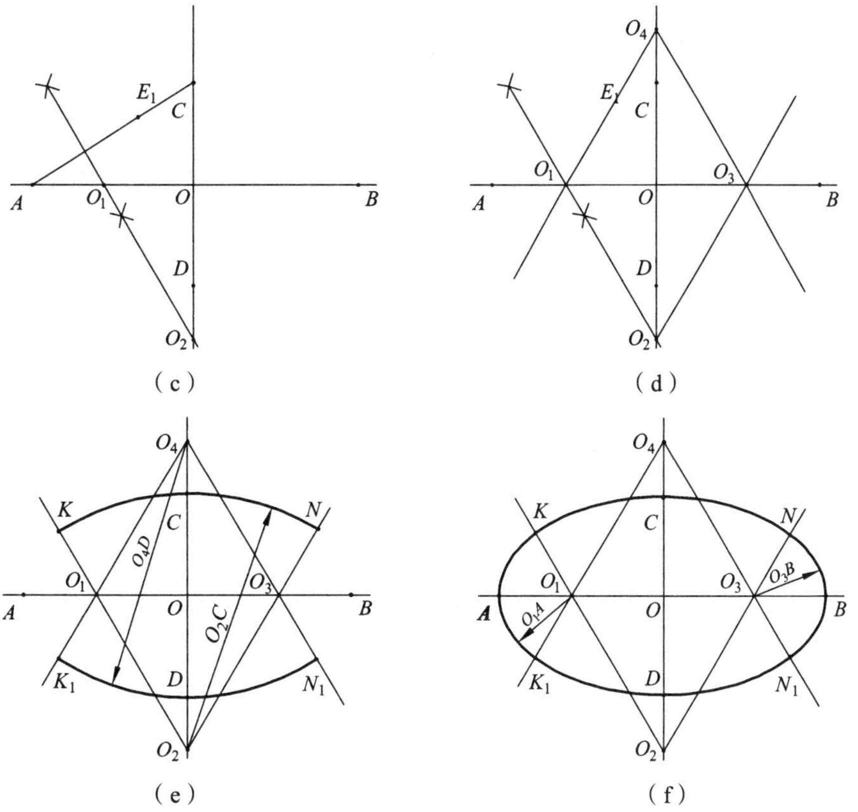

图 1-34　四心圆法画椭圆

（2）如图 1-34（b）所示，连接 AC，以 O 点为圆心，OA 为半径画圆弧交 OC 延长线于点 E，再以点 C 为圆心，CE 为半径画弧交 AC 于 E_1 点。

（3）如图 1-34（c）所示，作 AE_1 的垂直平分线，与长、短轴及延长线分别交于 O_1、O_2 两点。

（4）作对称点 O_3、O_4，连接 O_1O_4、O_2O_3、O_3O_4 并延长，如图 1-34（d）所示。

（5）以 O_1、O_2、O_3、O_4 各点为圆心，AO_1、CO_2、BO_3、DO_4 为半径，O_1O_2、O_1O_4、O_2O_3、O_3O_4 为分界线，分别画弧，即得近似椭圆，如图 1-34（e）、（f）所示。

四、圆弧连接

（一）圆弧连接的概念

在绘图时，经常需要用圆弧光滑地连接相邻的两条已知线段。这种用一段圆弧光滑的连接两相邻已知线段的作图方法，称为圆弧连接。

（二）圆弧连接的作图方法

圆弧连接有圆弧连接直线、圆弧外切连接圆弧、圆弧内切连接圆弧等连接形式，下面介绍不同连接形式下圆弧连接的作图方法。

1. 用圆弧连接两直线

如图 1-36（a）所示，用半径为 R 的圆弧连接两已知直线。

作图原理：与已知直线相切的圆弧（半径 R），其圆心的轨迹是一条与已知直线平行且距离为 R 的直线，如图 1-35 所示。

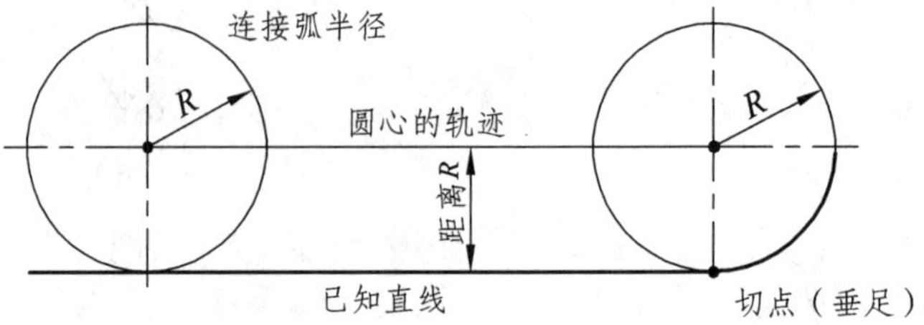

图 1-35 圆弧与直线连接原理

作图步骤如下：

（1）找圆心。分别作两已知直线距离为 R 的平行线，两平行线的交点即连接圆弧的圆心 O，如图 1-36（b）所示。

（2）找切点。过连接圆弧的圆心分别向两已知直线作垂直线，垂足点即为连接圆弧与已知直线的切点 m_1、m_2，如图 1-36（c）所示。

（3）画连接弧。以 O 为圆心，用圆规连接 m_1、m_2，画出连接圆弧，如图 1-36（d）所示。

（4）擦除作图线和多余图线，得到的连接圆弧如图 1-36（e）所示。

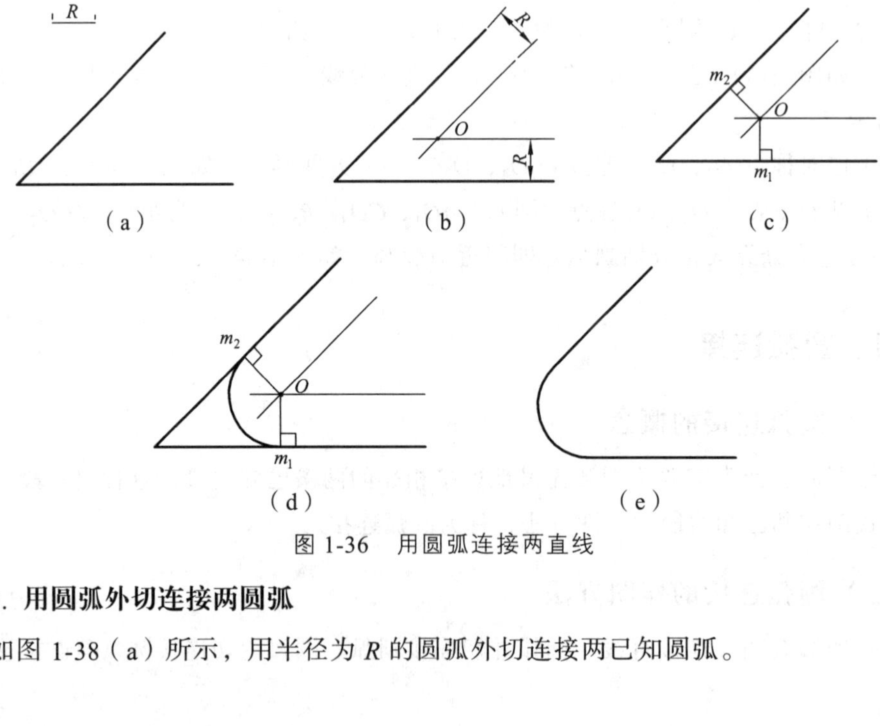

图 1-36 用圆弧连接两直线

2. 用圆弧外切连接两圆弧

如图 1-38（a）所示，用半径为 R 的圆弧外切连接两已知圆弧。

作图原理：与已知圆弧（圆心 O_1，半径 R_1）相切的圆弧（半径 R），其圆心轨迹为已知圆弧的同心圆，该圆半径为 R_1+R。两圆弧的切点在连心线与已知圆弧的交点处，如图 1-37 所示。

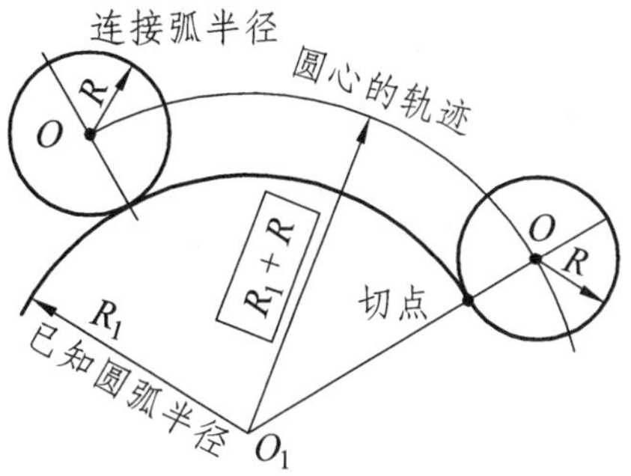

图 1-37　圆弧外切原理

作图步骤如下：

（1）找圆心。分别以 O_1、O_2 为圆心，以 R_1+R、R_2+R 为半径画圆弧交于 O 点，O 点即连接圆弧的圆心，如图 1-38（b）所示。

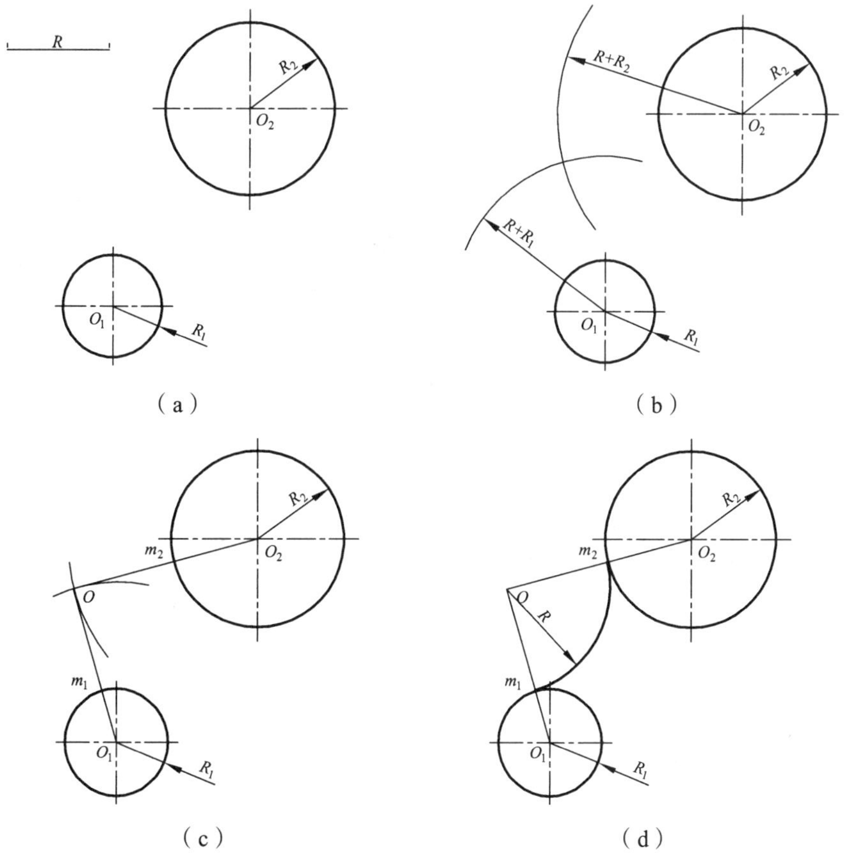

图 1-38　用圆弧外切连接两圆弧

（2）找切点。分别连接 O_1O 和 O_2O，两连心线与圆 O_1、O_2 的交点即为连接圆弧与已知圆弧的切点 m_1、m_2，如图 1-38（c）所示。

（3）画连接弧。以 O 为圆心，用圆规连接 m_1、m_2，画出连接圆弧，如图 1-38（d）所示。

3. 用圆弧内切连接两圆弧

如图 1-40（a）所示，用半径为 R 的圆弧内切连接两已知圆弧。

作图原理：与已知圆弧（圆心 O_1，半径 R_1）相切的圆弧（半径 R），其圆心轨迹为已知圆弧的同心圆，该圆半径为 R_1-R。两圆弧的切点在连心线的延长线与已知圆弧的交点处，如图 1-39 所示。

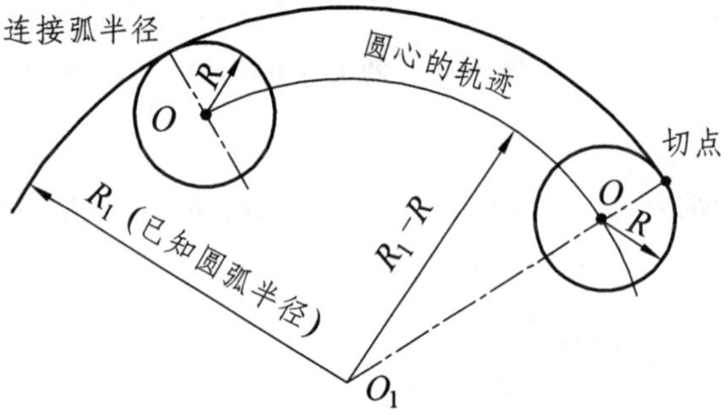

图 1-39　圆弧内切原理

作图步骤如下：

（1）找圆心。分别以 O_1、O_2 为圆心，以 $R-R_1$、$R-R_2$ 为半径画圆弧，两圆弧交于 O 点，O 点即连接圆弧的圆心，如图 1-40（b）所示。

（2）找切点。如图 1-40（c）所示，分别连接 O_1O 和 O_2O 两连心线并延长与圆 O_1、O_2 相交，交点即为连接圆弧与已知圆弧的切点 m_1、m_2。

（3）画连接弧。以 O 为圆心，用圆规连接 m_1、m_2，画出连接圆弧，如图 1-40（d）所示。

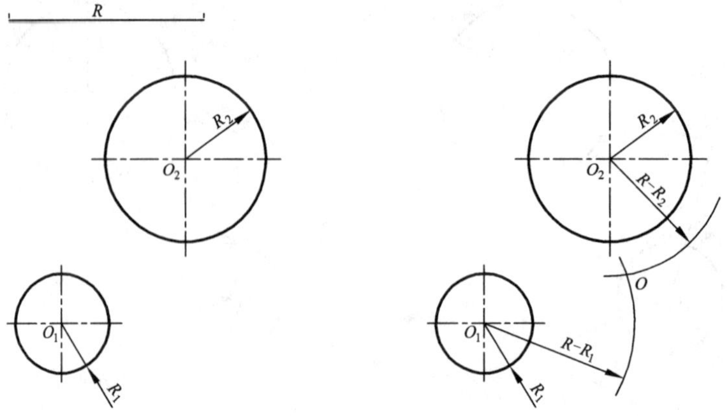

（a）　　　　（b）

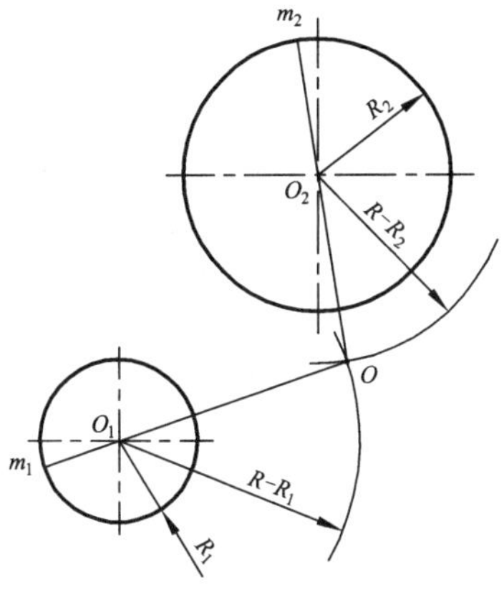

（c）

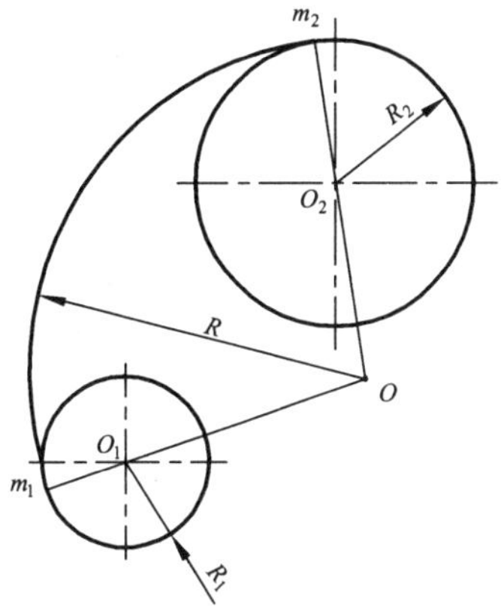

（d）

图 1-40　用圆弧内切连接两圆弧

4. 用圆弧内外切连接两圆弧

如图 1-41（a）所示，用半径为 R 的圆弧外切连接 O_1 圆弧，内切连接 O_2 圆弧，作图步骤如下：

（1）找圆心。以 O_1 为圆心，以 $R+R_1$ 为半径画圆弧；再以 O_2 为圆心，以 $R-R_2$ 为半径画圆弧。以上两圆弧交于 O 点，O 点即连接圆弧的圆心，如图 1-41（b）所示。

（2）找切点。连接 O_1O 连心线与圆 O_1 相交，交点即为连接圆弧与 O_1 圆弧的切点 m_1，连接 O_2O 连心线并延长与圆 O_2 相交，交点即为连接圆弧与 O_2 圆弧的切点 m_2，如图 1-41（c）所示。

（3）画连接弧。以 O 为圆心，用圆规连接 m_1、m_2，画出连接圆弧，如图 1-41（d）所示。

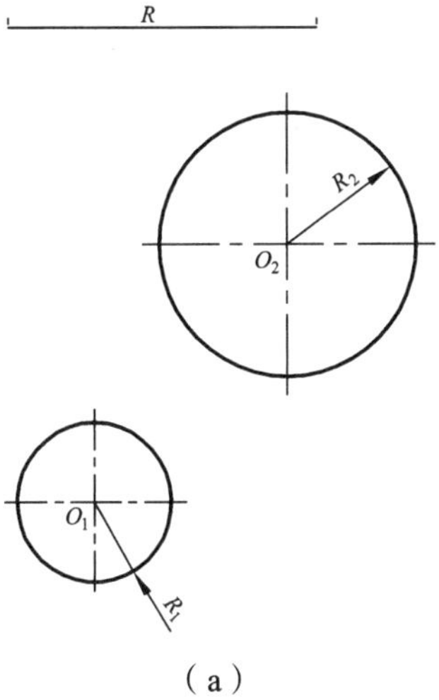

（a）

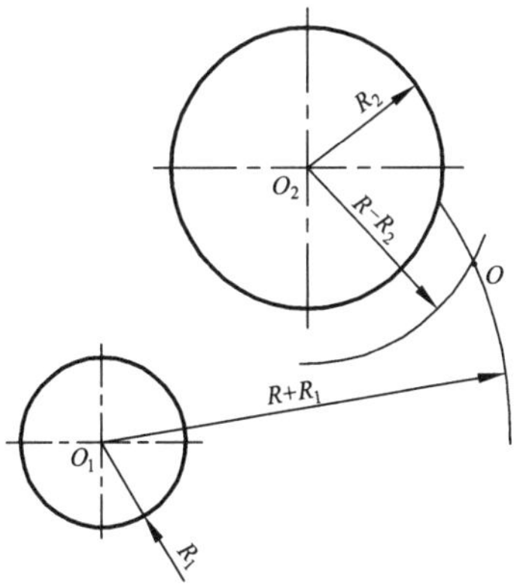

（b）

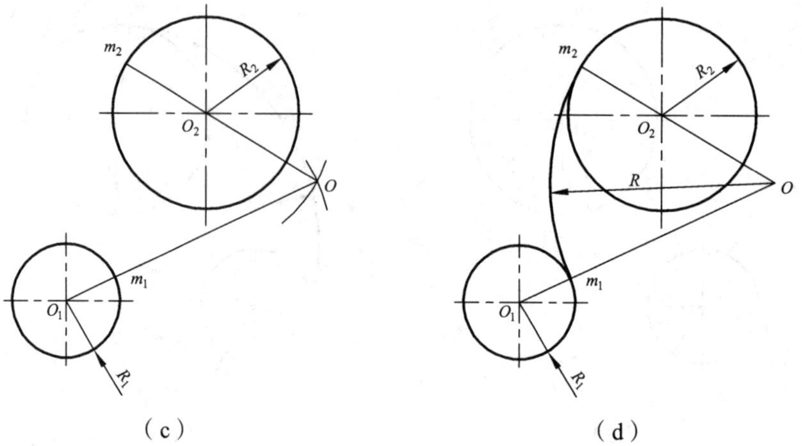

图 1-41　用圆弧内外切连接两圆弧

五、平面图形分析

(一) 平面图形尺寸分析

(1) 平面图形的尺寸标注要求：正确、合理、完整，即符合国家标准，不多余、不遗漏、准确清晰地标注在合理位置。

(2) 平面图形的尺寸分析如下：

尺寸基准：尺寸基准是标注尺寸的起点，一个平面图形应有两个方向的尺寸基准。平面图形的尺寸基准一般以图形的对称线、较大圆的中心线或主要轮廓线作为基准线。在图 1-42 中大圆的中心线是长和高两个方向的尺寸基准。

① 定形尺寸。

确定平面图形中各线段形状大小的尺寸称为定形尺寸，如直线段的长度、圆和圆弧的直径或半径、角度的大小等，如图 1-42 中的 *R*20、*R*15、*R*16、*R*30 等尺寸均为定形尺寸。

② 定位尺寸。

确定平面图形中各线段之间相对位置的尺寸称为定位尺寸，如图 1-42 中的 60、6 是定位尺寸，确定 *R*20 和 *R*15 圆心位置。*R*30 圆弧的圆心与 *R*20 圆弧的圆心在一条竖直直线上，即相当于具有两圆心距为 0 的定位尺寸。

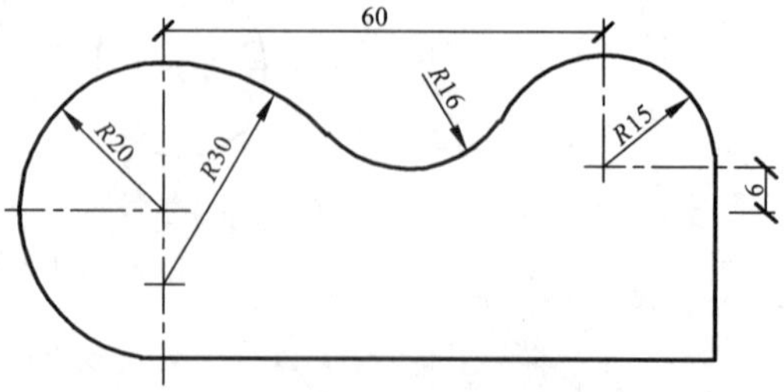

图 1-42　平面图形尺寸分析和线段分析

（二）平面图形中的线段分析

圆弧连接平面图形的线段按所给尺寸的多少和类型可分为已知线段、中间线段和连接线段。

1. 已知线段

定形尺寸和定位尺寸均给出的线段称为已知线段。已知线段可根据基准线位置和图中所注尺寸直接画出，如图 1-42 中的 *R*20、*R*15 等线段。

2. 中间线段

除图形所标注的尺寸外，还需要根据一个连接关系才能画出的线段称为中间线段，如图 1-42 中圆弧 *R*30。由于该圆心只有一个为 0 的定位尺寸，还必须依靠该圆弧与 *R*20 圆弧相切的关系，通过几何作图的方法确定圆心的位置。

3. 连接线段

没有定位尺寸，需要根据两个连接关系才能画出的线段，称之为连接线段，如图 1-42 中的 *R*16 等线段。*R*16 是利用与 *R*30 和 *R*15 相切，再利用几何作图的方法找到圆心。

六、技能训练

（一）实训任务

绘制图 1-43 所示吊钩的圆弧连接平面图形

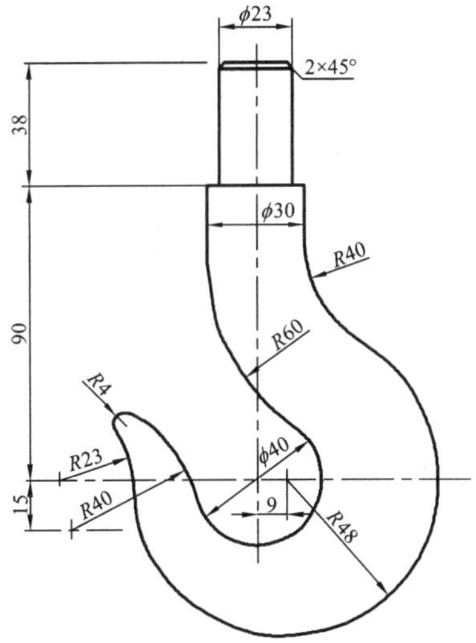

图 1-43　吊钩

（二）实训要求

（1）A4 图幅，绘制边框线和标题栏，绘图比例 1∶1。

（2）分析平面图形的尺寸的线段，绘图步骤和方法正确。

（3）图线和尺寸标注符合国家标准要求。

能力训练

1. 已知圆弧连接图形如图 1-44（a）所示，在图 1-44（b）图位置抄画该图形（连接弧半径 *R*）。

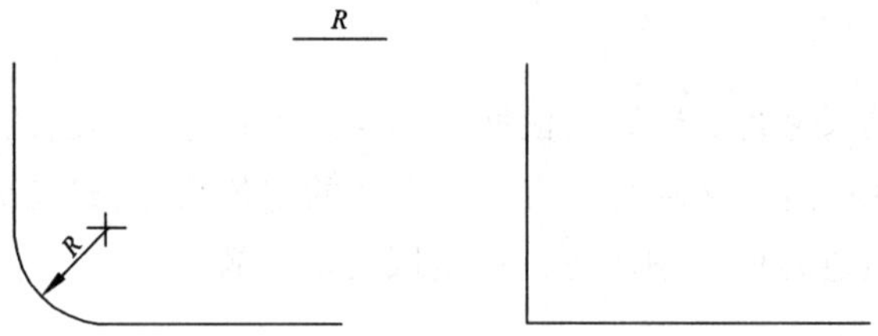

（a）（b）

图 1-44　圆弧连接两直线

2. 利用绘图工具，在 A4 纸上 1∶1 绘制图 1-45 秤钩所给图形并标注。

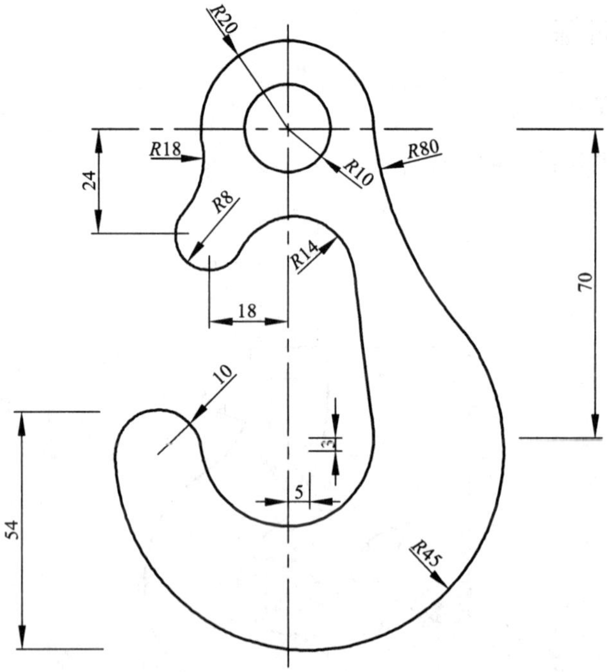

图 1-45　秤钩

3. 利用绘图工具，在 A4 纸上 1∶1 抄绘图 1-46 所示路基路面材料图。

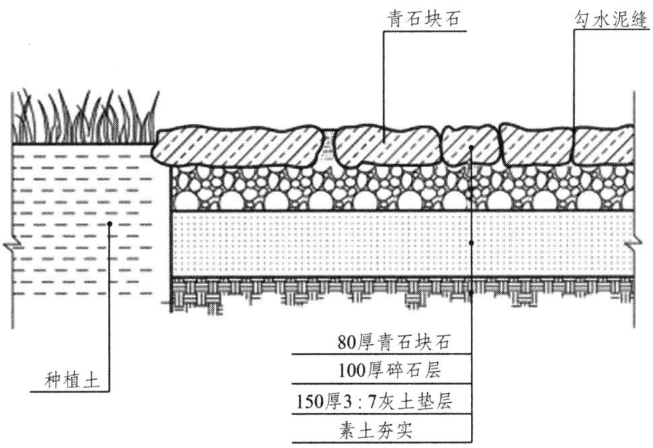

图 1-46　路基路面材料图

项目二

工程形体投影图的绘制

知识目标

- 1. 认知投影的概念、分类及应用。
- 2. 认知正投影的特性。
- 3. 掌握三视图的形成方法和投影规律。
- 4. 掌握常见棱柱和棱锥三视图的绘图方法和图形特征。
- 5. 掌握圆柱、圆锥、圆球三视图的绘图方法和图形特征。

技能目标

- 1. 能够根据物体模型或轴测图，正确绘制正投影图和三视图。
- 2. 能够绘制常见棱柱的三视图。
- 3. 能够绘制常见棱锥的三视图。
- 4. 能够绘制圆柱、圆锥、圆球的三视图。

课程导入

在工程上，人们常用到各种图样，如建筑图样、机械图样等。这些图样都是按照不同的投影方法绘制出来的，而机械图样是用正投影法绘制的。那么如何将空间的形体，如道路、桥梁、房屋等图示在图纸上（设计）？怎样阅读图示在纸上的工程图样（施工）？三维空间形体的形状、大小是如何反映到二维的平面图纸上的？

任务一 投影的基本知识

一、正投影概念

（一）投影法概念

在日常生活中，人们看到太阳光或灯光照射物体时，在地面或墙壁上出现物体的影子，这就是一种投影现象，我们把光线称为投射线（或叫投影线），地面或墙壁称为投影面，影子称为物体在投影面上的投影。但这种影子通常只是一个灰暗的影子，只能模糊地表达物体的形状和大小，无法准确清晰地表达物体各个部分的真实形状和大小。通过长期的生产实践，人们想到在工程上利用投影现象来作图表达物体的各个部分形状和大小，投影图是假定投影线能穿透物体或者物体透明，因而能反映物体的所有内外轮廓线，如图 2-1 所示。

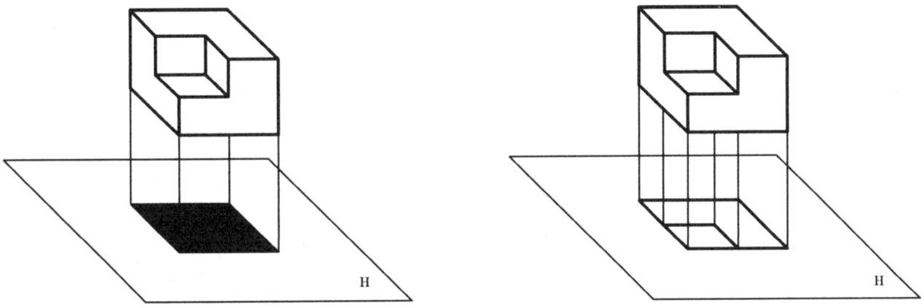

（a）影子　　（b）投影

图 2-1　影子和投影

（二）投影法的分类

工程中绘制形体投影图的方法叫作投影法。投影法因为光源、光线等条件的不同，一般分为中心投影法和平行投影法两大类，其中平行投影法又分为斜投影法和正投影法，分别应用于美术绘画、摄影、透视绘图、轴测绘图、工程制图等领域。

1. 中心投影法

投影中心距离投影面在有限远的地方，投影时投影线汇交于投影中心的投影法称为中心投影法，如图 2-2（a）所示。

缺点：中心投影不能真实地反映物体的形状和大小，不适合绘制机械图样。

优点：有立体感，工程上常用这种方法绘制建筑物的透视图如图 2-2（b）所示。

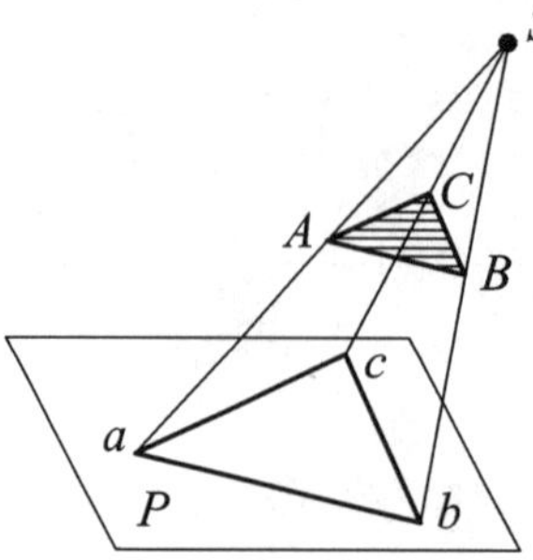

（a）

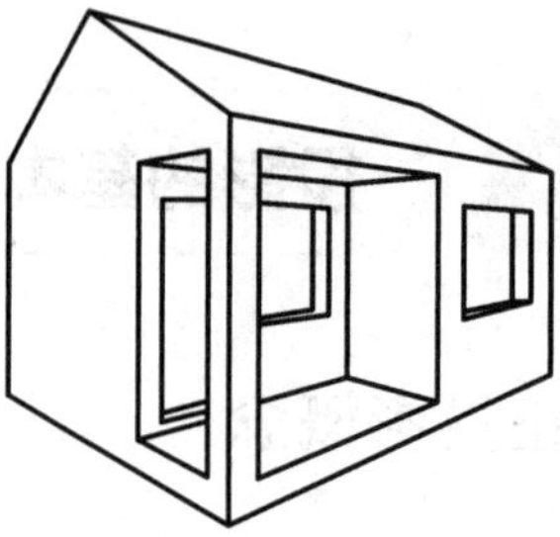

（b）

图 2-2　中心投影

2. **平行投影法**

投影中心距离投影面在无限远的地方，投影时投影线都相互平行的投影法称为平行投影法，如图 2-3 所示。

根据投影线与投影面是否垂直，平行投影法又可以分为两种：

（1）斜投影法——投影线与投影面相倾斜的平行投影法，如图 2-3（a）所示。

（2）正投影法——投影线与投影面相垂直的平行投影法，如图 2-3（b）所示。采用正投影法绘制时，常将形体的多数平面摆放成与相应投影面平行，这样得到的投影图能反映这些平面的实形，而且作图简单，所以正投影法被广泛应用于工程制图。

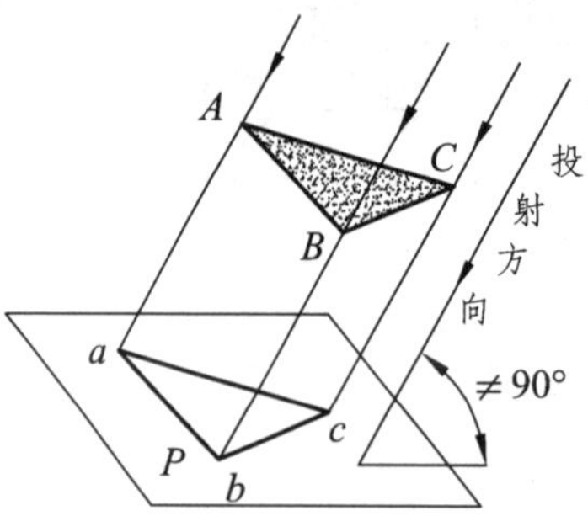

（a）斜投影法

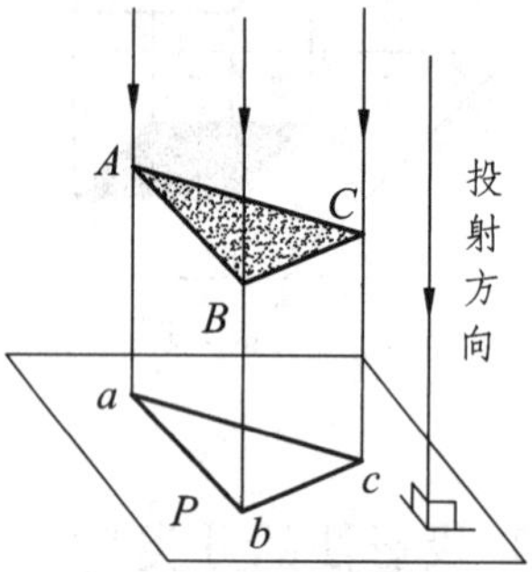

（b）正投影法

图 2-3　平行投影法

二、正投影的基本特性

正投影的基本特性

（一）实形性

当直线或平面平行于投影面时，在投影面上的投影反映直线的实长或平面图形的实际形状，如图 2-4 所示，这种投影特性称为实形性。

（二）积聚性

当直线或平面垂直于投影面时，在投影面上的投影积聚成一个点或一条直线，如

图 2-5 所示，这种投影特性称为积聚性。

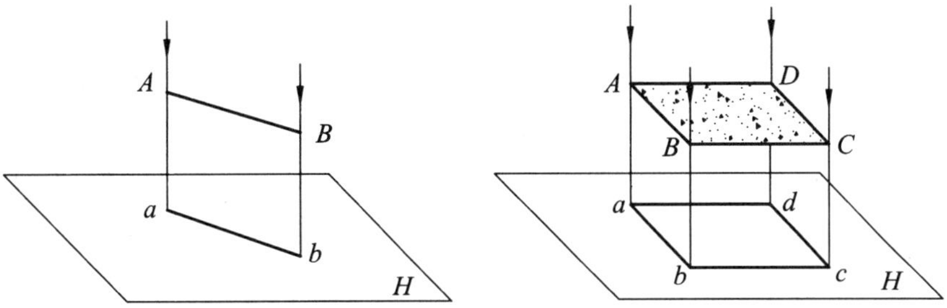

图 2-4　实形性

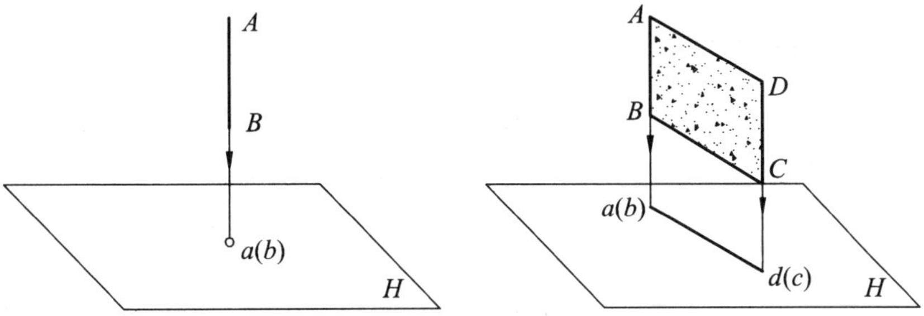

图 2-5　积聚性

（三）类似性

当直线或平面倾斜于投影面时，直线的投影长度缩短，平面的投影尺寸发生变化，形状类似于平面的实形，如图 2-6 所示，这种投影特性称为类似性。

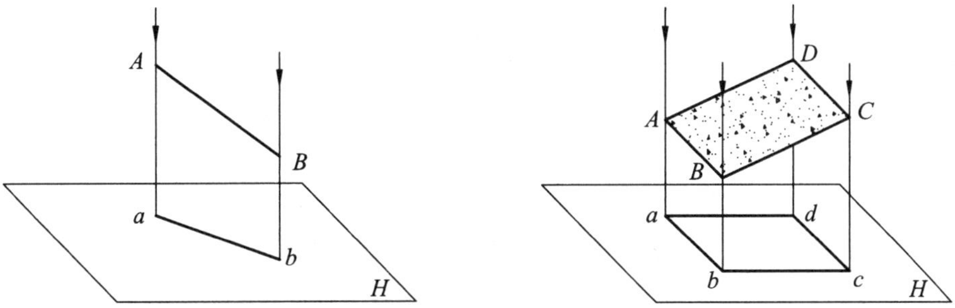

（a）　（b）

图 2-6　类似性

（四）从属性

点在直线上，则点的投影必在直线的投影上，如图 2-7 所示。

（五）平行性

两平行直线的投影仍相互平行，如图 2-8 所示。

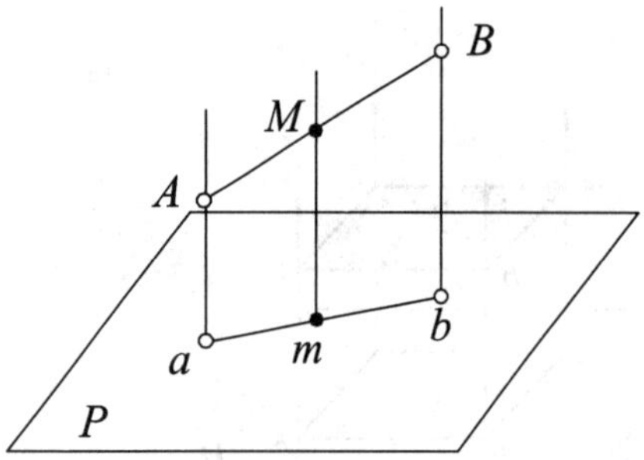

图 2-7 从属性

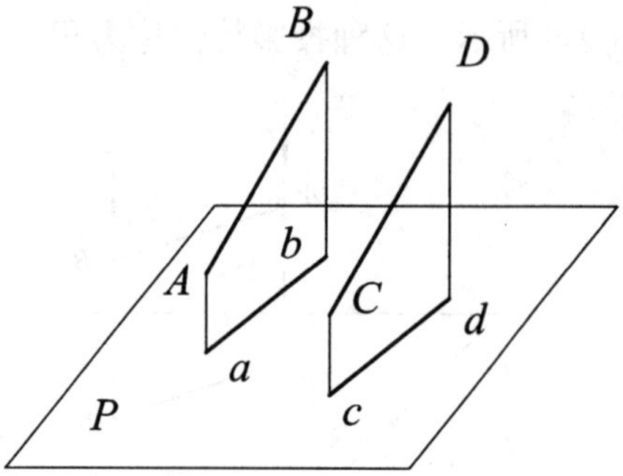

图 2-8 平行性

三、三面投影图的形成

设置一个投影面，用正投影法从物体的一个方向垂直于投影面进行投射，画出物体的图形称为正投影图，物体可以画出多个不同方向的正投影图。

（一）单面投影图

如图 2-9 所示为几个不同形状的物体，它们在同一个投影面上的投影却是相同的。因此，在正投影法中物体的一个投影一般是不能准确确定空间物体结构形状的，必须有两个或者多个投影图才能准确清楚地表示物体的结构形状。

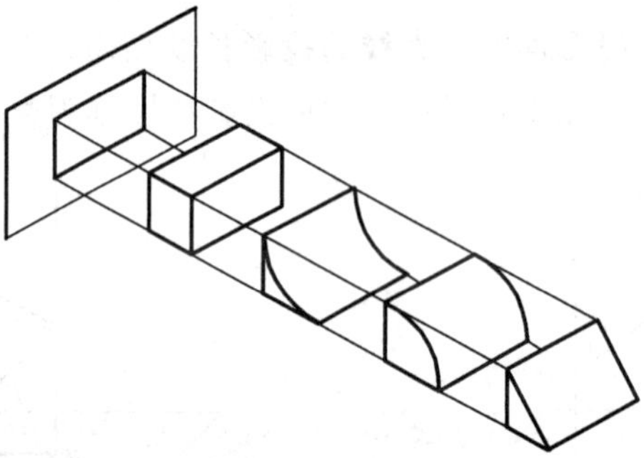

图 2-9 不同形体的单面正投影图

（二）两面投影图

图 2-10 所示为两个不同形状的物体，它们在两个投影面上的投影却是相同的。因此，在正投影法中物体的两个投影一般是不能准确确定空间物体结构形状的。

（三）三视图的形成

一般情况下，为了能准确清楚地表达出形体的形状和大小，通常选择三个投影面进行观察并分别绘制投影图。由于物体一般有左右、前后和上下三个方向的形状，我们一般用三面投影图来表示物体，称为物体的三视图。

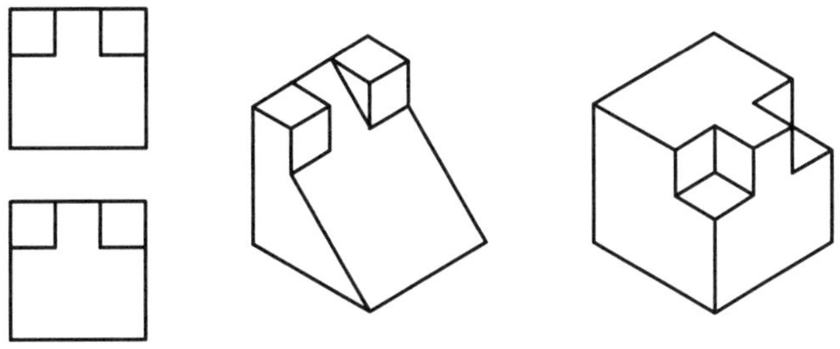

图 2-10　不同形体的两面面正投影图

1. 三投影面体系的建立

设置三个互相垂直相交的平面作为投影面，称为三投影面体系。把空间分成八个分角，如图 2-11 所示，我们国家选取第一分角作为投影空间，如图 2-12 所示。

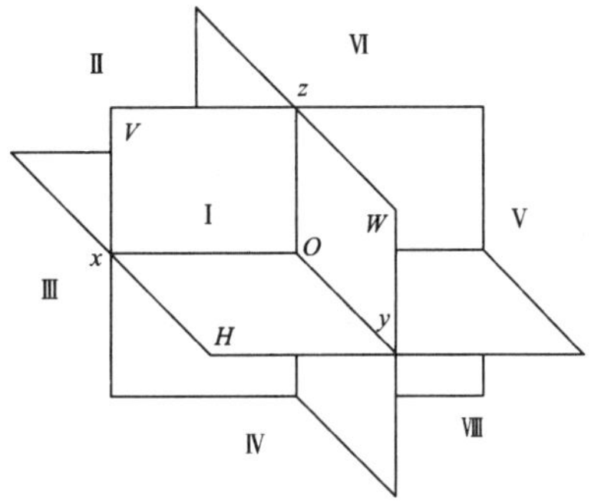

图 2-11　三投影面体系（8 个分角）

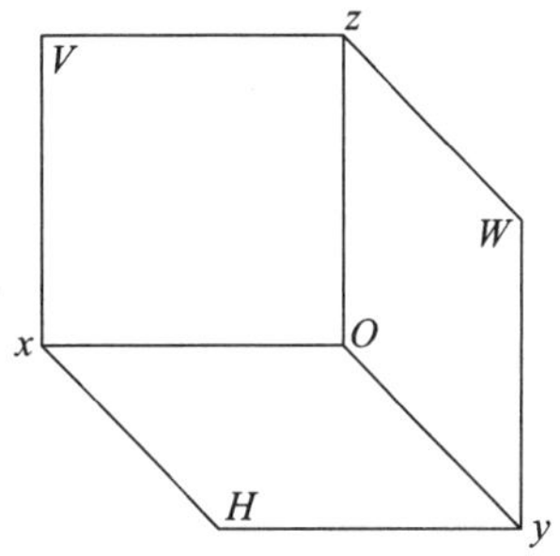

图 2-12　第一分角

其中：正立投影面，用字母 V 标记；水平投影面，用字母 H 标记；侧立投影面，用字母 W 标记。三个投影面的交线 Ox、Oy、Oz 称为投影轴。三根投影轴互相垂直相交于一点 O，称为原点。

物体有长、宽、高三个方向的尺寸以及上、下、前、后、左、右六个方位，通常规定：以原点 O 为基准，沿 x 轴方向量取物体的长度，确定左、右方位；沿 y 轴方向量取物体的宽度，确定前、后方位；沿 z 轴方向量取物体的高度，确定上、下方位。

2. 分面投影形成三视图

如图 2-13 所示，将物体置于三投影面体系中，将其主要表面分别平行于投影面，然后分别将物体向三个投影面进行投影得到物体的三视图。

从物体的前面向后投影，在 V 面上得到的视图称为主视图。

从物体的上面向下投影，在 H 面上得到的视图称为俯视图。

从物体的左面向右投影，在 W 面上得到的视图称为左视图。

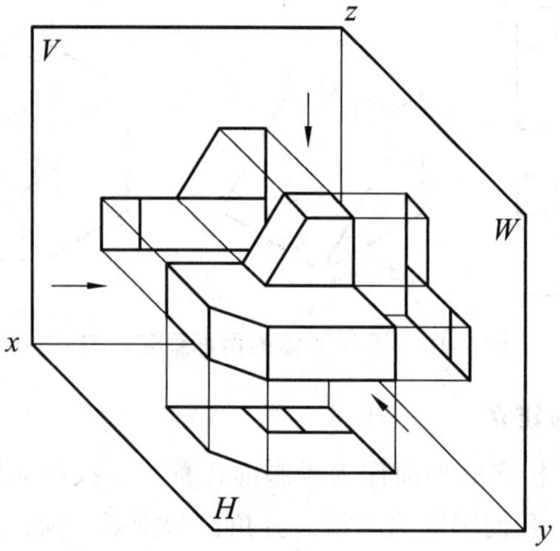

图 2-13　分面进行投影

3. **三投影面的展开**

从图 2-13 可以看出，物体的三视图分别处在三个互相垂直的投影面上，将 *V* 面保持不动，使 *H* 面绕 *Ox* 轴向下旋转 90°，将 *W* 面绕 *Oz* 轴向右旋转 90°，使之与 *V* 面摊平成一个平面，如图 2-14（a）所示。展开后三视图的位置如图 2-14（b）所示，俯视图在主视图的正下方，左视图在主视图的正右方。

工程图纸上的三视图是不画投影面的边框线和轴线的，按上述位置排列时，也不需标注图名。

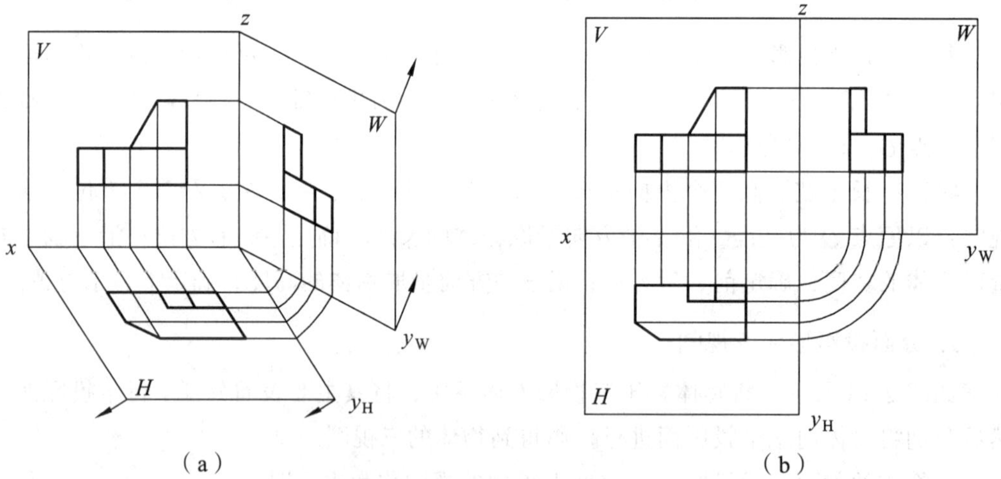

图 2-14　投影面的展开

在绘制三视图时，为了三视图位置准确，常常画出投影轴线和投影线，如图 2-15 所示。

四、三视图的投影规律

三视图表达的是同一物体在同一位置分别向三投影面所作的投影。所以，三视图间必然具有以下投影规律：

主视图和俯视图都反映物体的长度，因此主、俯视图长对正。

主视图和左视图都反映物体的高度，因此主、左视图高平齐。

左视图和俯视图都反映物体的宽度，因此俯、左视图宽相等。

简单概括为："长对正，高平齐，宽相等"，如图 2-16 所示。这个规律是画图和读图的基本规律，无论是整个物体还是物体的局部，三视图间都必须符合这个规律。

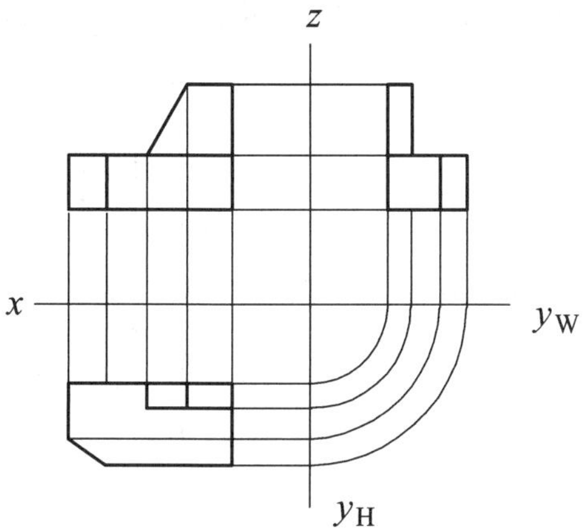

图 2-15　物体的三视图

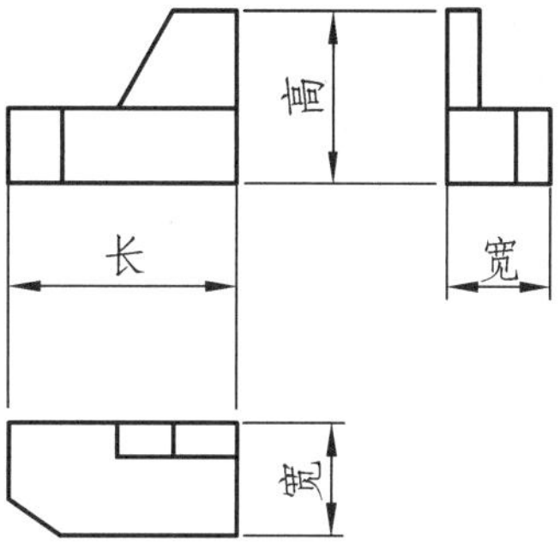

图 2-16　三视图的投影规律

五、三视图与物体方位的对应关系

如图 2-17 所示，从三视图的形成过程可以看出，主视图反映了物体的上下、左右方位；左视图反映了物体前后、上下方位；俯视图反映了物体前后、左右方位。

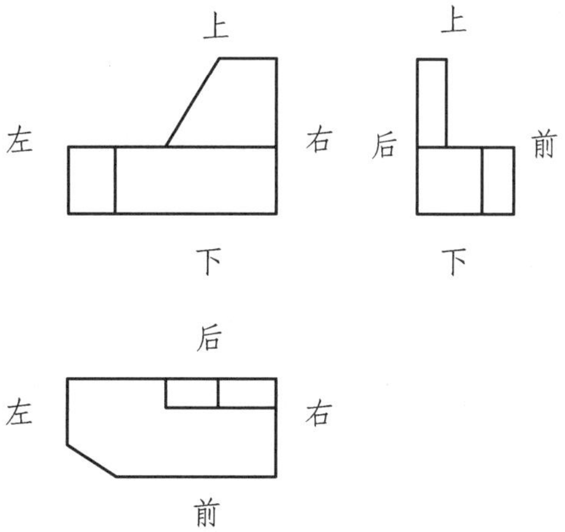

图 2-17　三视图的位置对应关系

六、三视图的画法步骤

以图 2-18 所示物体为例，三视图的画法步骤如下：

（1）确定物体摆放位置和主视方向，思考物体三个方向投影图的画法，或者画出草图三视图，如图 2-18（a）所示。

（2）用细实线绘制投影轴和 45°倾斜线，如图 2-18（b）所示。

（3）用细实线先绘制物体完整形状的三视图，如图 2-18（c）所示。

（4）用细实线绘制左前下切角处的三视图，如图 2-18（d）所示。

（5）用细实线绘制右上处切槽处的三视图，如图 2-18（e）所示。

（6）擦除投影轴线和投影线，擦除切角和切槽处多余的线，用粗实线描深三视图，如图 1-18（f）所示。

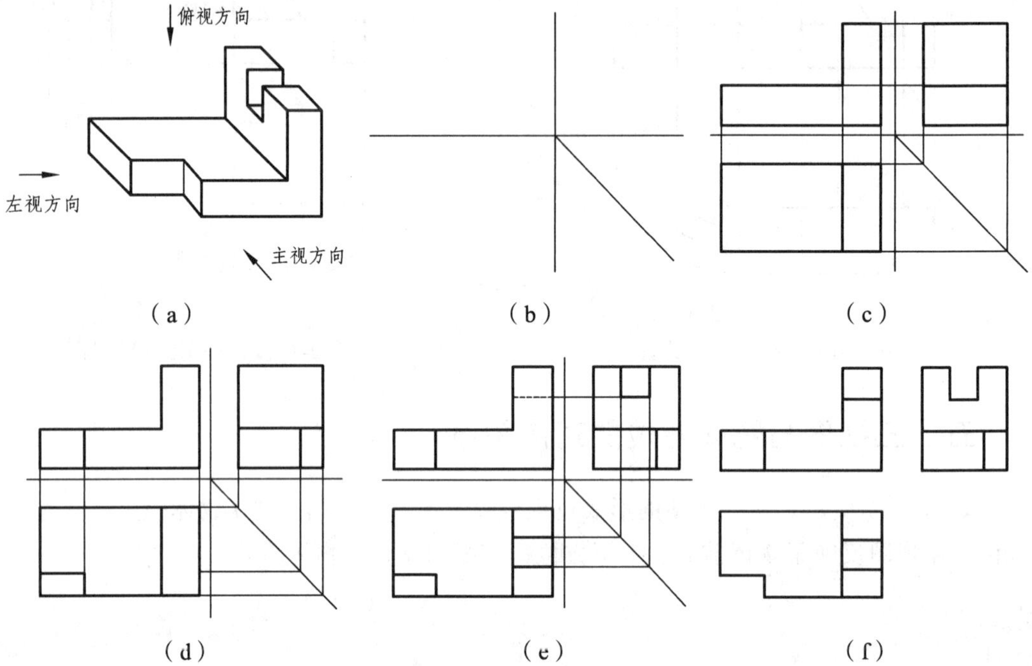

图 2-18　三视图的画法步骤

七、技能训练

（一）实训任务

图 2-19 所示为 4 个物体的轴测图，试根据轴测图绘制其三视图。

（二）实训要求

（1）A4 图纸，铅笔绘制，完成数量由教师指定。

（2）图形尺寸自定，三视图不标注尺寸。

（3）可见轮廓线用粗实线绘制，不可见轮廓线用细虚线绘制。

（4）图形布局匀称，图线清晰。

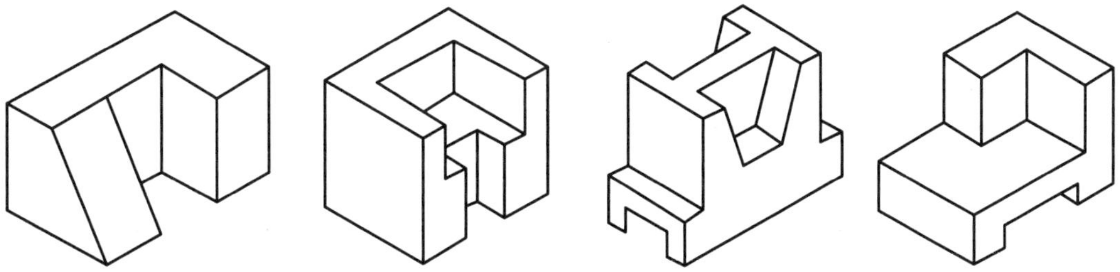

图 2-19　根据轴测图绘制三视图

能力训练

1. 单项选择题

（1）不属于物体形成投影图应具备的条件是（　　）。

A. 光源　B. 投射线　C. 投影平面　D. 距离

（2）当投影中心距离投影面无限远，投影线互相平行，投影线垂直于投影面时，得到的投影是（　　）。

A. 中心投影　B. 平行投影　C. 正投影　D. 斜投影

（3）在三视图中，正立面投影图反映物体的（　　）。

A. 长和宽　B. 长和高　C. 宽和高　D. 长和高

（4）三视图的投影规律，正立面投影图与水平面投影图的关系是（　　）。

A. 长和宽　B. 长和高　C. 宽和高　D. 长和高

（5）三视图是采用（　　）得到的。

A. 中心投影　B. 平行投影　C. 正投影　D. 斜投影

（6）三视图的投影规律，正立面投影图与侧立面投影图（　　）。

A. 长对正　B. 宽相等　C. 高平齐　D. 无关系

2. 判断题

（1）当直线与 H 面投影面平行时，其在 H 面投影反映直线实长。（　）

（2）正投影是中心投影。（　）

（3）三面正投影的展开是 V 面固定不动，H 面绕 Ox 轴向下旋转 90°，W 面绕 Oz 轴向右旋转 90°。（　）

（4）三面投影体系是一个两两垂直的三面投影面组成。（　）

（5）投影的三等关系是长对正、高相等、宽相等。（　）

3. 识图与绘图练习

（1）识读如图 2-20 所示的三视图，已知物体的主、左视图，四个俯视图中（　　）是正确的。

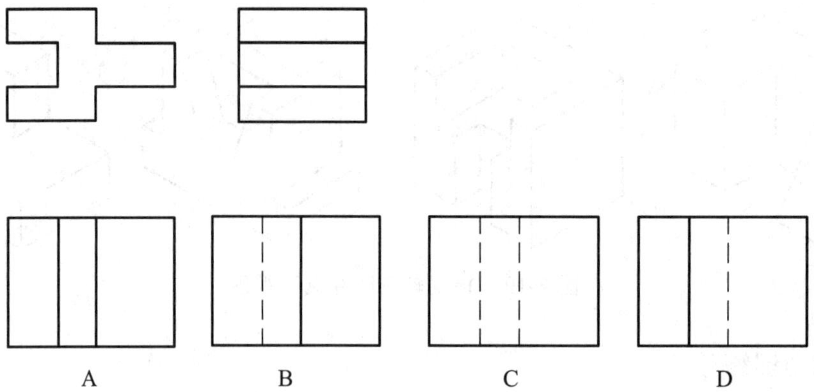

图 2-20

（2）如图 2-21 所示，将对应的立体图序号写入圆圈内。

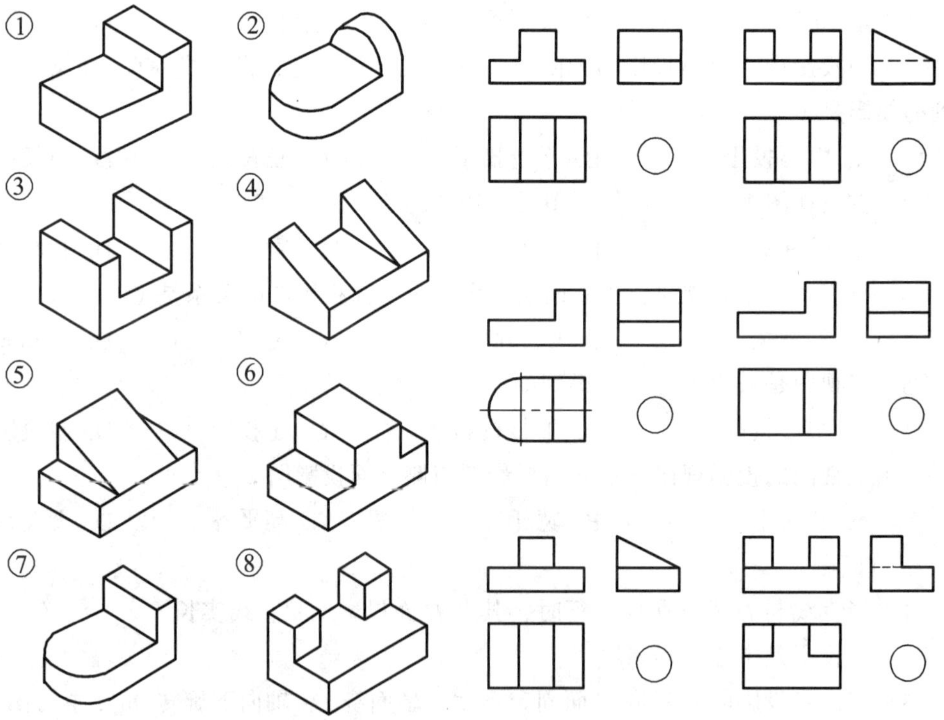

图 2-21

（3）如图 2-22 所示，已知物体的主、左视图，4 个俯视图中（　　）是正确的。

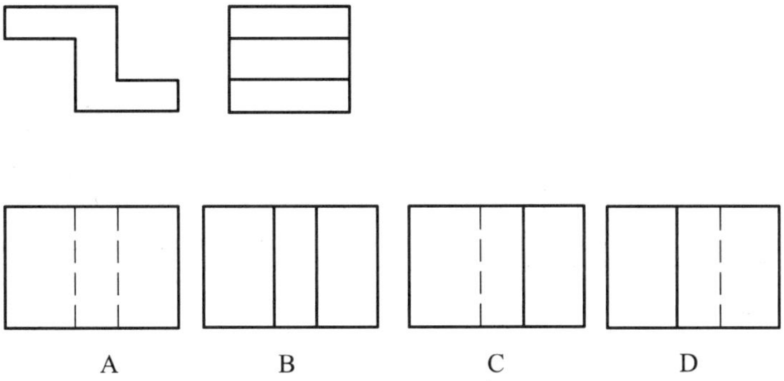

图 2-22

（4）如图 2-23 所示，已知物体的主、左视图，4 个俯视图中（　　）是正确的。

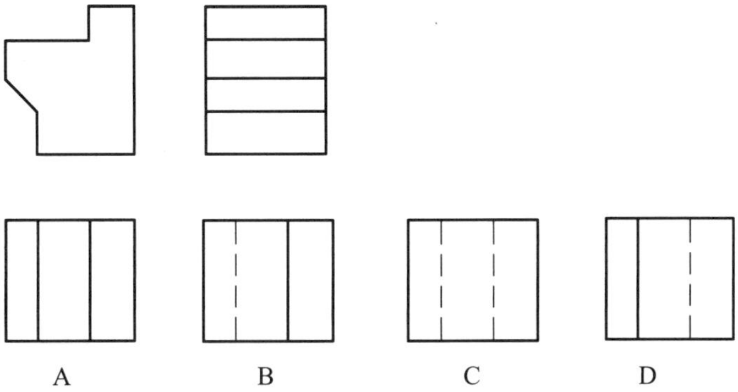

图 2-23

（5）如图 2-24 所示，根据主、俯视图，正确的左视图是（　　）。

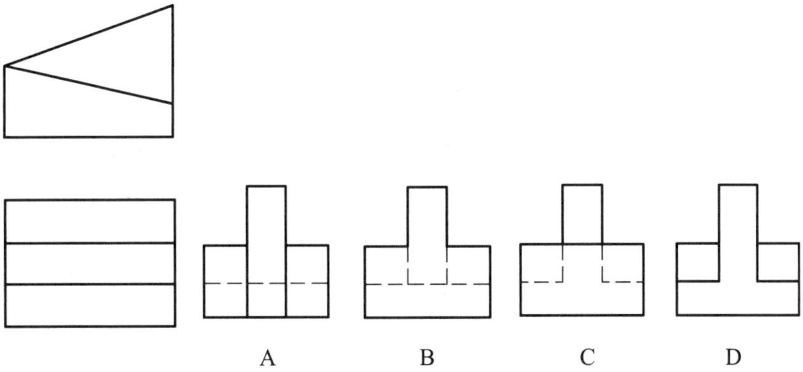

图 2-24

（6）如图 2-25 所示的立体直观图，在 A4 纸上按尺寸 1∶1 画出三视图。

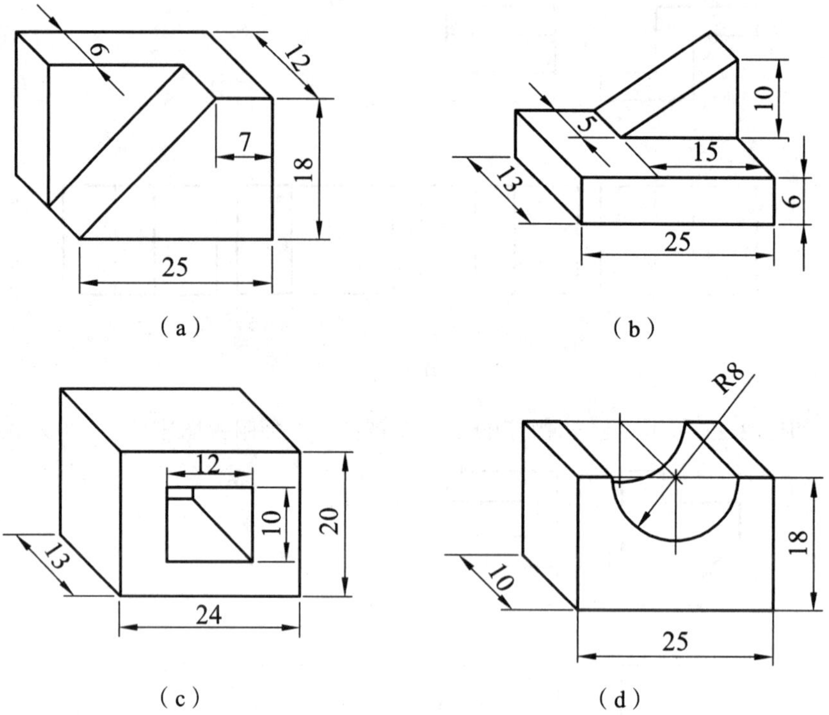

图 2-25　绘制物体的三视图

任务二　立体的投影

工程建筑物是由许多基本形体经过一定形式的组合而构成的，这些基本形体简称基本体。基本体分为平面基本体和曲面基本体。表面全部由平面围成的基本体称为平面基本体，包括棱柱和棱锥等；表面组成包含曲面的基本体称为曲面基本体，包括圆柱、圆锥、圆球等。除了这几个，生活中还有哪些你见过的基本体？

一、平面基本体三视图的画法

（一）棱柱体的三视图

1. 常见棱柱体及其三视图

棱柱中互相平行的两个面称为端面或底面，其余的面称为侧面或棱面，相邻两棱面的交线称为棱线，棱柱的各棱线相互平行。其中底面为正多边形的直棱柱称为正棱柱。

工程中常见的棱柱体有四棱柱、三棱柱、五棱柱、六棱柱等，表 2-1 列出了常见棱柱体的实体模型图和三视图。

表 2-1　常见棱柱体的实体模型图和三视图

名称	实体模型图	三视图
四棱柱		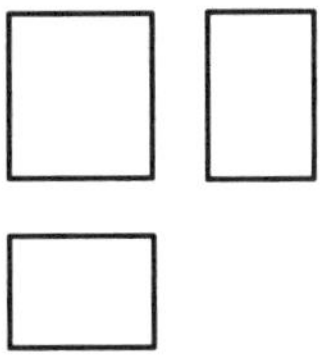
三棱柱		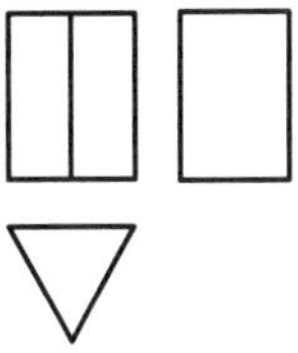
六棱柱		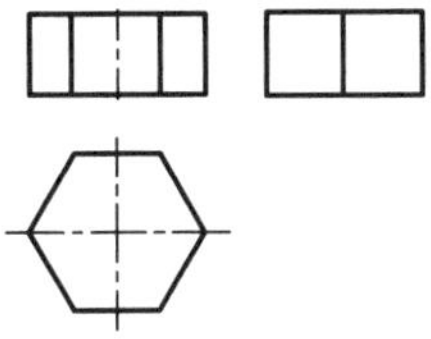
五棱柱		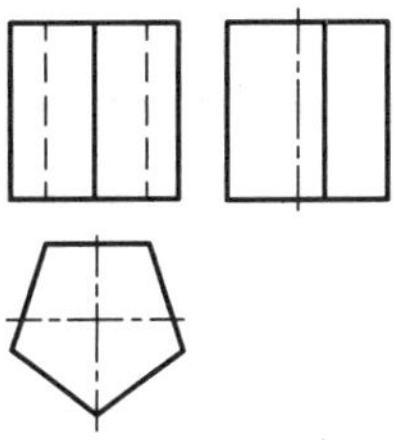

2. 棱柱体三视图的画法

以正三棱柱为例，说明棱柱体的画法步骤如下：

（1）确定物体摆放位置和主视方向。

将正三棱柱放置为底面水平，其中一棱线在最前，后侧面是正平面，三视图投影方向如图 2-26 所示。

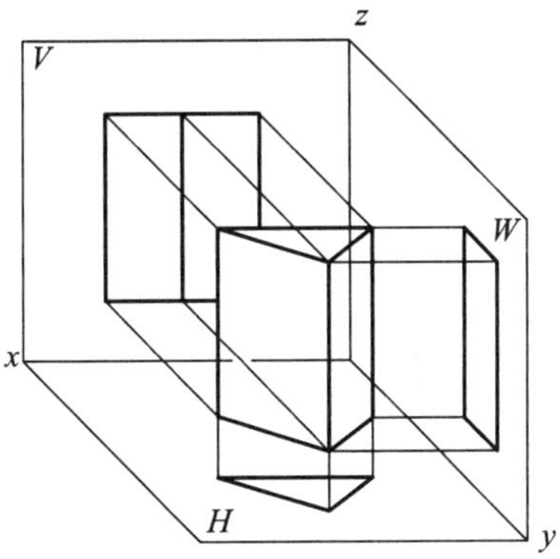

图 2-26　正三棱柱三视图的分析

（2）画底面的投影图。

画出反映上下底面实形的俯视图，如图 2-27（a）所示。

（3）画其他两面投影。

根据“长对正”的投影关系画出主视图，如图 2-27（b）所示。

根据“高平齐”“宽相等”的关系画出左视图，如图 2-27（c）所示。

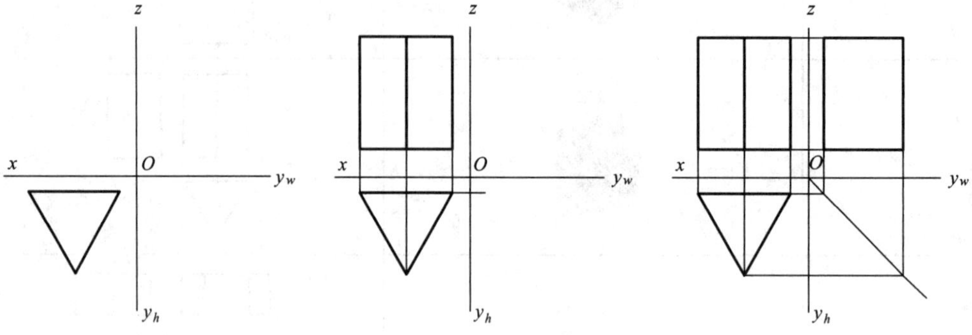

图 2-27　正三棱柱三视图的画法

（二）棱锥体的三视图

1. 常见棱锥体的三视图

棱锥体由底面、棱面、棱线和锥顶组成，底面是多边形，侧棱面均为三角形。

工程中常见的棱锥体有四棱锥、三棱锥等，表 2-2 列出了常见棱锥体的实体模型图和三视图。

表 2-2　常见棱锥体的实体模型图和三视图

名称	实体模型图	三视图
三棱锥	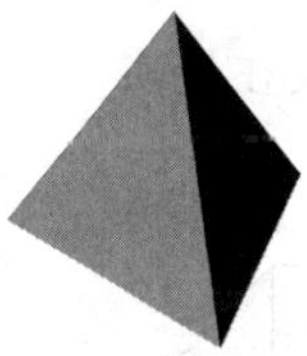	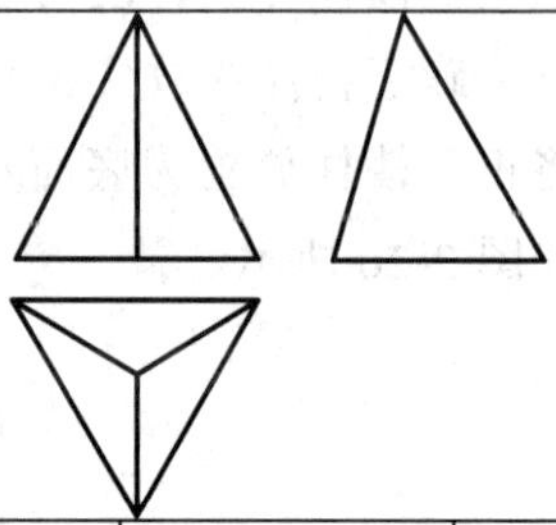
四棱锥	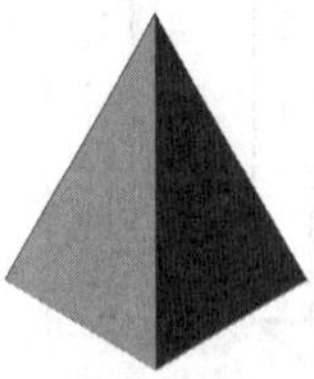	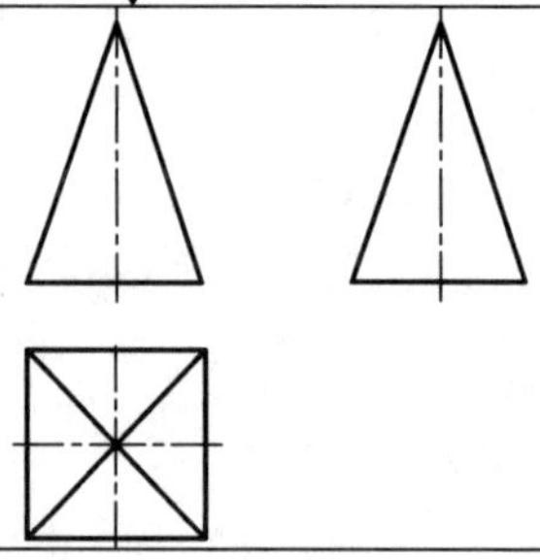

续表

名称	实体模型图	三视图
四棱台	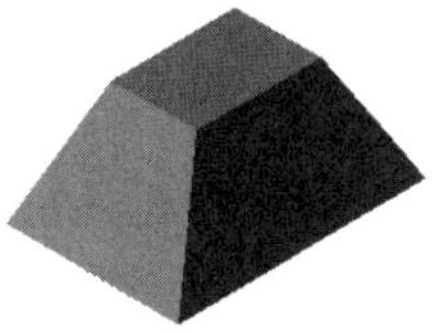	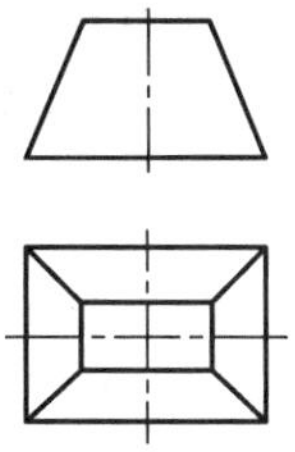

2. 棱锥体三视图的画法步骤

（1）正三棱锥的画法步骤。

① 确定物体摆放位置和主视方向。

正三棱锥的底面放置为水平面，其中一根棱线放置在最前，后侧面是侧垂面。三视图投影方向如图 2-28 所示，棱线 *SA* 为侧平线，棱线 *SB* 和 *SC* 为一般位置直线。

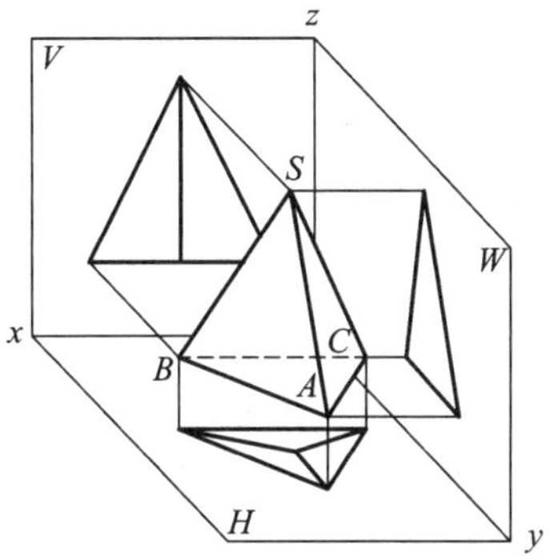

图 2-28　正三棱锥摆放位置及三面投影

② 画棱锥底面的投影图。

先画出反应底面实形的俯视图，再从三角形的顶点向锥点的投影连线，从而作出各棱线的俯视图，如图 2-29（a）所示。

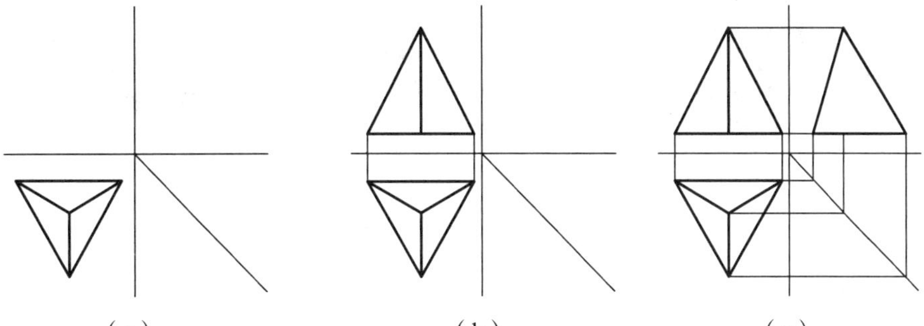

（a）　（b）　（c）

图 2-29　正三棱锥三视图的画法步骤

③ 画棱锥的另外两面投影。

根据“长对正”的投影关系画出主视图，如图 2-29（b）所示。

根据“高平齐”“宽相等”的关系画出左视图，如图 2-29（c）所示。

（2）四棱台的画法步骤如图 2-30 所示。

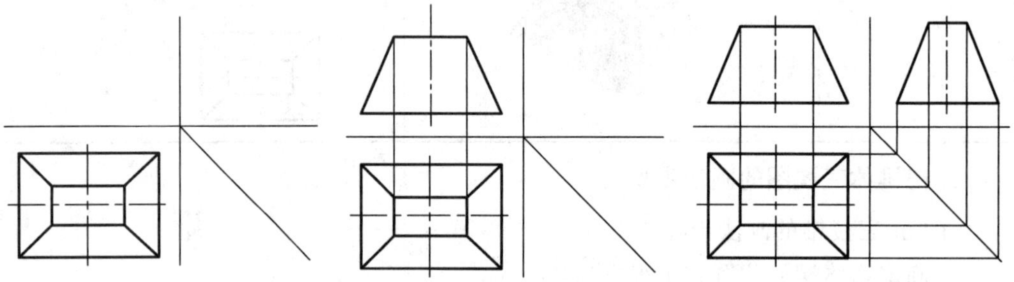

（a）绘上下底面和棱线　　（b）绘主视图　　（c）绘左视图

图 2-30　四棱台三视图的画法步骤

二、曲面基本体三视图的画法

曲面基本体表面是由一条动线绕固定轴线旋转而成，这种形体又称为回转体。动线称为母线，母线在旋转过程中的每一个具体位置称为曲面的素线。因此，可以认为回转体的曲面上存在无数条素线。

圆柱面是一条直线围绕与其平行的固定轴线旋转而成，如图 2-31（a）所示。

圆锥面是一条直线围绕与其相交的固定轴线旋转而成，如图 2-31（b）所示。

圆球面是一个圆围绕其直径旋转而成，如图 2-31（c）所示。

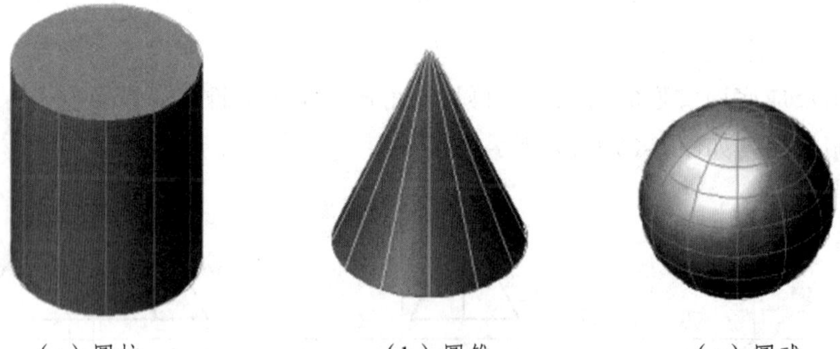

（a）圆柱　　（b）圆锥　　（c）圆球

图 2-31　曲面体实体模型图

（一）圆柱体三视图的画法步骤

1. 圆柱体的摆放位置和投影方向

一般情况下，圆柱的底面圆与投影面平行。将圆柱的底面放置于水平面上，三视图中的俯视图为底面圆的实形，主视图轮廓线为圆柱表面上最左素线和最右素线的投影，左视图轮廓线为圆柱面上最前素线和最后素线的投影，如图 2-32 所示。

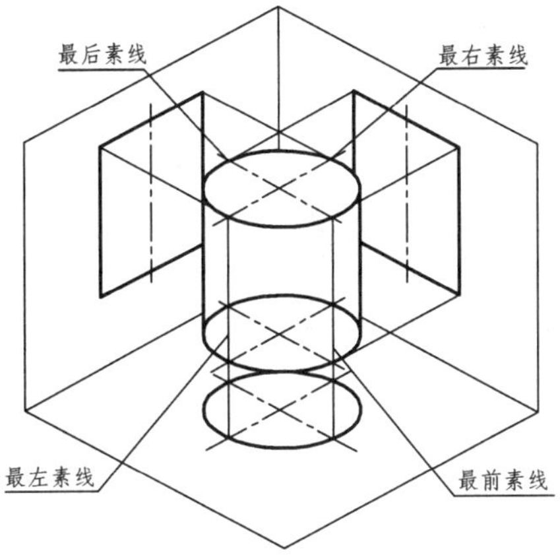

图 2-32　圆柱三视图的分析

2. **绘制圆中心线和圆柱轴线**

用细单点长画线绘制圆的十字中心线和圆柱轴线，确定三视图的位置，如图 2-33（a）所示。

3. **绘制底面圆的投影**

画出俯视图中圆的投影，该圆反映圆柱体特征，应首先画出，如图 2-33（b）所示。

4. **绘制其他两面投影**

根据投影规律依次绘制主视图和俯视图，如图 2-33（c）所示。

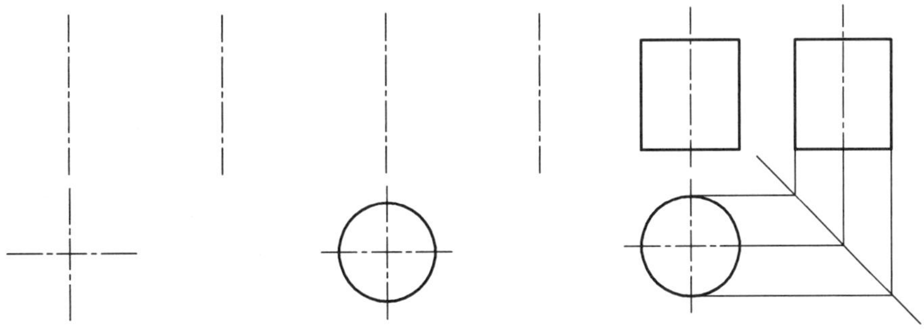

（a）　　（b）　　（c）

图 2-33　圆柱体三视图的画法

（二）圆锥体三视图的画法步骤

1. **圆锥体的摆放位置和投影方向**

将圆锥的底面圆放置于水平面上，如图 2-34 所示，三视图中的俯视图为底面圆的实形，主视图轮廓线为圆锥表面上最左素线和最右素线的投影，左视图轮廓线为圆锥面上最前素线和最后素线的投影，如图 2-34 所示。

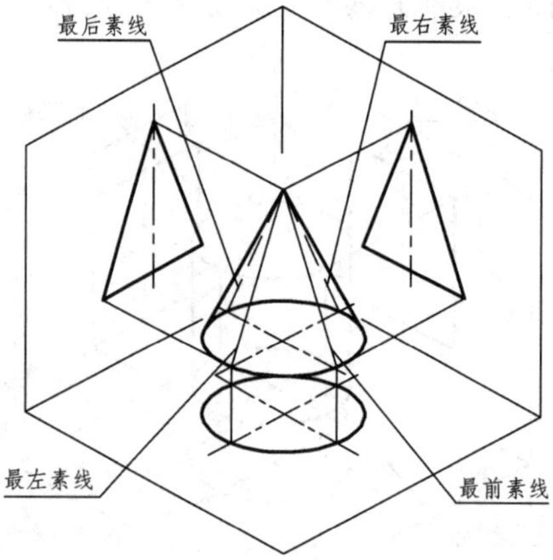

图 2-34 圆锥体三视图的分析

2. **绘制圆中心线和圆柱轴线**

用细单点长画线绘制圆的十字中心线和圆锥轴线，确定三视图的位置，如图 2-35（a）所示。

3. **绘制底面圆的投影**

画出俯视图中圆的投影，如图 2-35（b）所示。

4. **绘制其他两面投影**

根据投影规律依次绘制主视图和俯视图，如图 2-35（c）所示。

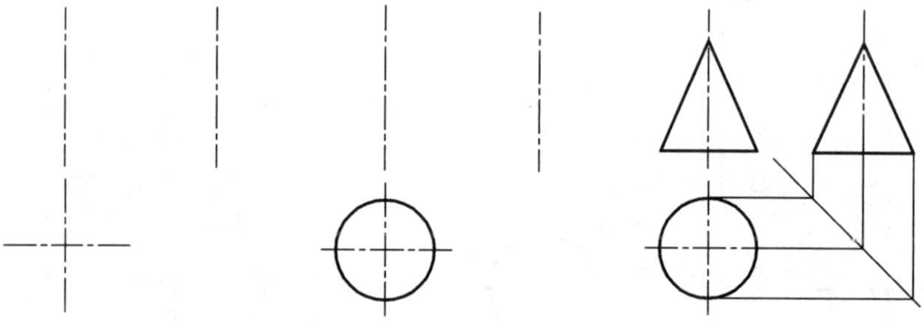

（a）　　（b）　　（c）

图 2-35 圆锥体三视图的画法

（三）圆球体的投影

圆球面可以看作是一个圆围绕其直径旋转而成的，其三面投影均为三个直径等于球径的圆，如图 2-36 所示。

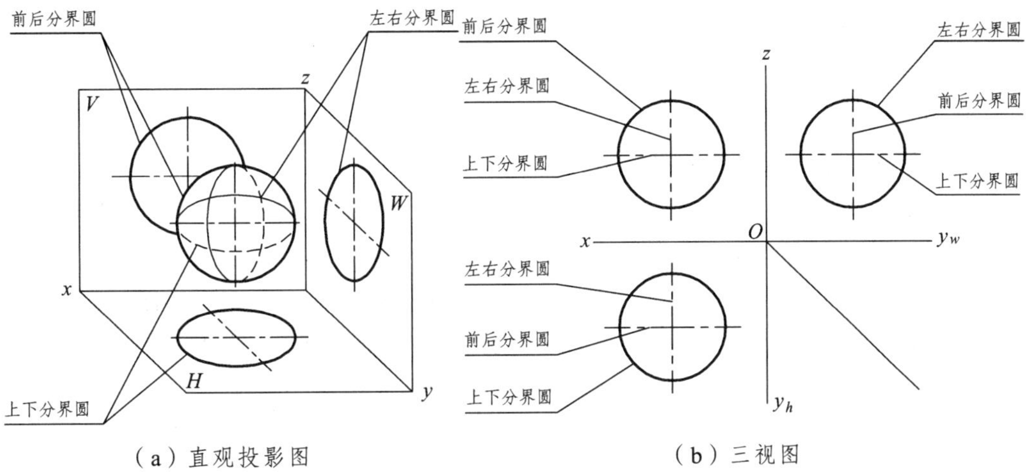

图 2-36　圆球体三视图的分析

俯视图上的圆，是上、下半球面分界圆的投影。

主视图上的圆，是前、后半球面分界圆的投影。

左视图上的圆，是左、右半球面分界圆的投影。

三、技能训练

（一）实训任务

图 2-37 所示为物体的轴测图，试根据轴测图绘制其三视图。

（二）实训要求

（1）A4 图纸，铅笔或计算机绘制。

（2）图形尺寸自定，三视图不标注尺寸。

（3）可见轮廓线用粗实线绘制，不可见轮廓线用细虚线绘制

（4）图形布局匀称，图线清晰

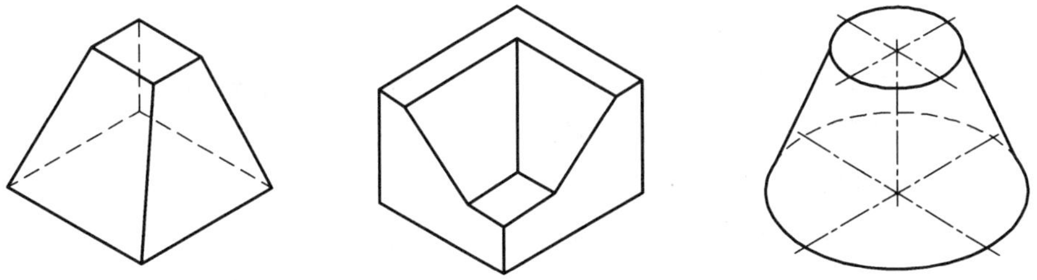

图 2-37　绘制物体的三视图

能力训练

1. 单项选择题

（1）下列属于平面立体的是（　　）。

A. 棱柱　　B. 圆柱　　C. 圆锥　　D. 圆球

（2）下列基本体的是（　　）。

A. 点　　B. 直线　　C. 圆锥　　D. 水平面

（3）如果六棱柱顶面、底面为水平面，则它们的水平投影（　　）。

A. 呈类似形　　B. 积聚为一直线

C. 反映实形　　D. 反映平面对 H 面的倾角

（4）棱锥相邻两棱面的交线称为（　　）。

A. 棱线　　B. 锥顶　　C. 棱面　　D. 底面

（5）三棱锥的总表面数是（　　）。

A. 3　　B. 4　　C. 5　　D. 6

（6）下列不属于曲面立体的是（　　）。

A. 棱柱　　B. 圆柱　　C. 圆锥　　D. 圆球

（7）将圆柱体的轴线垂直于 H 面，正立面投影是（　　）。

A. 矩形　　B. 圆　　C. 半圆　　D. 两个矩形

（8）如果圆柱顶面、底面为水平面，则侧面的水平投影（　　）。

A. 呈类似形　　B. 积聚为一直线

C. 反映实形　　D. 反映平面对 H 面的倾角

2. 判断题

（1）由若干个平面组成的基本几何体是平面体。（　）

（2）立体表面有积聚性，可以用积聚直线作另外一面的投影。（　）

（3）锥体中，表面总数=底面边数+2。（　）

（4）将三棱锥底面平行于 H 面，后棱面垂直于 W 面，侧立面投影是一个三角形。（　）

（5）如果圆柱顶面、底面为水平面，则它们的水平投影反映实形。（　）

（6）平面立体的投影是由围成它的各平面图形的投影表示。（　）

3. 识图与绘图练习

（1）将图 2-38 所示的两个三视图各属于哪一种基本形体填入图下括号中。

A. 三棱柱　B. 三棱锥　C. 四棱柱　D. 四棱锥　E. 四棱台

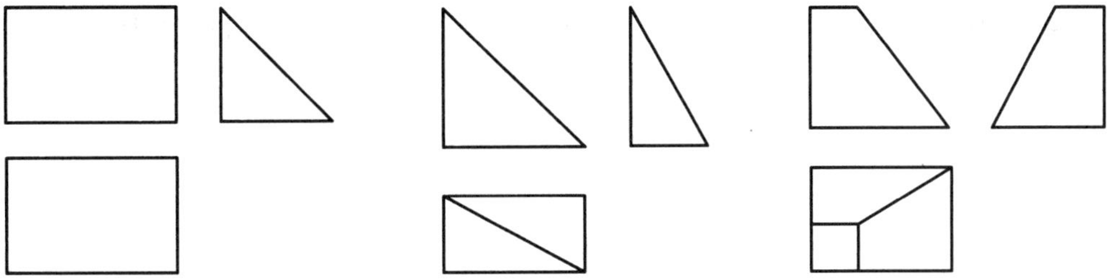

(　　)　　(　　)　　(　　)

图 2-38

（2）如图 2-39 所示，已知物体的主、俯视图，正确的左视图是（　　）。

A　　B　　C　　D

图 2-39

（3）如图 2-40 所示，已知正六棱柱的俯视图，画出其主视图和左视图（高度为 25 mm）。

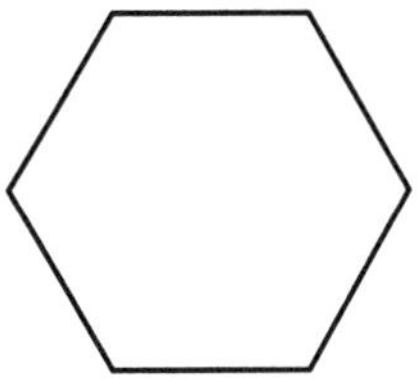

图 2-40　正六棱柱的三视图

（4）如图 2-41 所示，已知正棱锥的俯视图，画出其主视图和左视图（高度为 25 mm）。

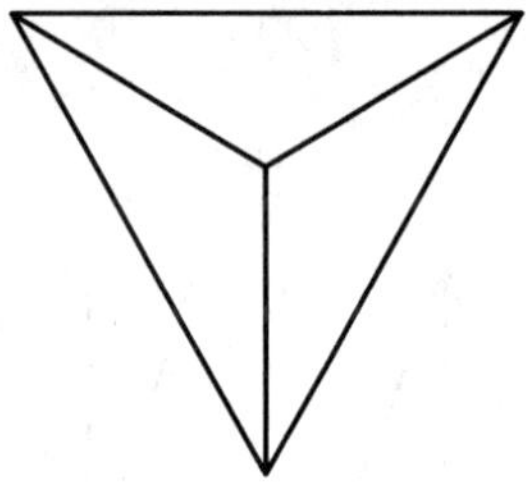

图 2-41　正三棱锥的三视图

（5）已知图 2-42 为圆台俯视图，请画出其主视图和左视图（高度为 30 mm）。

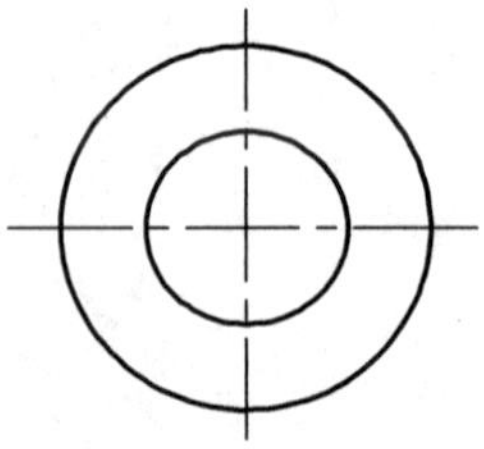

图 2-42　圆台的三视图

项目三

轴测投影

知识目标

- 1. 了解轴侧投影的形成。
- 2. 了解轴侧投影的概念和分类。
- 3. 掌握正等轴测图的投影特点。
- 4. 掌握正等轴测图绘制的基本方法。
- 5. 掌握绘制斜二轴测图的投影特点。
- 6. 掌握斜二轴轴测图绘制的基本方法。

技能目标

- 1. 能够根据组合体三视图绘制正等轴测图。
- 2. 能够根据组合体三视图绘制斜二轴测图。
- 3. 能够利用制图工具绘制简单工程形体的轴测投影图。

课程导入

工程上一般采用正投影法绘制物体的投影图，即多面正投影图，它能完整、准确地反映物体的形状和大小，且质量性好，作图简单，但立体感不强，只有具备一定读图能力的人才看得懂。轴测图是一种单面投影图，在一个投影面上能同时反映物体三个坐标面的形状，并接近人们的视觉习惯，形象、逼真，富有立体感。但轴测图一般不能反映物体各表面的实形，因而度量性差，同时作图较复杂。因此，在工程上常把轴测图作为辅助图样，来说明机器的结构、安装、使用等情况。在设计中，用轴测图帮助构思、想象物体的形状，以弥补正投影图的不足，在生产和学习中常用它作为辅助图样。在绘图教学中，轴测图也是发展空间构思能力的手段之一。通过画轴测图可以帮助人们想象物体的形状，培养空间想象能力。三面投影图和轴测投影图如图 3-1 所示。

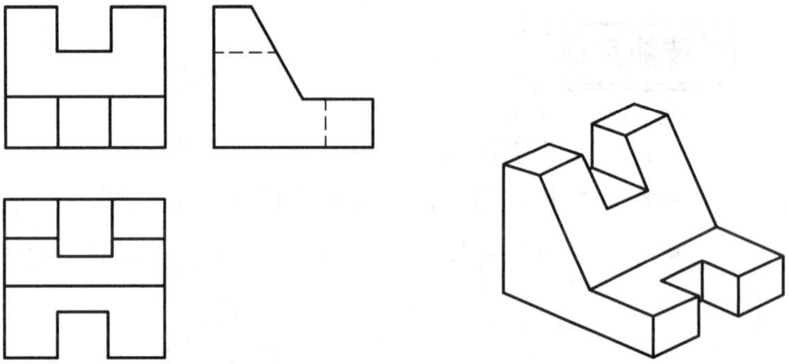

（a）三面投影图　　（b）轴测投影图

图 3-1　三面投影图与轴测投影图

任务一　轴测投影的基本知识

一、轴测投影图的形成及分类

（一）轴测图的形成

如图 3-2 所示，将物体连同确定其空间位置的直角坐标系，用平行投影法将其投射在单一投影面上所得的具有立体感的图形叫作轴测图。得到轴测投影的面叫作轴测投影面，P 为轴测投影面，空间坐标轴 Ox、Oy、Oz 上的投影 O_1x_1、O_1y_1、O_1z_1，称为轴测投影轴，简称轴测轴。轴测轴之间的夹角称为轴间角，即 $\angle x_1O_1y_1$、$\angle x_1O_1z_1$、$\angle y_1O_1z_1$。各轴测轴的度量单位与相应空间坐标轴的度量单位之比称为轴向伸缩系数，p 为 x 轴轴向伸缩系数，q 为 y 轴轴向伸缩系数，r 为 z 轴轴向伸缩系数，即

$p=O_1A_1:OA$；　　$q=O_1B_1:OB$；　　$r=O_1C_1:OC$。

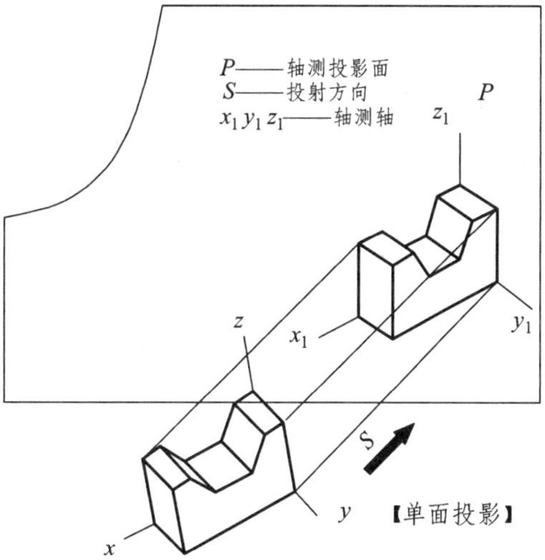

图 3-2　轴测投影

（二）轴测图的分类

轴测投影是采用正投影或斜投影的方法，以单面投影的形式所得到的一种图示方法。

轴测图根据投射线方向和轴测投影面的位置不同可分为两大类：

正轴测图：投射线方向垂直于轴测投影面。

斜轴测图：投射线方向倾斜于轴测投影面。

根据不同的轴向伸缩系数，每类又可分为三种。

1. 正轴测图

正等轴测图（简称正等测）：$p_1=q_1=r_1$。

正二轴测图（简称正二测）：$p_1=r_1\neq q_1$。

正三轴测图（简称正三测）：$p_1\neq q_1\neq r_1$。

2. 斜轴测图

斜等轴测图（简称斜等测）：$p_1=q_1=r_1$。

斜二轴测图（简称斜二测）：$p_1=r_1\neq q_1$。

斜三轴测图（简称斜三测）：$p_1\neq q_1\neq r_1$。

由于计算机绘图给轴测图的绘制带来了极大的方便，轴测图的分类已不像以前那样重要，但工程上常用的是两种轴测图：正等测和斜二测。

二、轴测投影图的特点

轴测图具有平行投影的所有特性：

（1）平行性——空间相互平行的直线，轴测投影仍然平行。

（2）从属性——属于直线的点，轴测投影仍然属于该直线。

（3）定比性——点分空间线段之比，等于其轴测投影之比。

当投射方向 S 垂直于投影面时，形成正轴测图；当投射方向 S 倾斜于投影面时，形成斜轴测。

注意：形体上不平行于坐标轴的线段（非轴向线段），它们的投影的变化率与平行于坐标轴的那些线段的变化率不同，因此不能将非轴向线段的长度直接移到轴测图上。画非轴向线段的轴测投影时，需要用坐标法定出其两端点在轴测坐标系中的位置，然后再连成线段的轴测投影。

能力训练

1. 单项选择题

（1）属于正等测轴测图的特性的是（　　）。

A. $p_1=q_1=r_1$　　B. $p_1=q_1\neq r_1$　　C. $p_1\neq q_1\neq r_1$　　D. 无特殊性

（2）下列不属于正等测轴测图的特性的是（　　）。

A. 平行性　　B. 从属性　　C. 实形性　　D. 定比性

（3）轴测投影是采用正投影或斜投影的方法，以（　　）的形式所得到的一种图示方法。

A. 单面投影　　B. 两面投影　　C. 三面投影　　D. 多面投影

（4）q 为（　　）轴轴向伸缩系数。

A. X　　B. Y　　C. Z　　D. 以上都是

（5）不属于轴测图的是（　）。

A. 正二等轴测图　　B. 斜二等轴测图

C. 正投影图　　D. 正等轴测图

2. 判断题

（1）轴测轴之间的夹角称为轴间角。（　）

（2）形体在坐标轴（或其平行线）上的定长的投影长度与实长之比，称为轴向伸缩系数，简称伸缩系数。（　）

任务二　正等轴测图

一、正等轴测图的概念

将形体放置成使它的三个坐标轴与轴测投影面具有相同的夹角，然后用正投影方法向轴测投影面投影，就可得到该形体的正等轴测投影图，简称正等测图，如图 3-3 所示。

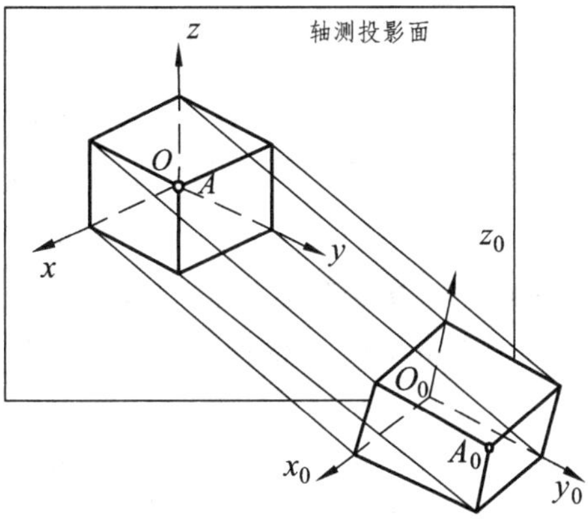

图 3-3　正等轴测的形成

正等轴测图

正等轴测图的三个轴间角均为 120°，轴向伸缩系数规定为 $p=r=q=0.82$，如图 3-4（a）所示。为了简化作图，轴向伸缩系数采用简化系数为 $p=r=q=1$，如图 3-4（b）所示。用此方法作的图，三个轴向尺寸都相应放大了约 1.22 倍，但其形状未变，而且方便简单。

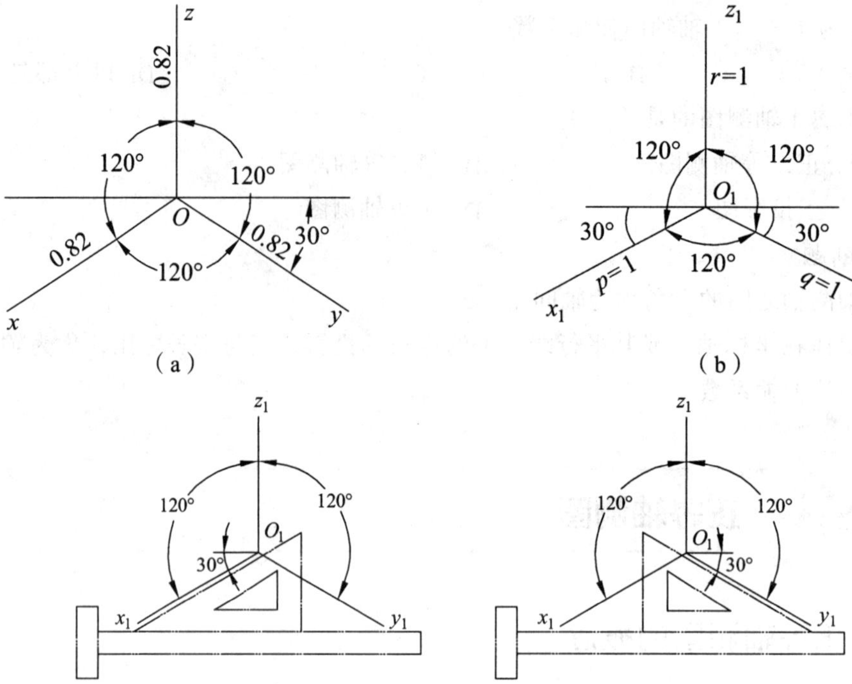

（c）正等轴测轴的画法

图 3-4　正等测的轴间角和轴向伸缩系数

二、平面立体正等测轴测图的画法

画组合体的轴测图，需要根据组合体的形状特征、组合形式，选择合适的作图方法。一般有坐标法、切割法和叠加法。画平面立体轴测图的基本方法如下：沿坐标轴测量，按坐标画出各顶点的轴测图，该方法简称坐标法；对一些不完整的形体，可先按完整形体画出，然后再用切割方法画出不完整部分，此法称为切割法；对另一些平面立体则用形体分析法，先将其分成若干基本形体，然后还逐一将基本形体组合在一起，此法称为叠加法。

在画组合体的正等轴测图之前，应先通过形体分析，了解组合体各组成部分的相对应位置和组合方式，然后根据其相互位置关系，按照从大到小、从总体到局部的顺序，逐个作出其正等轴测图，最后处理好交线，整理加深即可。

（一）坐标法

画平面体轴测图的基本方法是坐标法，根据平面体各点的坐标值确定形体上各特征点轴测投影，然后依次连接，即得到平面体的轴测图。这种方法适用于绘制棱锥、棱台类物体。

1. **棱柱的正等轴测图**

四棱柱的正等轴测图，其作图方法及步骤如图 3-5 所示。

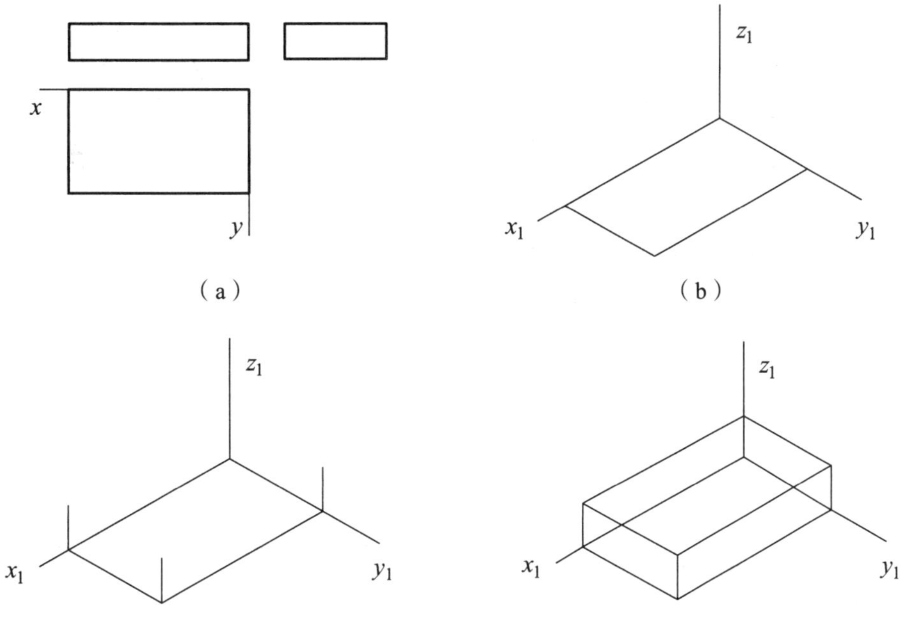

图 3-5　坐标法绘制棱柱的正等轴测图

从上图可知，轴测图上的各点一般由三条线相交而得，而各个交角是由三个面构成，掌握此特点，对作轴测图是有益的。为了使轴测图更直观，图中虚线一般不画。

2. **三棱锥的正等轴测图**

图 3-6 所示为应用坐标法绘制三棱锥正等轴测图的画法步骤。

3. **四棱台的正等轴测图**

图 3-7 所示为应用坐标法绘制四棱台正等轴测图的画法步骤。

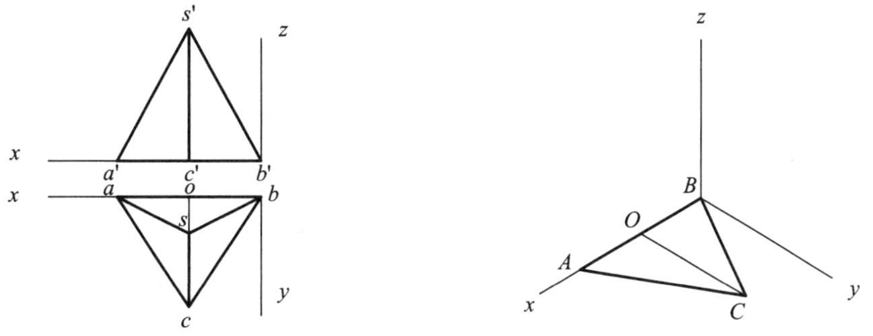

（a）三棱锥投影图　　（b）绘制底面图

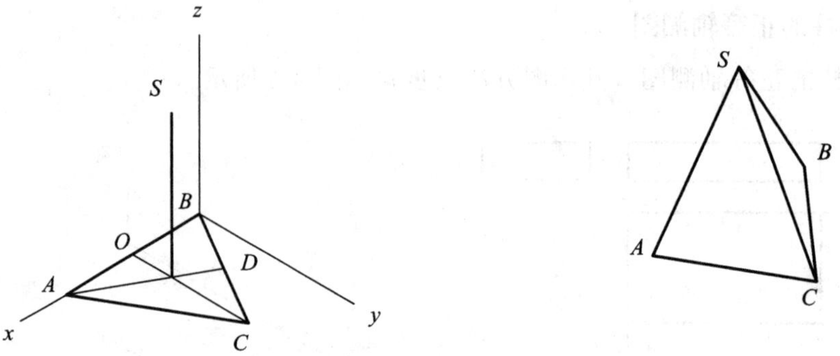

（c）从面中心量取三棱柱的高度　　（d）连接 SA、SB、SC，整理图形

图 3-6　坐标法绘制三棱锥

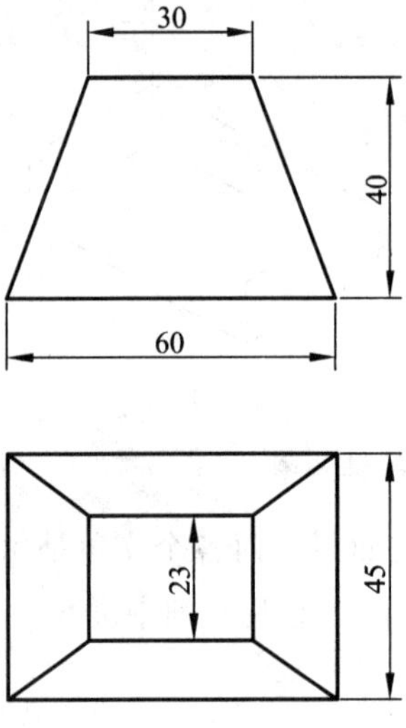

（a）四棱台视图

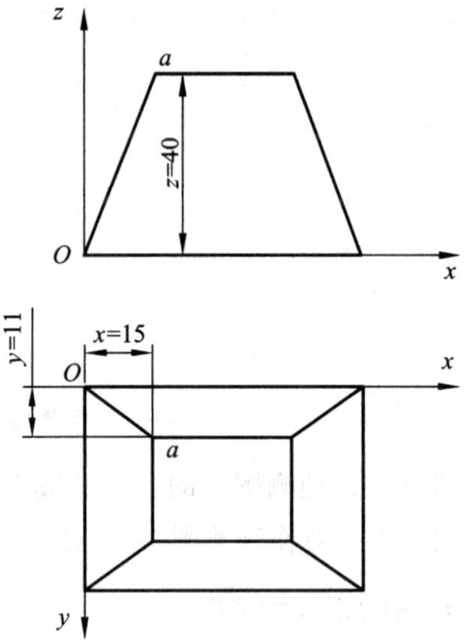

（b）量 A 点平面坐标

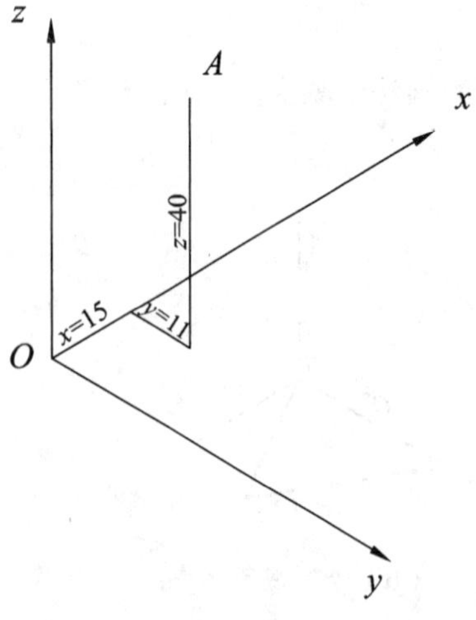

（c）量 A 点轴测坐标

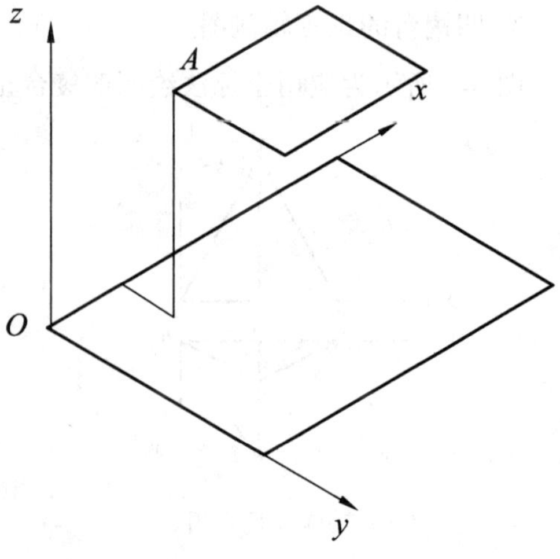

（d）绘制上、下底面轴测投影

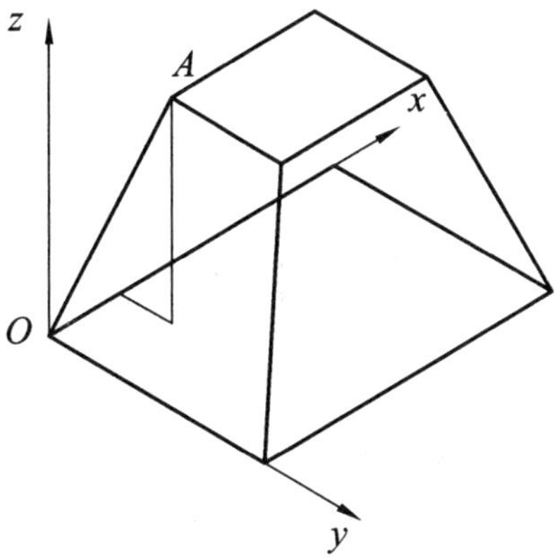

（e）连接棱线

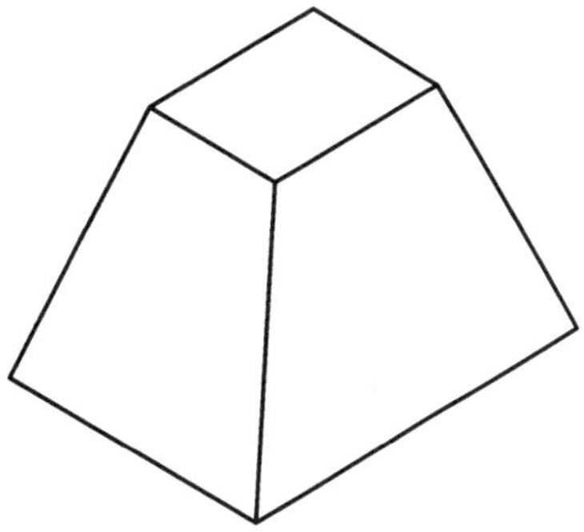

（f）整理图形

图 3-7　坐标法绘制正等轴测图的画法步骤

（二）切割法

当组合体由基本体切割而成时，先画出成型前基本体的轴测图，然后按其截平面的位置，逐个切去多余部分，处理好交线，完成组合体的轴测图。这种方法适用于绘制棱柱被切角、开槽等切割体。

切割法绘制正等轴测图

如图 3-8 所示，对四棱柱进行切割掉一角的绘制步骤。

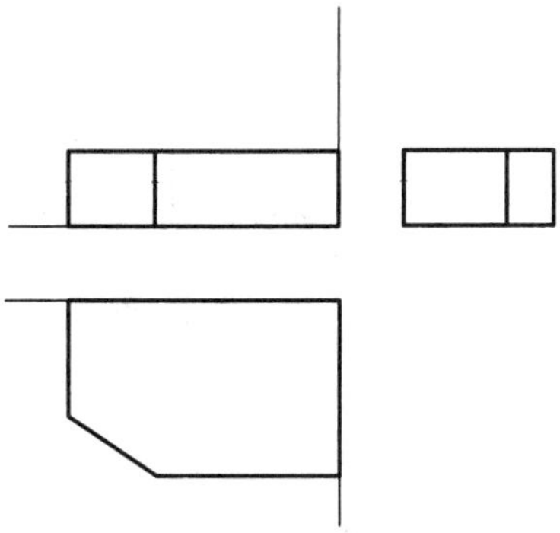

（a）三视图

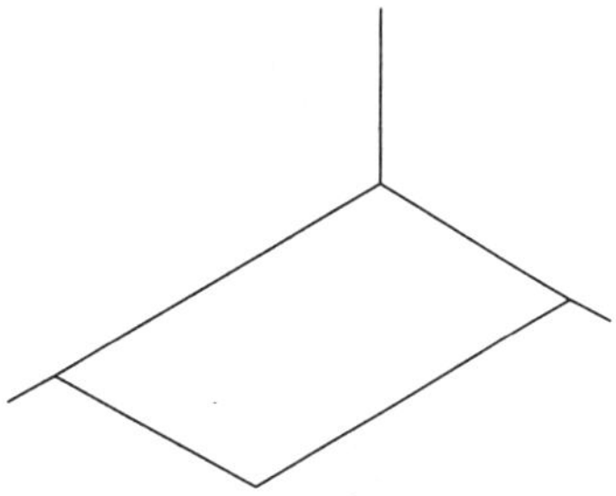

（b）绘制底面图

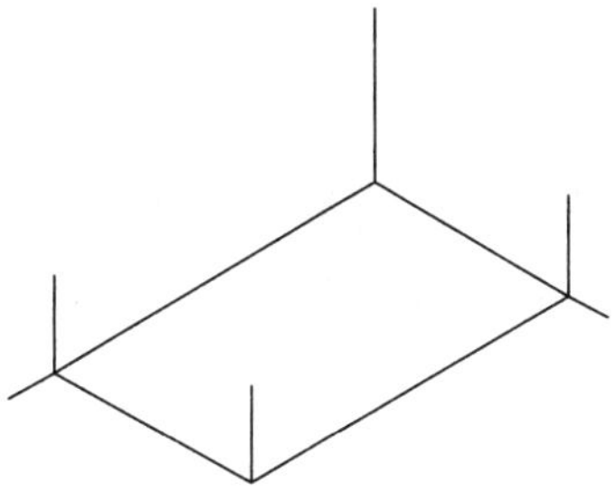

（c）量取高度

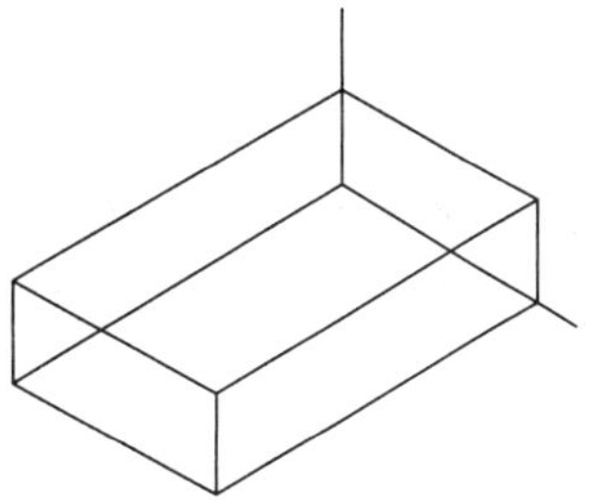

（d）绘制上底面轴测投影

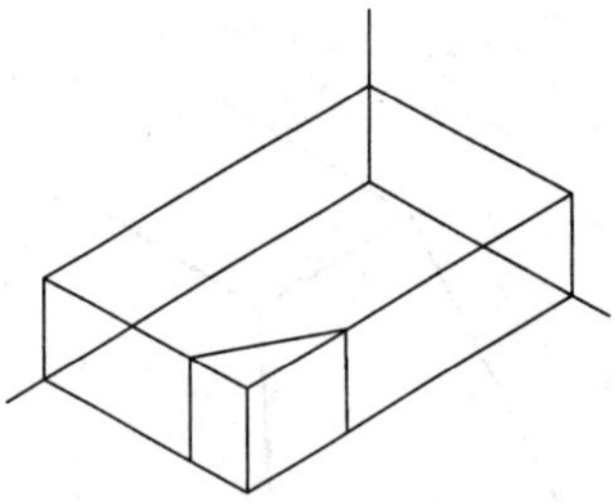

(e) 量取切角长和宽并连接

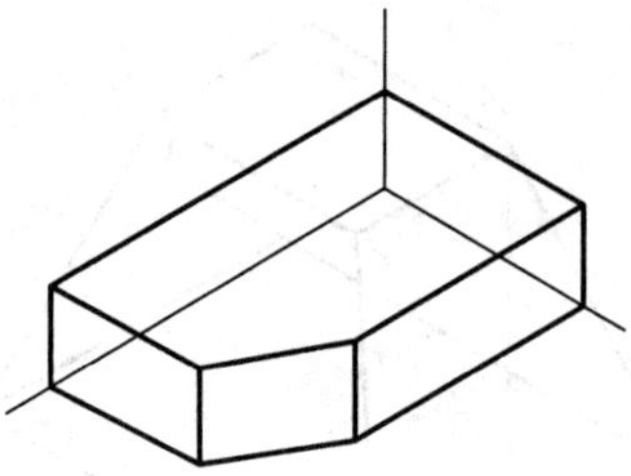

(f) 整理图形

图 3-8 切割法绘制正等轴测图的画法步骤

图 3-9 所示为应用切割法绘制四棱柱切割体正等轴测图的画法步骤。

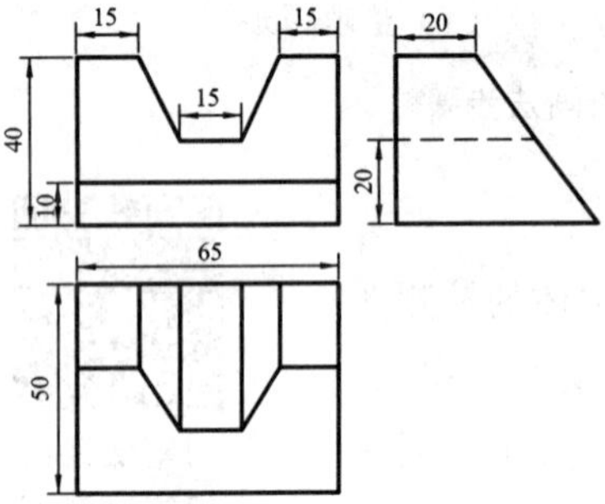

(a) 三面投影图

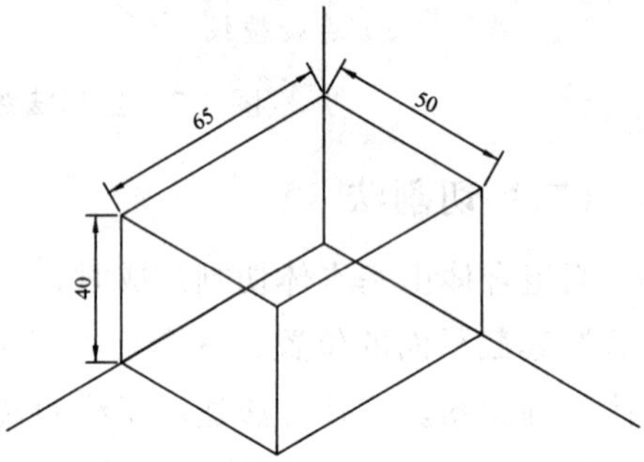

(b) 绘制正等轴测轴，绘制长方体

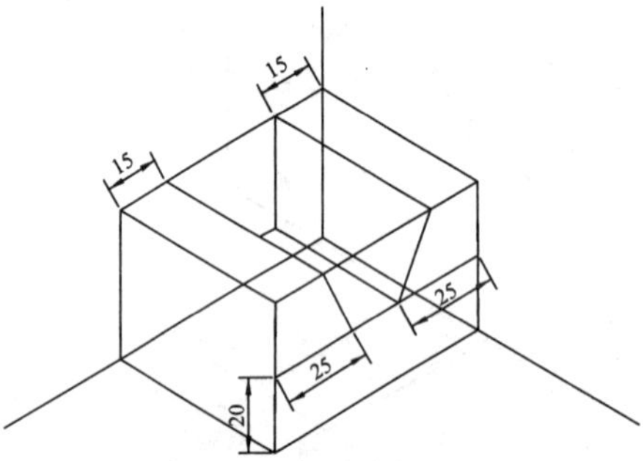

(c) 绘制切割部分图形

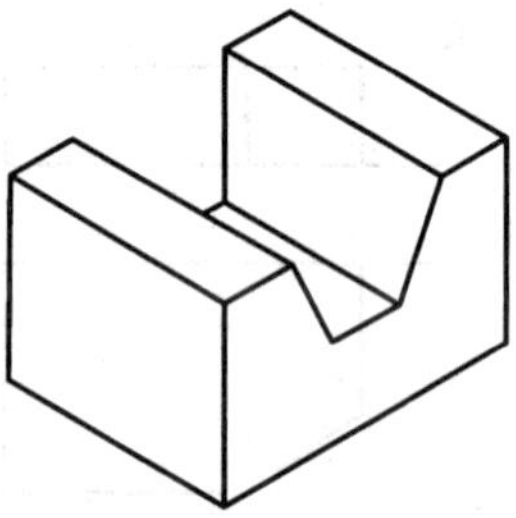

(d) 修剪多余图线，加深图线

图 3-9 用切割法绘制正等测图

(三) 叠加法

当组合体是由若干个基本体叠加而成时，适合用叠加法绘制轴测图，将组合体分解为若干基本形体，依次将各个基本形体进行准确定位后叠加在一起，形成整个形体的轴测图。

图 3-10 所示为应用叠加法绘制正等轴测图的画法步骤。

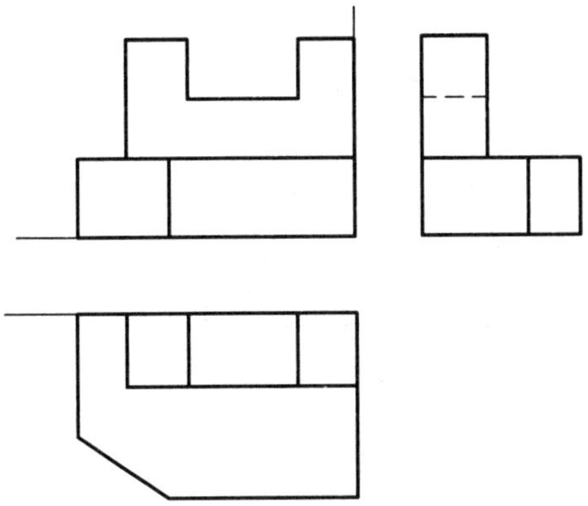

（a）三视图

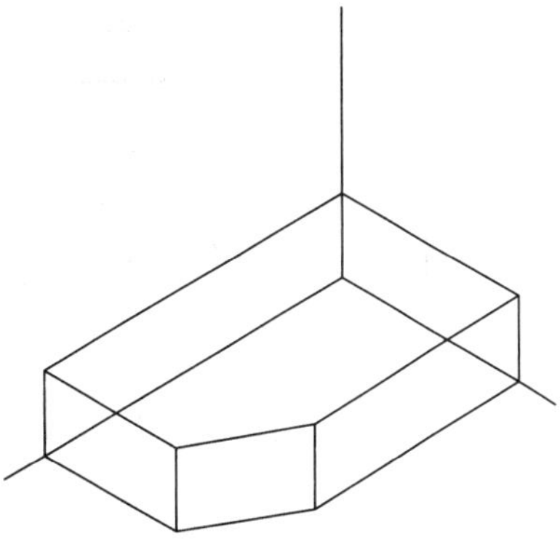

（b）绘制底部基本体

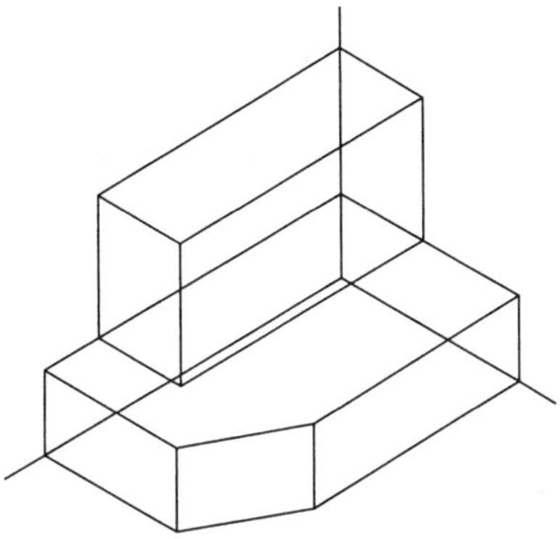

（c）绘制上部长方体

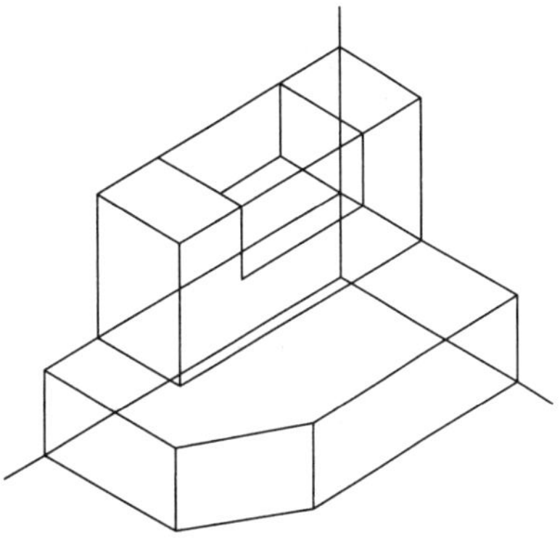

（d）量取切割部分长度

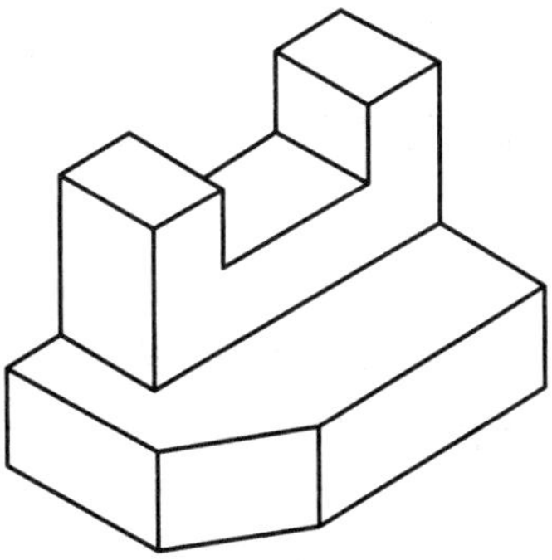

（e）擦除多余线条，整理图形

图 3-10　叠加法绘制正等测图的画法步骤

图 3-11 所示为应用叠加法绘制台阶正等轴测图的画法步骤。

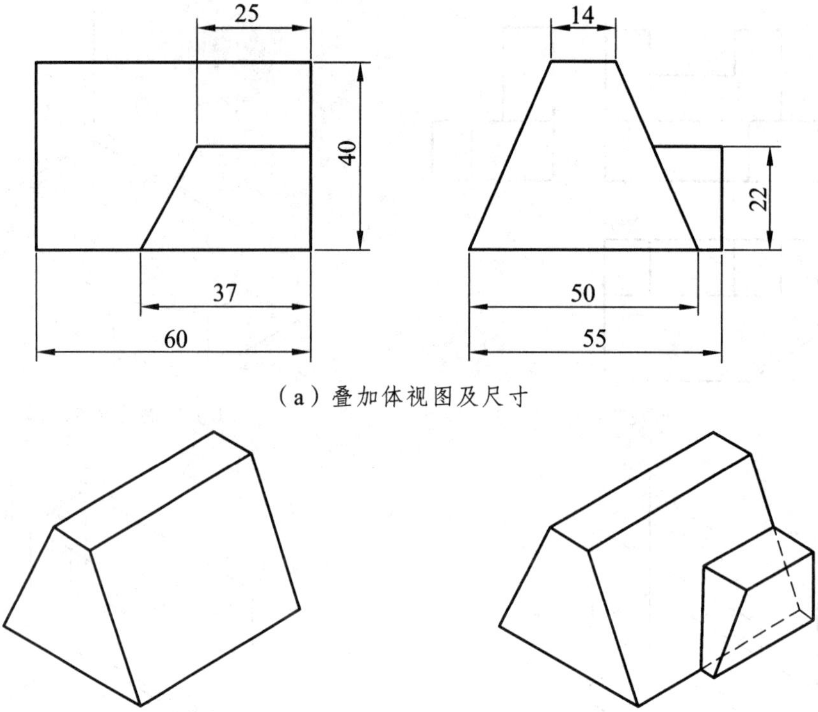

（a）叠加体视图及尺寸

（b）画后棱柱体轴测图　　（c）画前棱柱体（擦除双点画线部分）

图 3-11　叠加法绘制台阶正等测图的画法步骤

有时，一个组合体是由几种形式组合而成的。在这种情况下，可综合运用上述几种画组合体轴测图的方法来作图。

三、曲面立体正等轴测图的画法

（一）圆的正等轴测投影

与投影面平行的圆的正等轴测投影是椭圆，椭圆常用的近似画法是菱形法，现以平行 xOy 坐标面的圆（或 xOy 坐标面的圆）为例，介绍圆的正等轴测投影，如图 3-12 所示。

在画曲面立体的正等测图时，一定要明确圆所在平面与哪一个坐标面平行，才能确保画出的椭圆正确。不同坐标面上圆的正等轴测图的画图方法相似，但是椭圆的方位不同。如图 3-13 所示。画同轴并且相等的椭圆时，要善于应用移心法以简化作图，并保持图面的清晰。

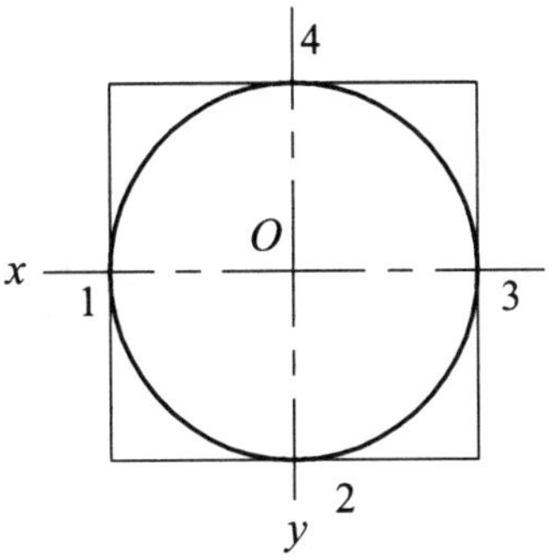

(a) 过圆心O作坐标轴Ox和Oy，再作四边平行坐标轴的圆的外切正方形，切点为1、2、3、4

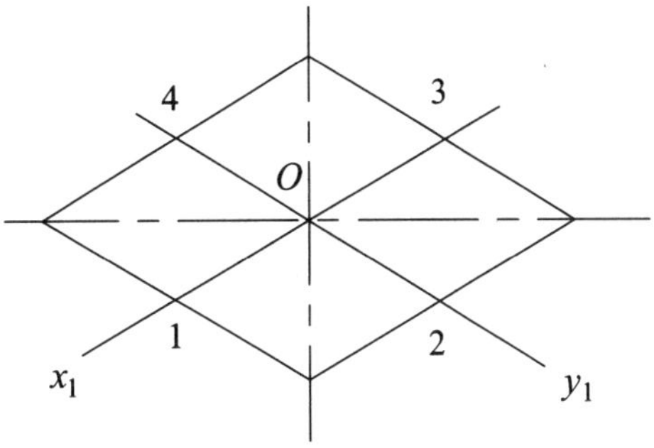

(b) 画出轴测轴Ox_1、Oy_1。从O点沿轴向直接量圆半径，得切点1、2、3、4。过各点分别作轴测轴的平行线，即得圆的外切正方形的轴测图——菱形，再作菱形的对角线

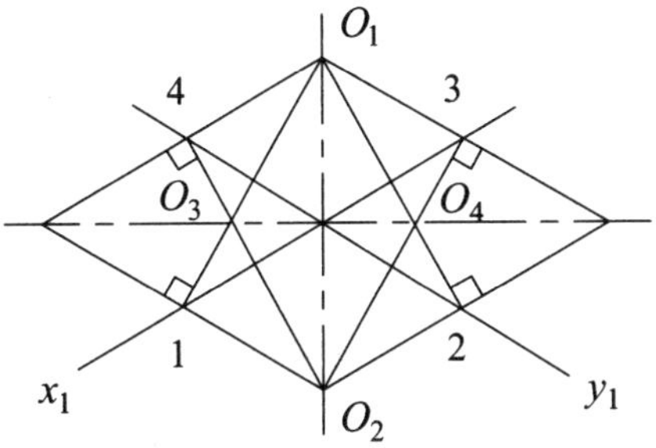

(c) 过1、2、3、4作菱形各边的垂线，得交点O_1、O_2、O_3、O_4，即是画近似椭圆的四个圆心。O_1、O_2就是菱形短对角线的顶点，O_3、O_4都在菱形的长对角线上

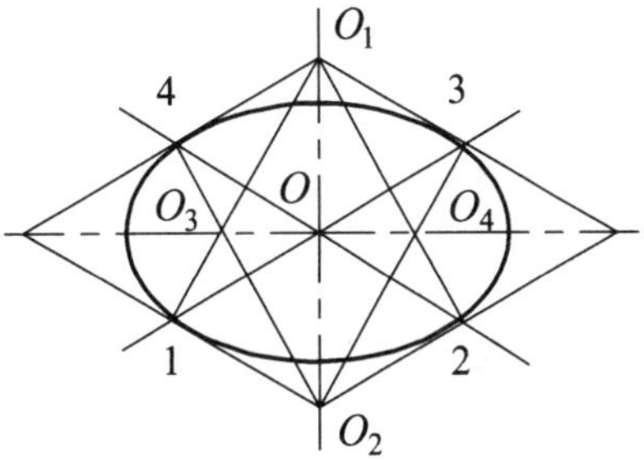

(d) 以O_1、O_2为圆心，$O_1 1$为半径画出大圆弧$\overset{\frown}{12}$、$\overset{\frown}{34}$；以O_3、O_4为圆心，$O_3 1$为半径画出小圆弧$\overset{\frown}{14}$、$\overset{\frown}{23}$。四个圆弧连成的就是近似椭圆

图 3-12　平行 xOy 坐标面的圆的正等轴测投影

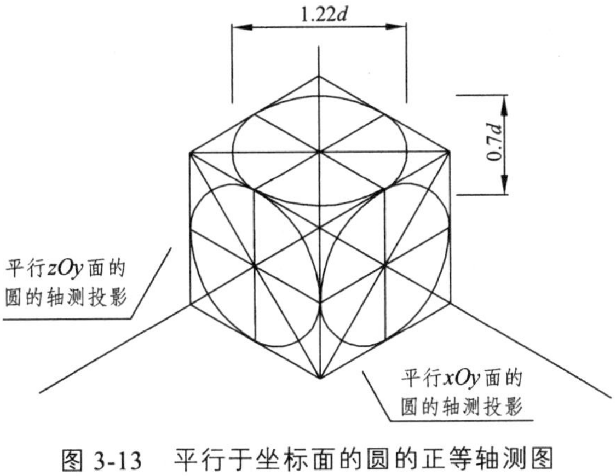

图 3-13　平行于坐标面的圆的正等轴测图

如果形体上的圆不平行于坐标平面，则不能用辅助菱形法作图。

（二）圆柱的正等测图画法

圆柱的轴线三铅垂线，上下底面是水平面，如图 3-14 所示。作图时，先分别作出其顶面和底面的椭圆，再作其公切线即可。圆孔的正等轴测图画法与圆柱的正等测图画法相同。

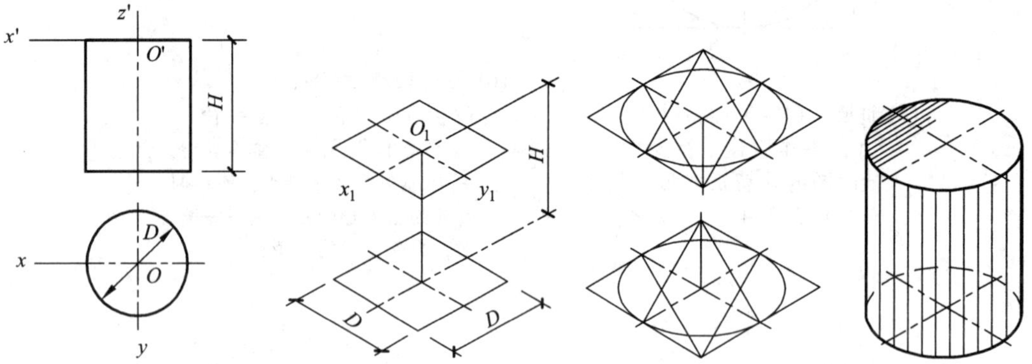

（a）确定坐标轴　（b）定椭圆中心，画菱形　（c）画椭圆　（d）检查加深

图 3-14　圆柱的正等测图画法

（三）圆角的正等测图画法

圆角相当于 1/4 的圆周，因此，圆角的正等测图正好是椭圆的四段圆弧中的一段。作图时，可简化为如图 3-15 所示的画法，其作图步骤如下：

（1）在组成角的两条边上分别沿轴向各取一段长度等于半径 R 的线段，得 A 点和 B 点，过 A、B 点作相应边的垂线分别交于 O_1 及 O_2。以 O_1 及 O_2 为圆心，以 O_1A 及 O_2B 为半径作弧，即为圆角的轴测图，如图 3-15（b）所示。

（2）将 O_1 及 O_2 点垂直往后移（y 方向），取 $O_1O_3=O_2O_4=h$（板厚），得 O_3、O_4 点。以 O_3 及 O_4 为圆心，以 O_1A 及 O_2B 为半径作弧，得后面圆角的轴测图，再作前、后圆弧的公切线，即完成作图，如图 3-15（c）所示。

（3）擦去多余的图线并描深，即得到圆角的正等测图，如图 3-15（d）所示。

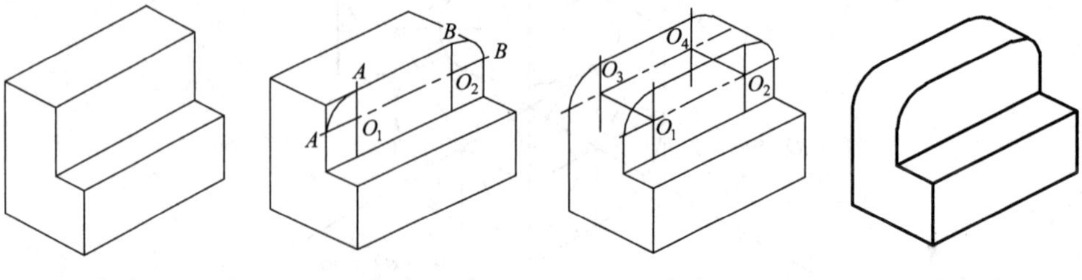

（a）　（b）　（c）　（d）

图 3-15　圆角的正等测图画法

四、技能训练

（一）实训任务

图 3-16 所示为台阶模型的组合体三视图，在图上直接量取长度按 1∶1 的比例画出正等轴测图。

（二）实训要求

（1）A4 图纸，铅笔绘制轴测图。

（2）轴测图不标尺寸。

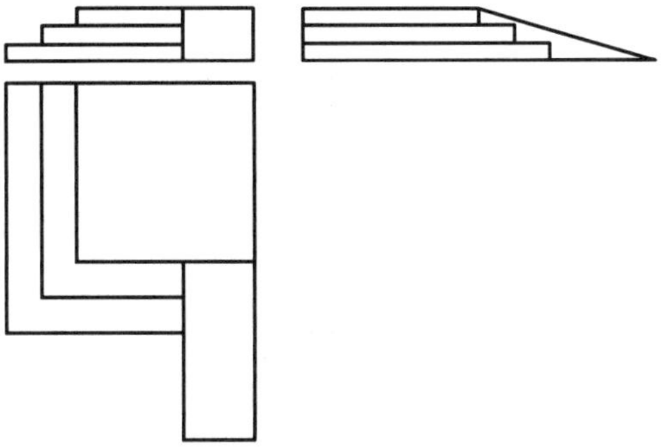

图 3-16　台阶模型三视图

能力训练

1. 单项选择题

（1）用简化轴向系数画的正等轴测图与实际物体轴测图比较，则（　　）。

A. 一样大小　　B. 放大了 1.22 倍

C. 缩小了 0.82 倍　　D. 缩小了 1.22 倍

（2）在轴测投影中，一般用菱形四心法来绘制（　　）。

A. 矩形　　B. 平面　　C. 菱形　　D. 椭圆

（3）正等测轴测图的轴间角的是（　　）。

A. 30°　　B. 60°　　C. 90°　　D. 120°

（4）r 为（　　）轴轴向伸缩系数。

A. x　　B. y　　C. z　　D. 以上都是

（5）正等测轴测图的轴向系数相等，简化的轴向系数是（　　）。

A. 0.82　　B. 1　　C. 1.22　　D. 2

2. 思考题

（1）正轴测图的概念是什么？

（2）正等测轴测图的轴向系数相等，简化的轴向系数是多少？

（3）画平面体的正等轴测图的方法有哪些？

（4）画轴测图的坐标法适用范围是什么？

3. 绘图训练

（1）按图 3-17 和 3-18 所示尺寸 1：1 在 A4 纸上绘制其正等轴测图。

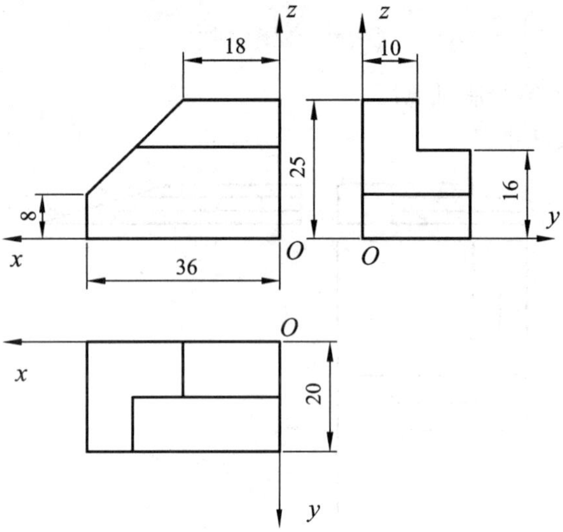

图 3-17　三视图

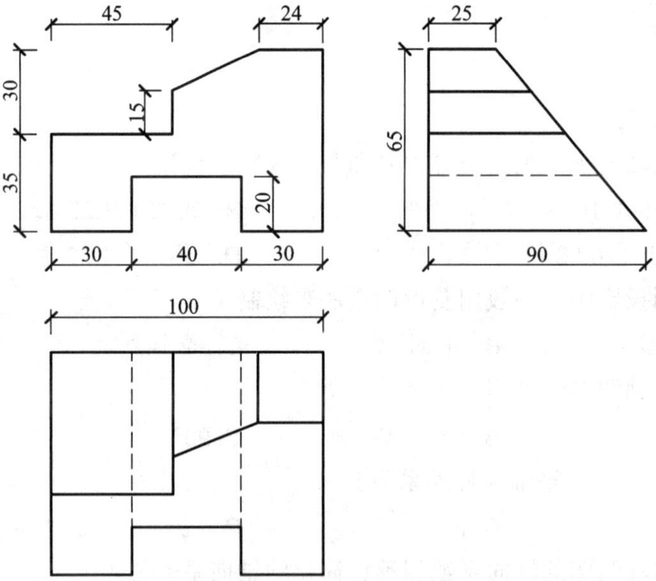

图 3-18　台阶模型三视图

（2）已知圆锥和圆柱的三视图如图 3-19 所示，在图上直接量取长度按 1：1 的比例画出正等轴测图。

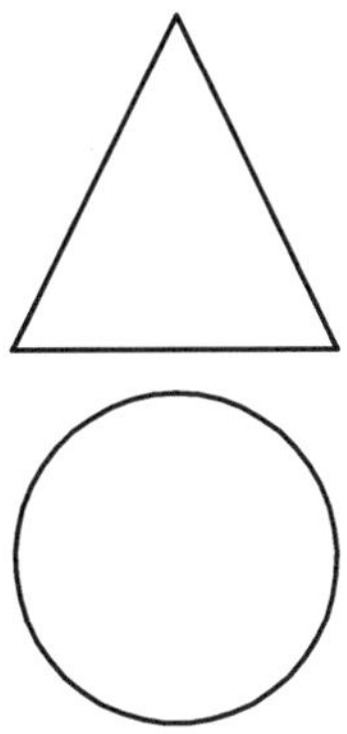

（a）圆锥的三视图

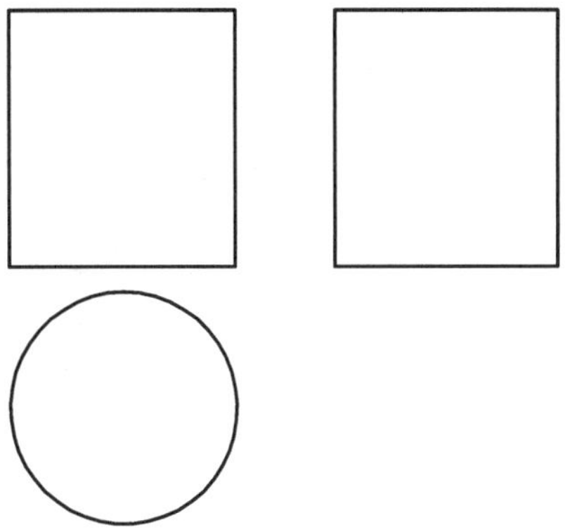

（b）圆柱的三视图

图 3-19　三视图

（3）图 3-20 所示为拱桥模型的组合体的两视图，在图上直接量取长度按 1∶1 的比例画出正等轴测图。

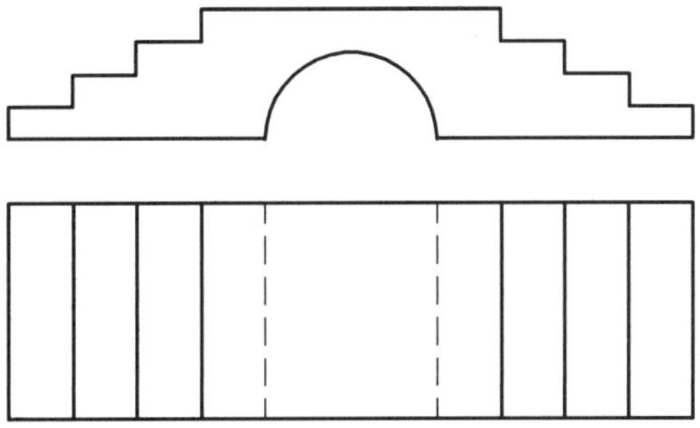

图 3-20　拱桥模型两视图

任务三　斜二轴测图

一、斜二轴测图的概念

立体主要面与轴测投影面平行，而使投影方向倾斜于投影面，即得到斜轴测投影图，简称斜轴测投影。

（一）斜二轴测图的形成

形体放置成使它的 xOz 坐标面平行于轴测投影面，然后用斜投影的方法向轴测投影面进行投影，用这种方法画出的轴侧图称为斜二测图，如图 3-21 所示。

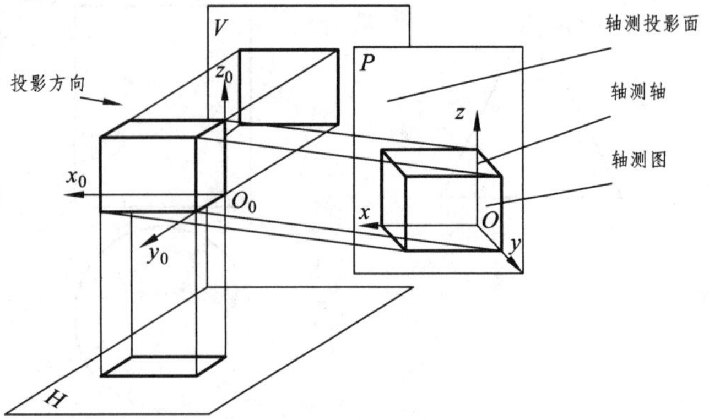

图 3-21　斜二轴测图的形成

（二）斜二轴测图的轴间角和轴向伸缩系数

图 3-22 所示为斜二测图的轴测轴、轴间角和轴向伸缩系数等参数及画法。从图中可以看出，在斜二测图中 $O_1x_1 \perp O_1z_1$，O_1y_1 与 O_1x_1、O_1z_1 的夹角均为 135°，三个轴向伸缩系数分别为 $p_1=r_1=1$，$q_1=0.5$。

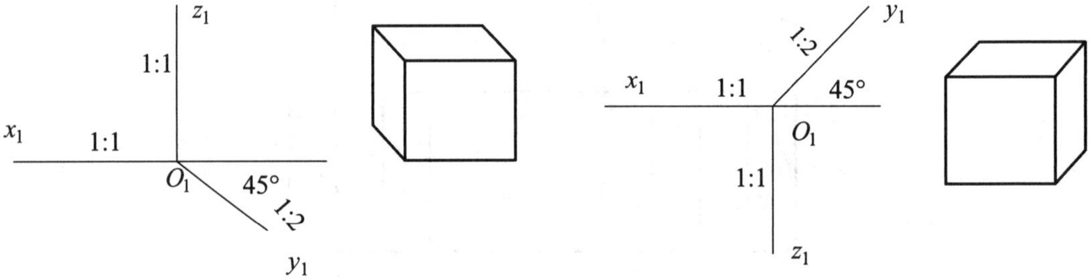

图 3-22　斜二轴测图的轴间角和轴向伸缩系数

二、斜二轴测图的画法

斜二测图的画法与正等测图的画法基本相似，二者的区别：一是轴间角不同；二是斜二测图沿 O_1y_1 轴的尺寸只画实长的一半。斜二测图的优点是物体的前面反映实形，所以在物体的前面有圆或曲线平面时，画斜二测图比较简单方便。

下面以几个图例来介绍斜二测图的画法。

（一）平面体斜二轴测图

图 3-23 所示为正方体的三视图，其斜二测图画法操作步骤如图 3-24 所示。

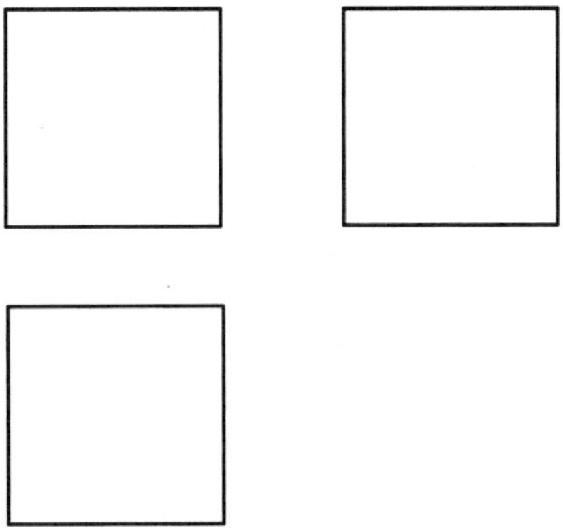

图 3-23　正方体的三视图

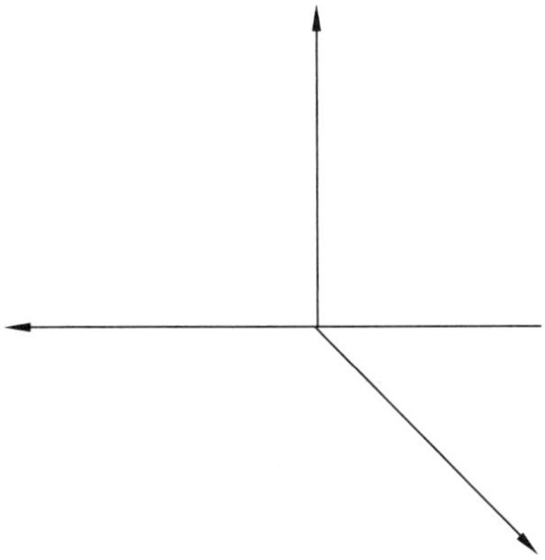

（a）先画出原点和轴测轴

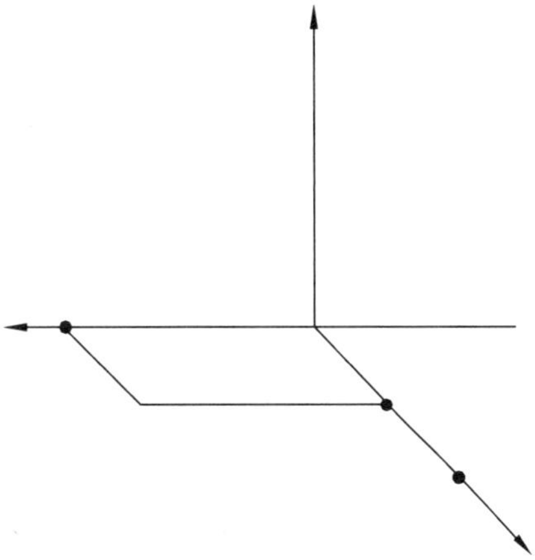

（b）沿 x 轴量出其长，沿 y 轴量出其宽后取其 1/2，分别作 y、x 轴的平行线求得立体的底面图形

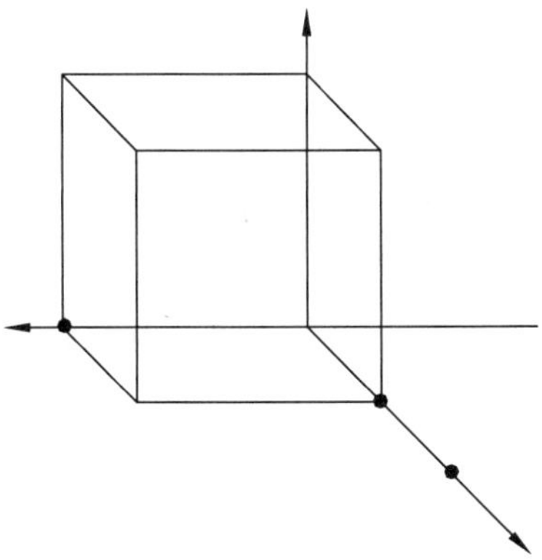

（c）过底面各端点作 z 轴的平行线，其高度等于立体上该线之高，连接各最高点即为立体的顶面图形

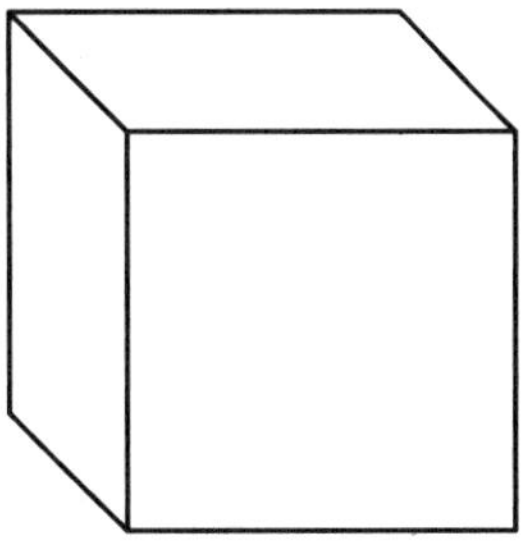

（d）整理图形，加深图形

图 3-24　正方体斜二轴测图画法

画图 3-25 所示平面体的斜二测图，作图方法与步骤如图 3-26 所示。

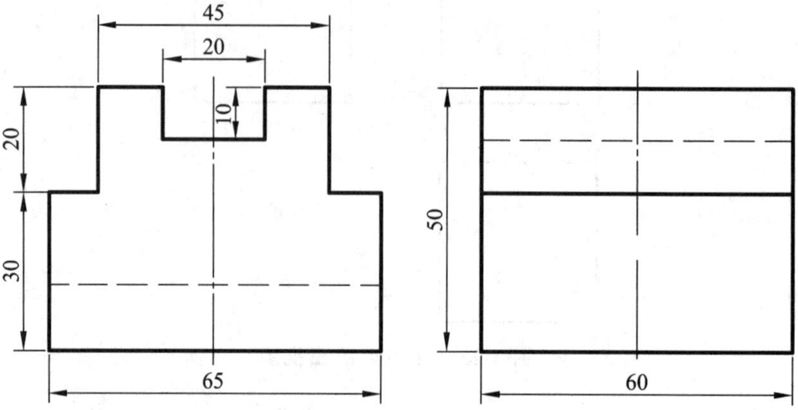

图 3-25　平面体三视图

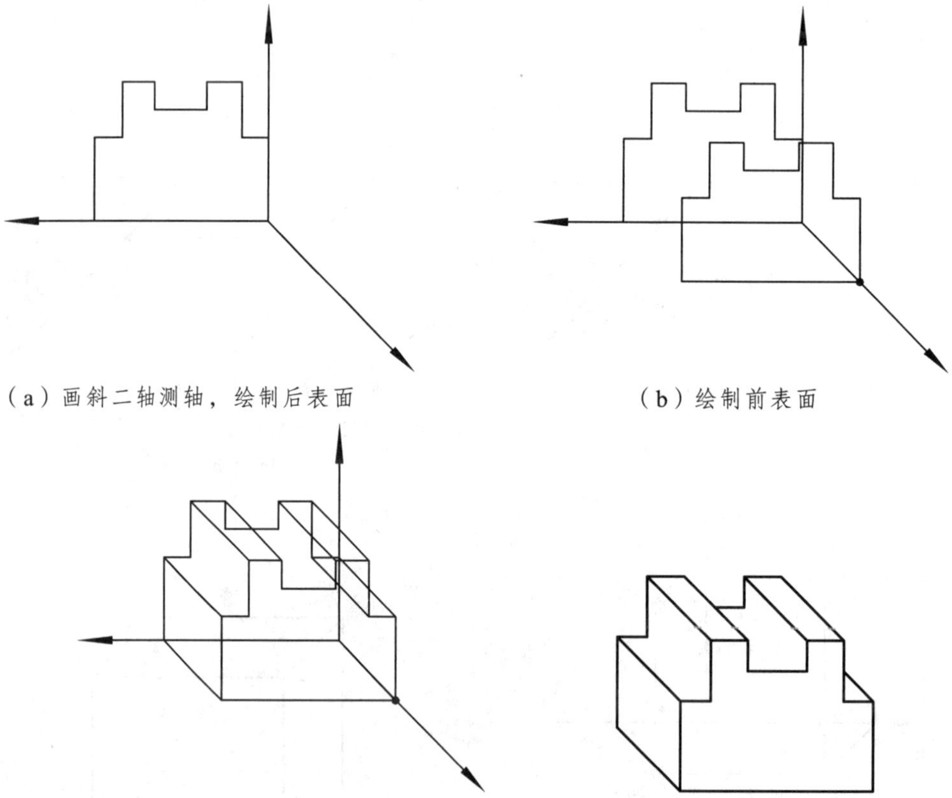

（a）画斜二轴测轴，绘制后表面

（b）绘制前表面

（c）连接后表面同名点

（d）擦除多余图线并加深

图 3-26　平面体的斜二测图画法

（二）曲面体斜二轴测图

平行于各坐标面的圆的画法：平行于 V 面的圆仍为圆，反映实形。平行于 H 面的圆为椭圆，平行于 W 面的圆与平行于 H 面的圆的椭圆形状相同，如图 3-27 所示。

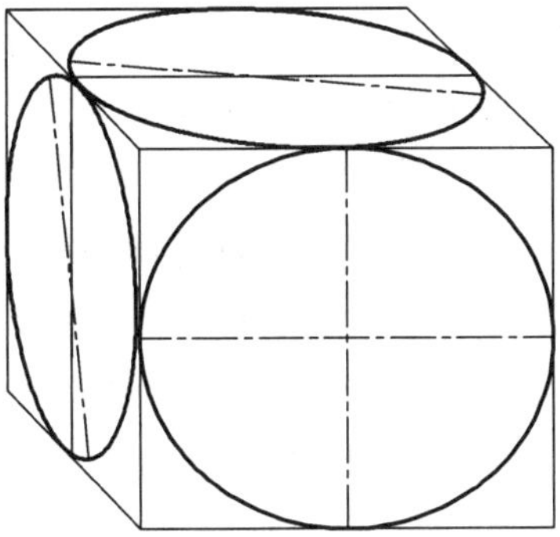

图 3-27　平行于各坐标面的圆

由于两个椭圆的作图相当烦琐，所以当物体这两个方向上有圆时，一般不用斜二轴测图，而采用正等轴测图。

图 3-28 所示为正方体水平穿孔的斜二测图画法操作步骤。

（1）先绘制正方体的斜二轴测图，如图 3-28（a）所示。

（2）以前（后）表面上的圆孔（弧）的圆心为原点作轴测轴；注意：沿 Y 轴量出前后表面的尺寸后取其 1/2，如图 3-28（b）所示。

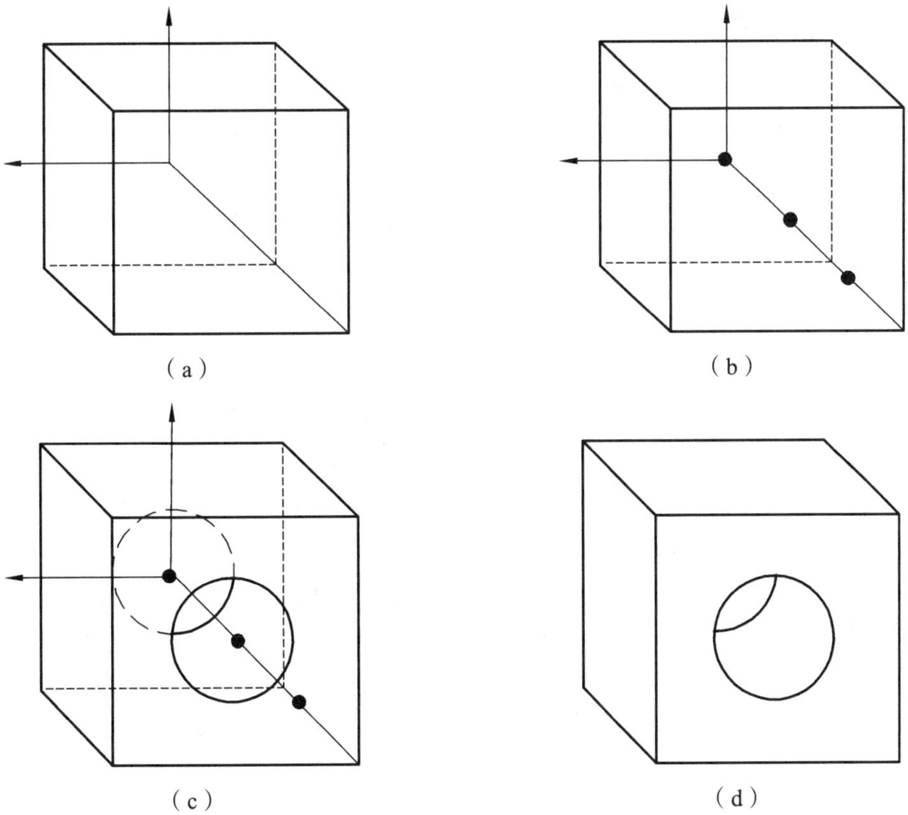

（a）　（b）　（c）　（d）

图 3-28　正方体水平穿孔

（3）过圆心按其直径画圆形（弧），如图 3-28（c）所示。

（4）擦去作图线，加深可见轮廓线，如图 3-28（d）所示。

画出如图 3-29（a）所示轴套的斜二测图。

绘图分析：轴套上平行于 xOz 面的图形都是同心圆，而其他面的图形则很简单，所以采用斜二测图。作图时，先进行形体分析，确定坐标轴；再作轴测轴，并在 y_1 轴上根据 q=0.5 定出各个圆的圆心位置 O、A、B；然后画出各个端面圆的投影、通孔的投影，并作圆的公切线；最后擦去多余作图线，加深完成全图。

其作图步骤如图 3-29（b）、（c）、（d）所示。

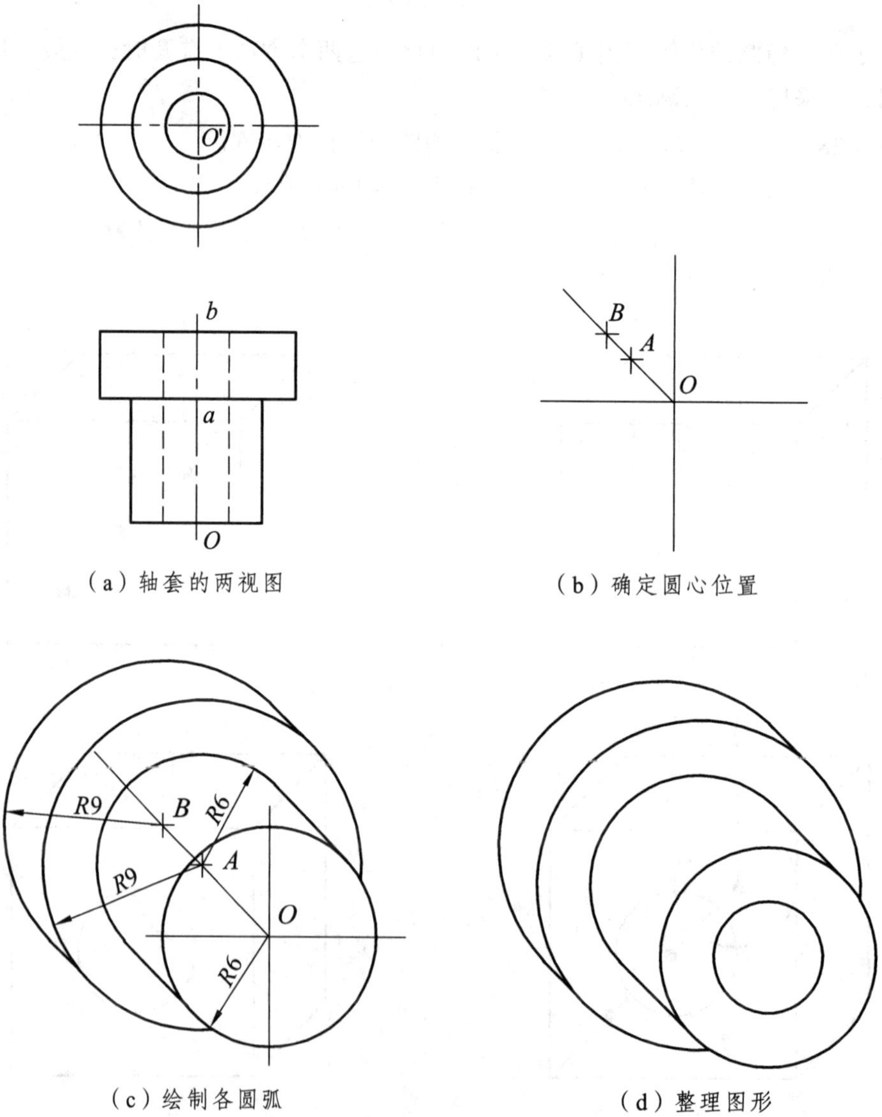

（a）轴套的两视图

（b）确定圆心位置

（c）绘制各圆弧

（d）整理图形

图 3-29 曲面体的斜二测图画法

三、技能训练

（一）实训任务

图 3-30 所示为涵洞的两视图，补画其第三面投影并画出其斜二轴测图。

（二）实训要求

（1）A4 图纸，铅笔和圆规绘制斜二轴测图。

（2）轴测图不标尺寸。

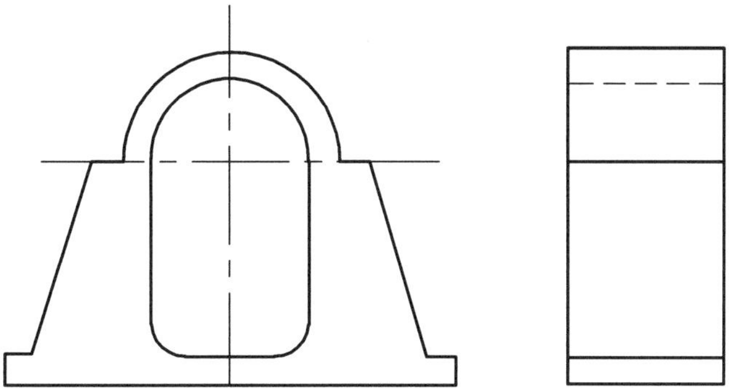

图 3-30 涵洞的两视图

能力训练

1. 按图 3-31 所示尺寸 1∶1 绘制涵洞斜二轴测图。

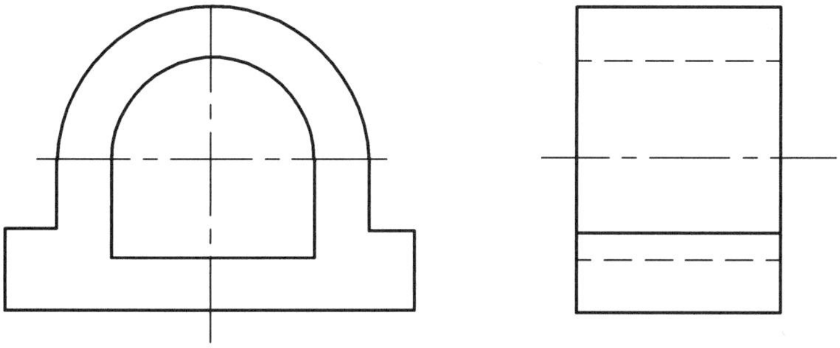

图 3-31 涵洞模型两视图

2. 补画图 3-32 所示形体的第三面视图，并按 1∶1 比例绘制其斜二轴测图。

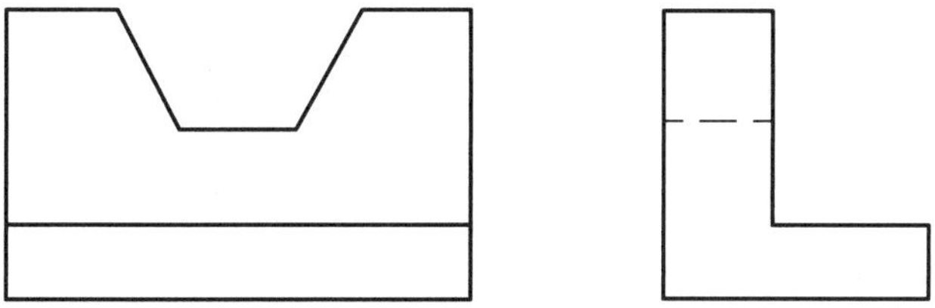

图 3-32 形体的两视图

项目四

组合体投影

知识目标

- 1. 认知组合体的投影概念。
- 2. 掌握组合体三视图绘制的形体分析法。
- 3. 掌握组合体三视图绘制的线面分析法。
- 4. 掌握组合体三视图的尺寸标注要求。
- 5. 掌握形体视图特征和形体分析识图方法。
- 6. 掌握视图中线框含义和线面分析识图方法。
- 7. 熟悉道路桥梁中常见的组合体构件。
- 8. 熟悉道路桥梁中组合体的读图、画图方法和步骤。

技能目标

- 1. 能够根据模型和轴测图绘制组合体三视图。
- 2. 能够正确标注组合体三视图的尺寸。
- 3. 能够识读组合体的三视图。
- 4. 能正确阅读和绘制工程上常见的组合体构件。
- 5. 根据常见构件（桥墩、桥台、梁）的模型，能绘制物体的三面投影并标注尺寸。

课程导入

工程制图中，工程实体均可看作是不同复杂程度的组合体。由一些基本体组合而成的立体，称为组合体。图 4-1 所示的形体都是组合体。

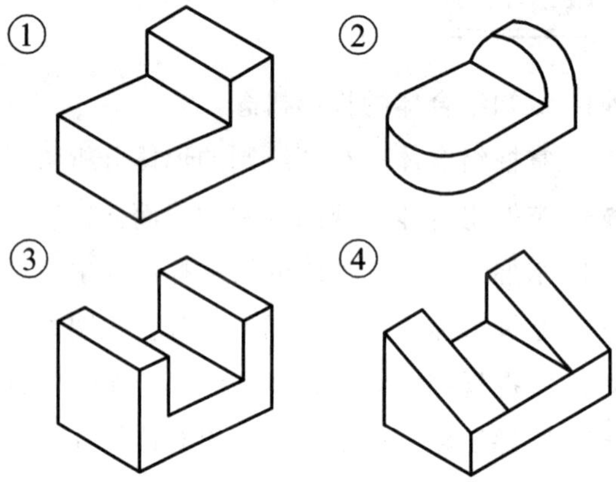

图 4-1　组合体

任务一　组合体投影图的画法

一、组合体投影图的画法

棱柱、棱锥、圆柱、圆锥和球等被称为基本几何形体。而在工程中所见到的一些形体，可看成是由这些基本几何形体按照一定的组合方式组合而成的，这些形体称为组合形体，简称组合体。

（一）组合体的形体分析法

为了便于画图和读图，在绘制组合体投影图之前，首先要对所绘制的组合体进行形体分析。形体分析法就是假想把组合体分解为若干个基本几何形体，分析该组合体的组合方式，分析该组合体是由哪些基本几何形体组成的，分析各基本几何形体之间的相对位置和连接方式。它是画图、读图和标注尺寸的基本方法。

（二）组合体的组成方式

组合体的组合形式有三种：叠加式、切割式、综合式。

1. 叠加式

由两个或多个基本体叠加而成的组合体，称为叠加式组合体。画图时，先将组合体分解成若干基本体，分析清楚各基本体的形状和相互位置。然后按相对位置逐个画上各基本体的投影，并依次叠加，如图 4-2 所示。

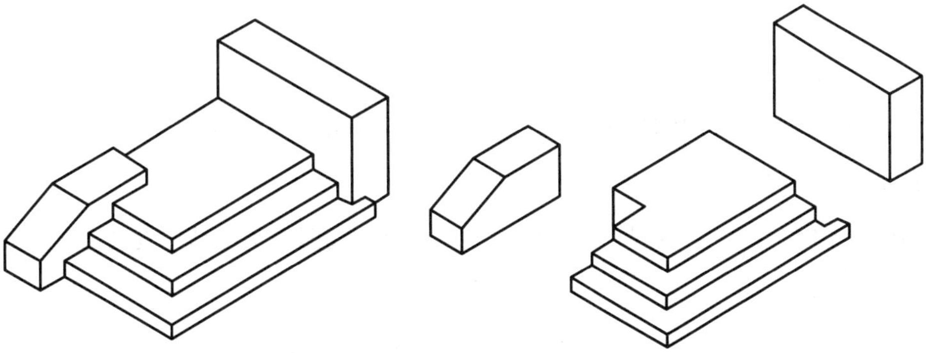

图 4-2　叠加式组合体

2. 切割式

由一个基本体切割而成的组合体，称为切割式组合体。画图时，先画原始基本体的投影，然后从切割平面的积聚性投影入手，逐个画出被切部分的投影，如图 4-3 所示。

画图时应注意，要利用线、面投影特性分析被切割后所产生的新表面的投影。

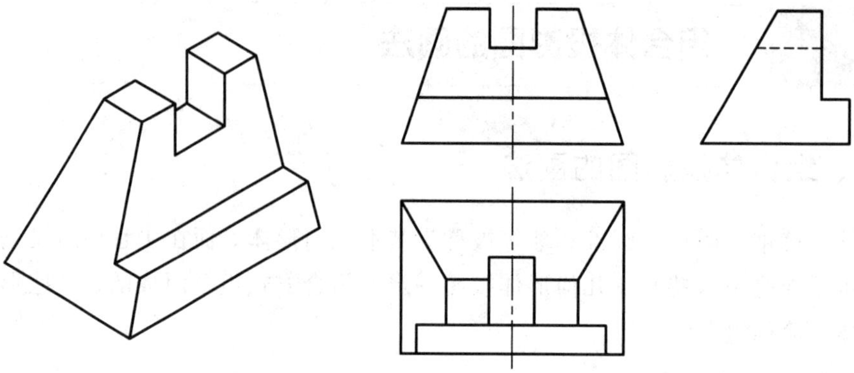

图 4-3　切割式组合体

3. **综合式**

既有叠加，又有切割的组合体，称为综合式组合体，如图 4-4 所示。常见机件多为综合式组合体。

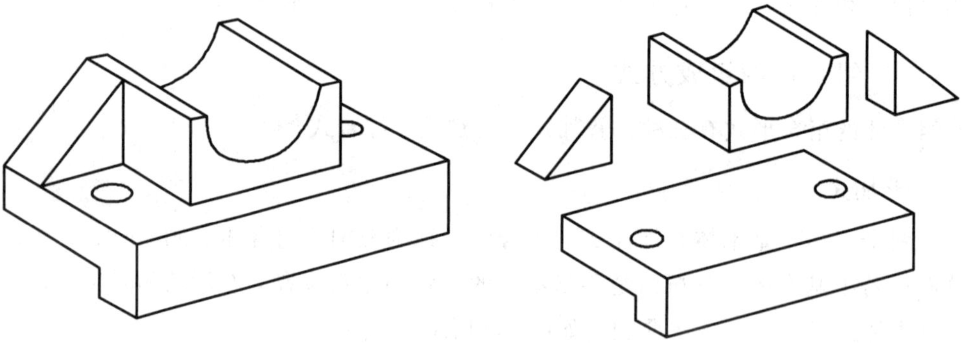

图 4-4　综合式组合体

（三）组合体的表面连接关系

组合体中各表面之间的连接关系，有不平齐、平齐、相切、相交等情况。

1. **表面不平齐**

如图 4-5 所示，组合体的上下表面不平齐，应在视图中画出结合处的分界线。

2. **表面平齐**

表面平齐称为共面，如图 4-5 所示，组合体的上下表面对齐，没有错开，结合处无分界线。

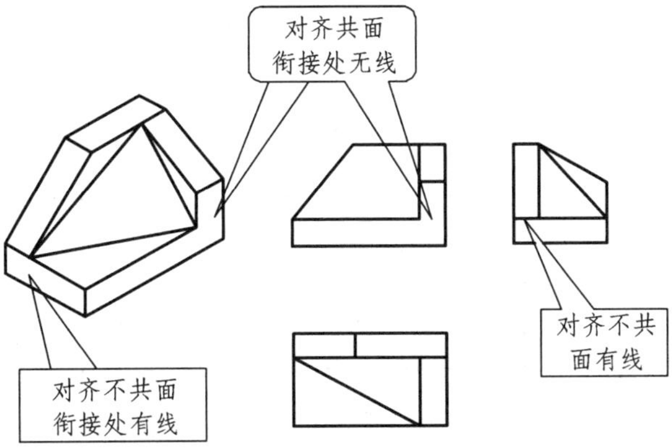

图 4-5 两平面平齐

3. **表面相切**

如图 4-6 所示，组合体两表面光滑连接，即相切，结合处是光滑过渡的，不画线。

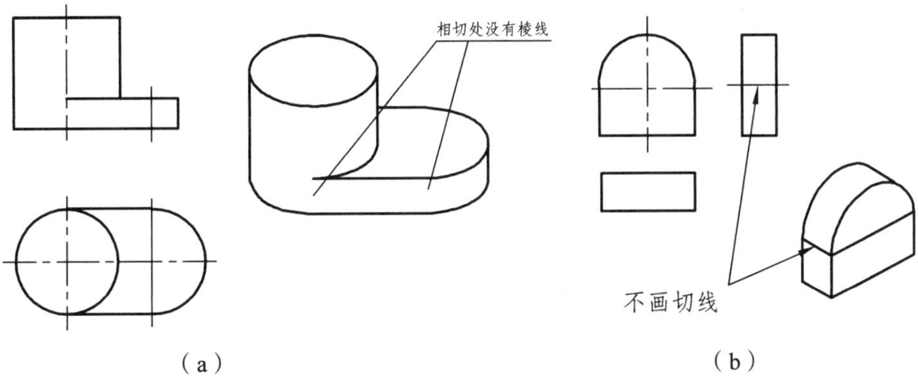

图 4-6 表面相切的组合体

4. **表面相交**

如图 4-7 所示，平面与曲面相交，相交处有分界线，应画出。

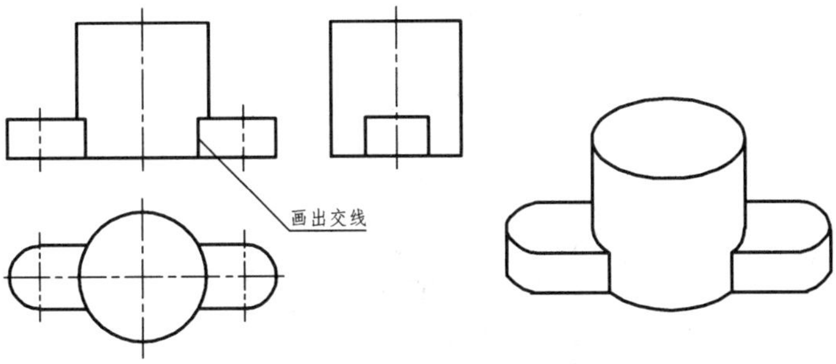

图 4-7 表面相交组合体

如图 4-8 所示是三种不同状态下的投影图。

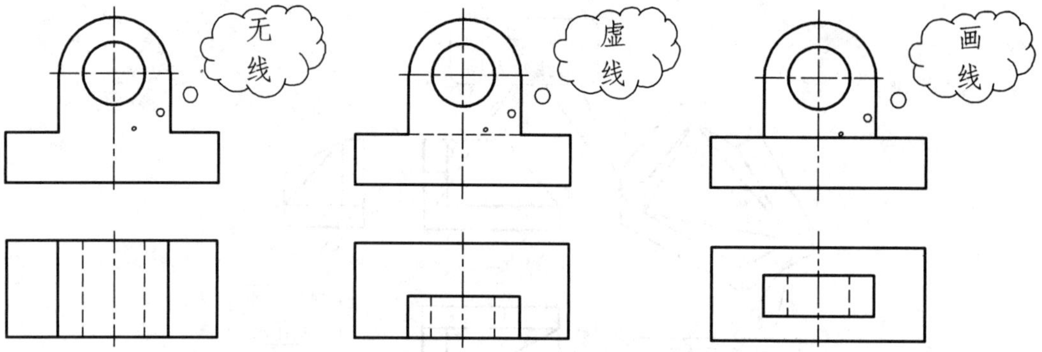

（a）前后表面平齐　（b）前面平齐后面不平齐　（c）不平齐

图 4-8　组合体的表面连接关系

二、组合体投影图的投影方向选择

（一）确定组合体的安放位置

（1）从稳定性角度来考虑物体的安放位置，如图 4-9（a）所示。

（2）按物体的工作位置来安放物体，如图 4-9（b）所示。

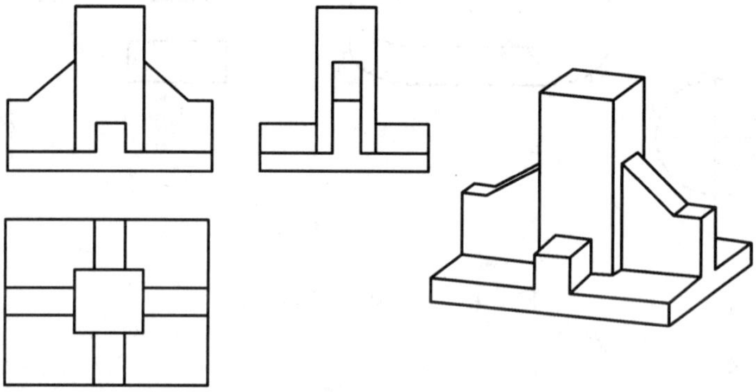

（a）柱支撑及基础

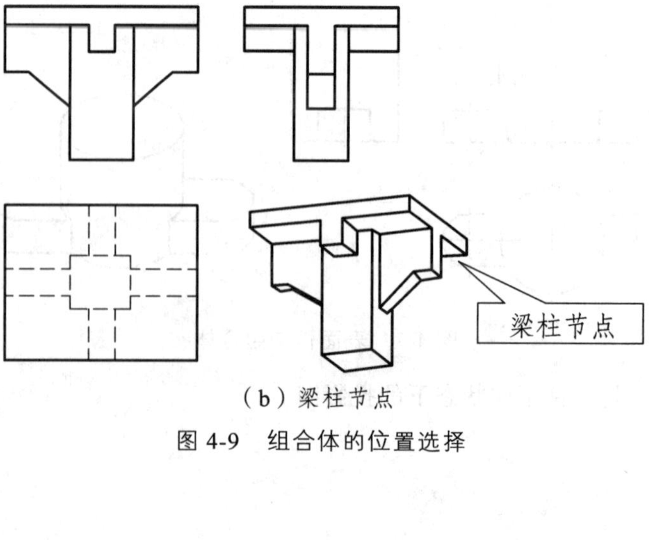

（b）梁柱节点

图 4-9　组合体的位置选择

（二）确定正面投影图的投影方向

（1）优先选择最能反映该物体形状特征和结构特征的投影方向作为正面投影图的投影方向，如图 4-10（a）所示。

（2）选择合理利用图纸幅面的投影方向作为正面投影图的投影方向，即使物体的长度方向平行于正立投影面，如图 4-10（b）所示。

（3）尽量减少虚线的投影方向作为正面投影图的投影方向，如图 4-10（c）所示。

（4）选择用最少的投影图把物体表达清楚。组合体一般是画三面投影图，从投影的角度讲三面投影图已能唯一地确定形体。当形体比较简单时，有时画三面投影中的两个就够了（圆柱、圆锥），个别情况与尺寸相配合仅画一个投影图也能表达形体（球体）。当形体比较复杂或形状特殊时，画三面投影难以把形体表达清楚，可选用其他的投影图来表达形体，如图 4-10（d）所示。

图 4-10（d）分别给出了三个不同形体的三面投影图，因为形体的构造比较简单，如只画立面图和侧面图，该形体的特征亦可以确定，故选两个投影图就可以了。但是如果选的是立面图和平面图，那就不能充分的体现形体的特征，因为它们的侧面投影多解。由此可知投影图数量的确定与投影图选择的恰当与否有关。

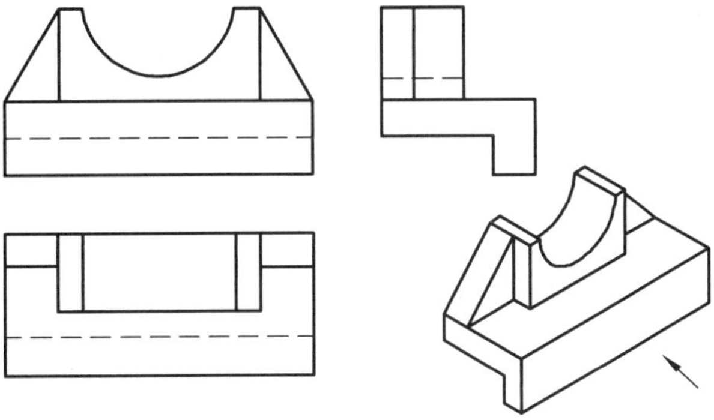

（a）

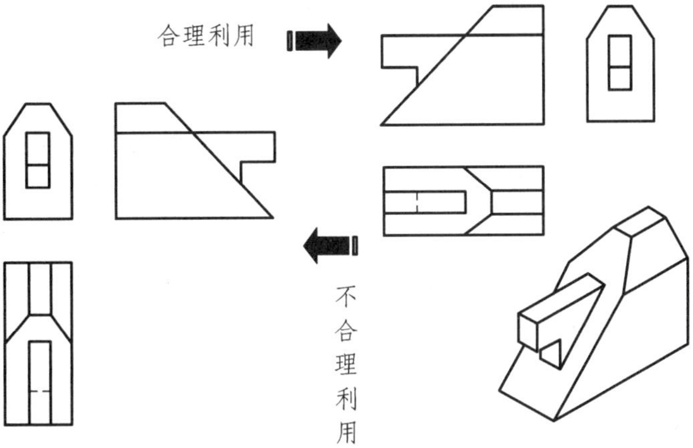

（b）

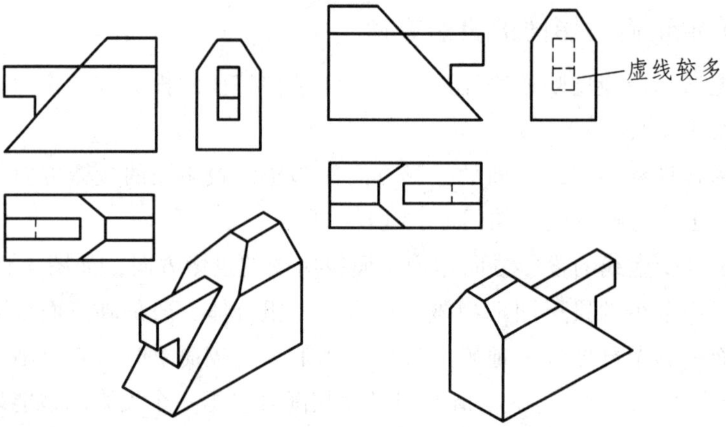

（c）

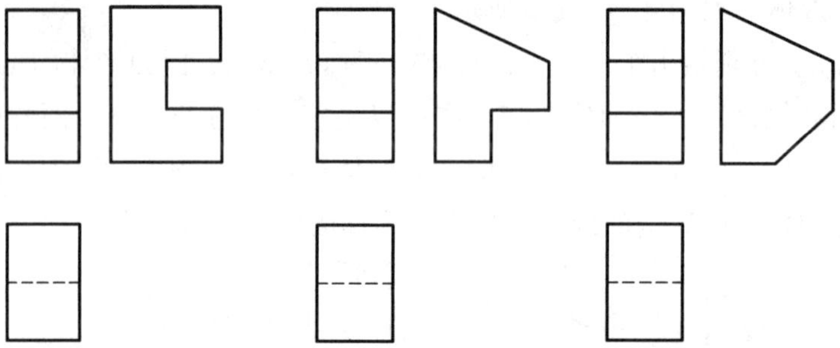

（d）

图 4-10　组合体的投影方向选择

三、组合体三投影图的作图步骤

画组合体视图的具体步骤如下：

（1）组合体形体分析。

分析组合体由哪些部分组成，每部分的投影特征，它们之间的相对位置以及组合体的形状特征。

（2）选择主视图。

一般选择最能反映组合体形状特征和相互位置关系的投影作为主视图，同时要考虑到组合体的安装位置，另外要注意其他两个视图上的虚线应尽量少。

（3）选图幅、定比例。

投影图确定后，还要根据组合体的总体大小和复杂程度，按国家标准规定选择适当的比例和图幅，并在图纸上画出图框线和标题栏。

（4）布图。

布图时，根据选定比例和组合体的总体尺寸，可粗略算出各投影图范围大小，并布置匀称图面。考虑标注尺寸和注写文字的位置后，再做适当调整，便可定出各投影图的对称线、主要端面轮廓线的位置，作为作图基准线，布图要求平衡、匀称、协调。

（5）画底稿。

画底稿的顺序以形体分析的结果进行。一般为先画各视图中的基线、中心线、主要形体的轴线和中心线，再先主体后局部、先外形后内部、先曲线后直线。

应注意以下几点：

① 画图的先后顺序，一般应从正面投影入手。先画主要部分，后画次要部分；先画看得见的部分，后画看不见的部分；先画圆和圆弧，后画直线。

② 画图时，组合体的每一部分，最好是三个投影图配合着画。每部分也应从反映形状特征的投影先画。而不是先画完一个投影图后再画另一个投影图。这样，可以提高绘图速度，避免漏画和多画图线。

（6）描深图线。

检查底稿，修改错误，擦除多余的作图线，按照制图标准描深各类图线。

【例】绘制图 4-11（a）所示组合体的三视图。

绘图步骤如下：（略去选图幅、布图等步骤）

（1）该组合体为房屋柱基础的简化模型，由上部基础、下部基础、前后左右肋板共六部分组成，上下基础均为四棱柱、前后左右肋板均为三棱柱，它们之间为叠加关系。

（2）选择形体较长的方向为主视图方向，如图 4-11（a）所示。

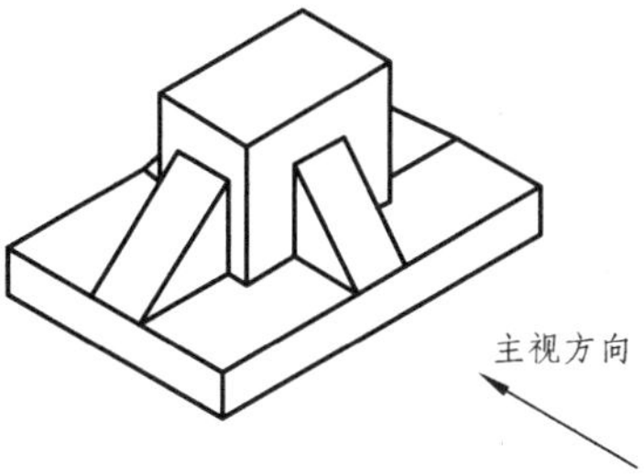

（a）

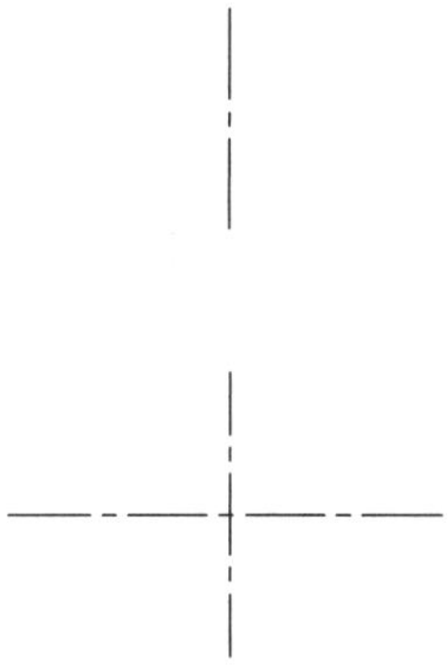

（b）

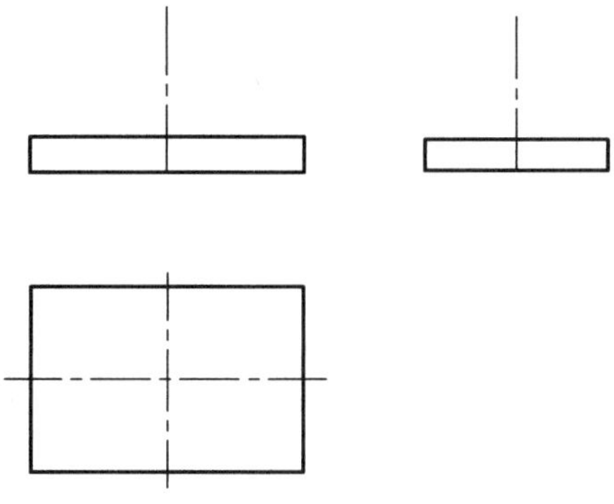

（c）

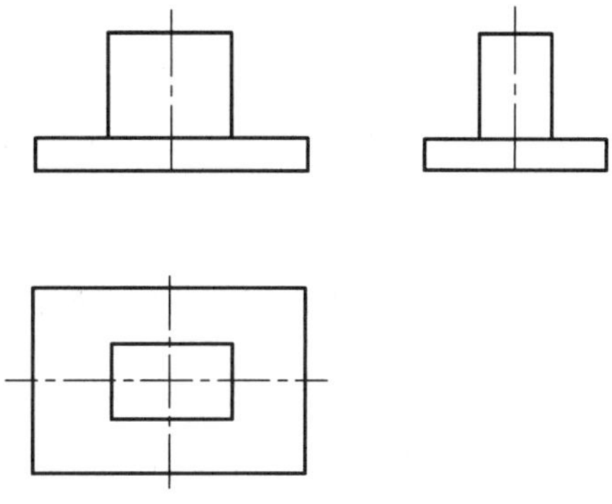

（d）

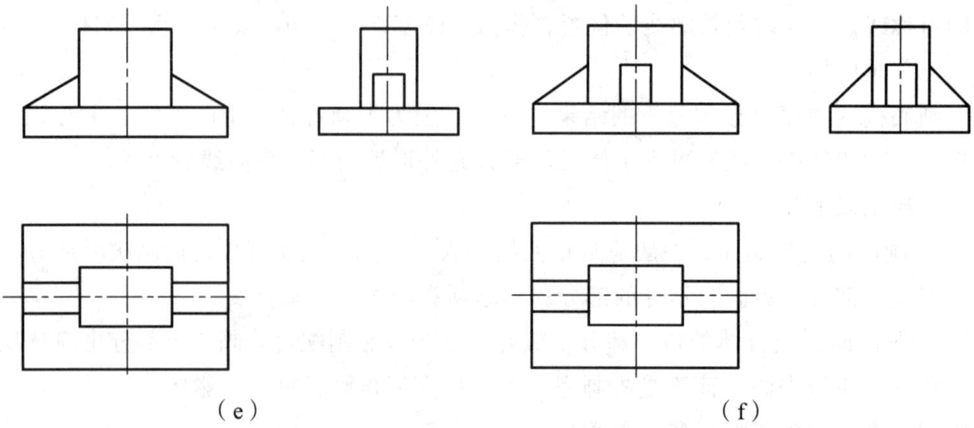

图 4-11　三视图的画图步骤

（3）在图纸的适当位置绘制图形的对称线作为绘图的定位线，如图 4-11（b）所示。

（4）绘制下部基础的三视图，如图 4-11（c）所示。

（5）绘制上部基础的三视图，如图 4-11（d）所示。

（6）绘制左右肋板的三视图，如图 4-11（e）所示。

（7）绘制前后肋板的三视图，如图 4-11（f）所示。

（8）整理图形，描深图线。

四、组合体的尺寸标注

（一）组合体尺寸标注的基本要求

组合体投影图只能表达物体的形状，而各部分的实际大小及相对位置，必须通过尺寸标注来表达。尺寸标注是表达组合体的一项重要内容，应做到：完整、合理、清晰。

组合体尺寸标注的基本要求：

（1）必须遵守《道路工程制图标准》（GB 50162—92）、《铁路工程制图标准》（TB/T 10058—2015）、《CAD 工程制图规则》（GB/T 18229—2000）等标准规范中的有关尺寸标注的规定。

（2）所注尺寸必须完整，即所注尺寸必须能完全确定组合体的形状和大小，既不能遗漏，一般也不应有重复和多余的尺寸。

（3）所注尺寸必须清晰，即尺寸布置要得当，便于看图。

（二）组合体尺寸标注的基本方法

组合体尺寸标注的基本方法是运用形体分析法将组合体分解为若干个基本体或简单体，在形体分析的基础上应标注以下三类尺寸。

1. 定形尺寸

定形尺寸是确定各基本几何形体形状大小的尺寸。常见基本形体的定形尺寸见表 4-1。

表 4-1 常见基本形体的定形尺寸

三棱柱	四棱柱	六棱柱
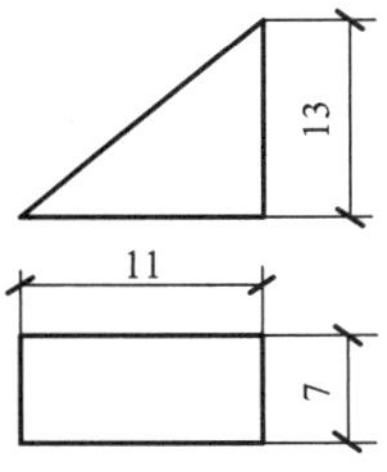	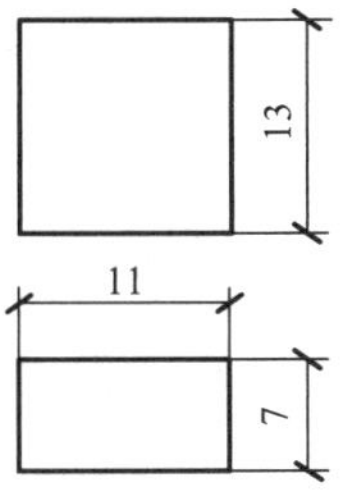	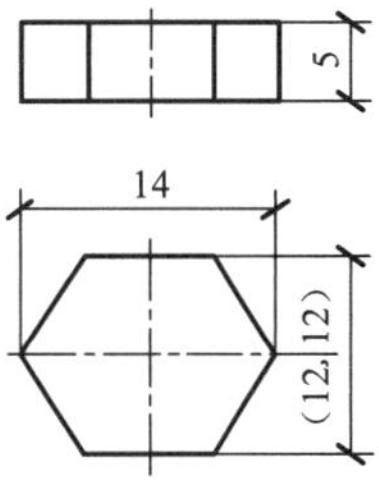
四棱锥	圆柱	圆锥
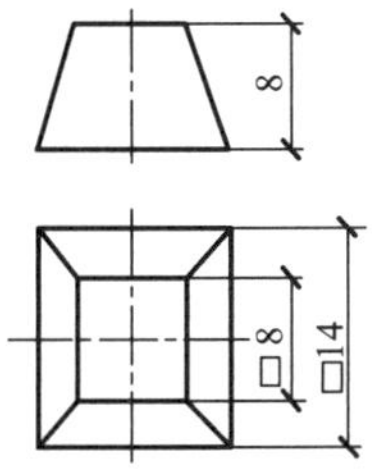	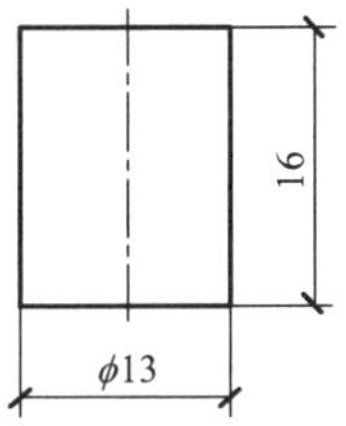	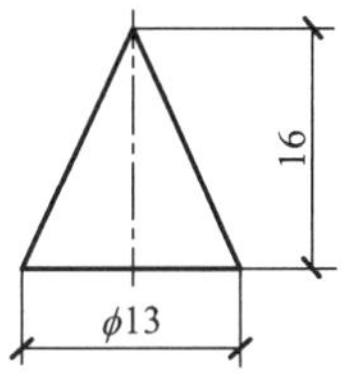
圆球	圆台	
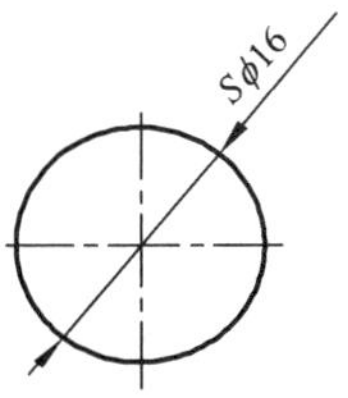	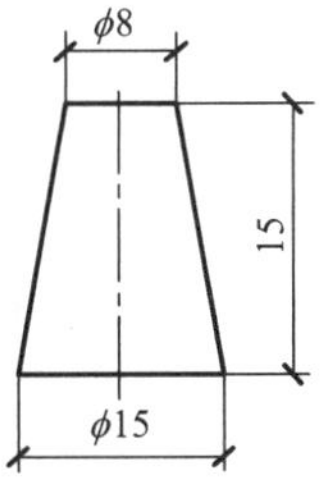	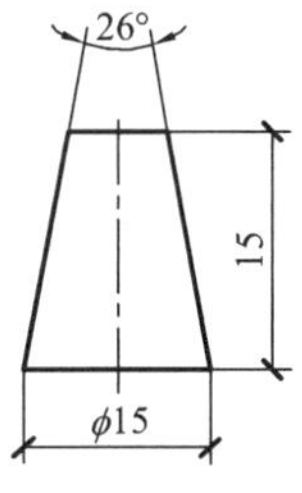

2. 定位尺寸

定位尺寸是确定各基本几何形体之间相对位置的尺寸。标注定位尺寸时，必须首先选定尺寸基准，即选定物体长、宽、高三个方向的尺寸基准。如图 4-12 所示。

尺寸基准的选择：非对称物体的底面或某个端面，对称物体的对称面或回转物体的轴线。

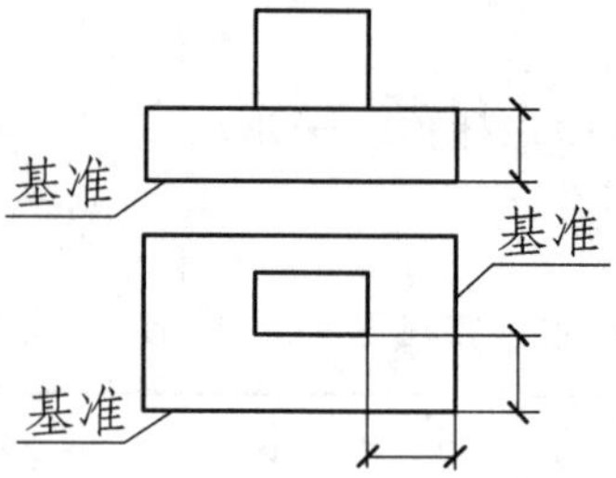

图 4-12　立方体的定位尺寸

3. 总体尺寸

总体尺寸是确定物体的总长、总宽、总高的尺寸。

（三）组合体尺寸标注基本要求及应注意事项

组合体三视图对尺寸的要求概括为“标注正确、尺寸齐全、布局清晰、工艺合理”。

1. 标注正确

要求尺寸标注样式符合国家制图标准规定。

2. 尺寸齐全

所注尺寸能完全确定出物体各部分大小及它们之间相互位置关系。

3. 布局清晰

布局清晰有如下的要求：

（1）尺寸数字应清楚无误，所有的图线都不得与尺寸数字相交。

（2）尺寸标注应层次清晰，图线之间尽量避免互相交叉，虚线上尽量不标尺寸。

（3）尺寸标注应布局清晰，同一部位的特征尺寸集中标注便于查看。

4. 工艺合理

工程图中的尺寸标注应符合施工生产的工艺要求，做到尺寸基准合理，在满足使用要求的情况下尽量降低生产成本。

5. 尺寸标注中的注意事项

尺寸标注及布置的合理、清晰，对于识图和施工制作都会带来方便，从而提高工作效率，避免错误发生。在布置组合体尺寸时，除应遵守上述的基本规定外，还应做到以下几点：

（1）尽可能将尺寸就近标注在最能反映物体特征的视图上。

（2）尺寸标注应尽量集中，并尽量安排在两视图之间的位置。

（3）尽可能避免在虚线上标注尺寸。

（4）尺寸不能标注在物体的截交线或相贯线上。

（5）尺寸排列要整齐，大尺寸排在外边，小尺寸排在里边。

【例】给图 4-13（f）所示的组合体三视图标注尺寸。

标注尺寸步骤如下：

（1）标注前后左右四部分肋板的尺寸。

由于肋板左右对称，只标左边部分的尺寸，肋板长度受上下基础控制，在施工中不用量取，不再标注。前后肋板也对称，只标前面部分的尺寸，前后肋板与左右肋板一样也不需标注宽度尺寸，如图 4-13（a）所示。

（2）标注上基础部分尺寸。

主视图的左侧已经有肋板高度为 8 的尺寸，上基础高度尺寸 15 标注在主视图的右侧，长宽尺寸 18、11 集中标注在俯视图的后侧和右侧，如图 4-13（b）所示。

（3）标注下基础部分尺寸。

下基础高度尺寸 5 与高度尺寸 15 标注在主视图的右侧并对齐，长宽尺寸 40、27 标注在俯视图的尺寸 18、11 的外侧，如图 4-13（c）所示。

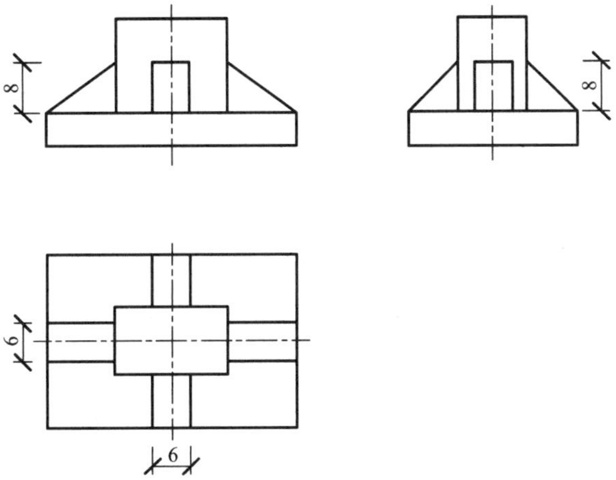

（a）

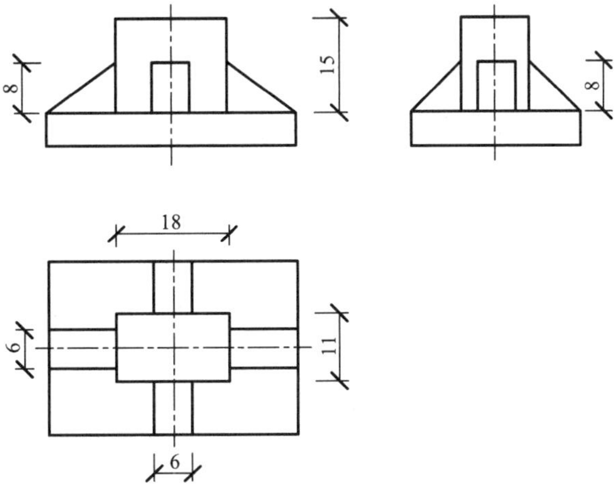

（b）

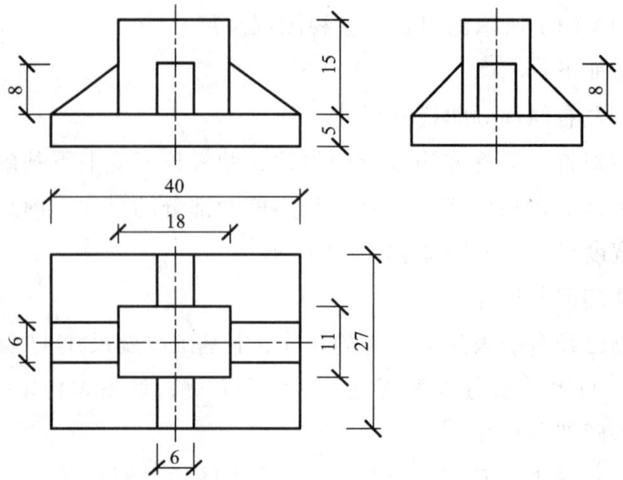

（c）

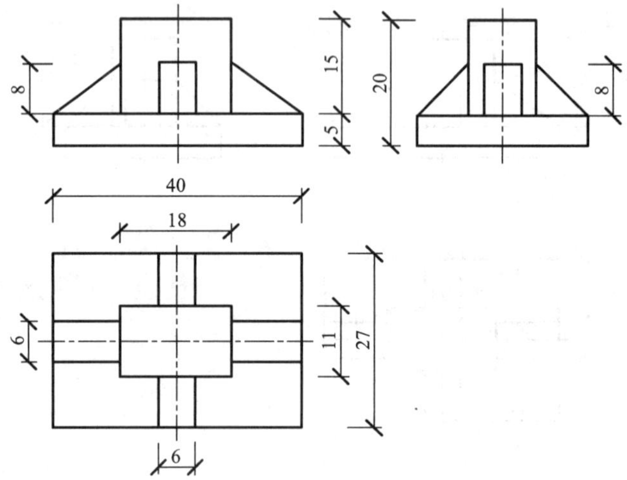

（d）

图 4-13　组合体三视图的尺寸标注

（4）标注整体尺寸

总长、总宽尺寸已经标出，总高尺寸 20 标注在左视图的后侧，如图 4-13（d）所示。

五、技能训练

（一）实训任务一

1. 实训任务

试根据图 4-14 所示基础模型图 1∶1 绘制其三视图。

2. 实训要求

（1）A4 图纸，铅笔绘制。

（2）标注尺寸。

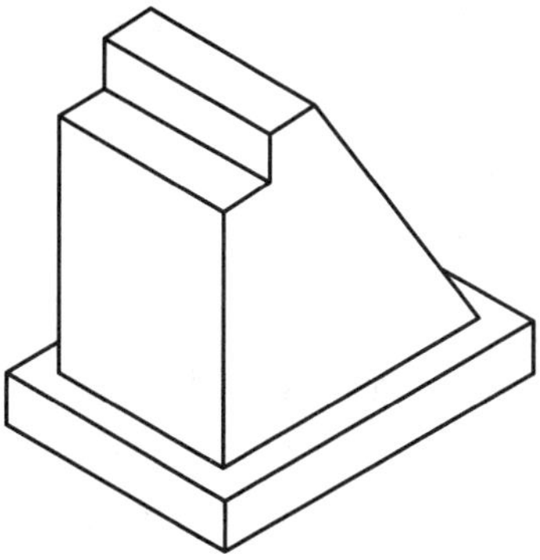

图 4-14　基础模型

（二）实训任务二

1. 实训任务

试根据图 4-15 所示拱桥模型轴测图 1∶10 绘制其三视图并标注尺寸。

2. 实训要求

（1）A3 图纸，铅笔绘制。

（2）标注尺寸。

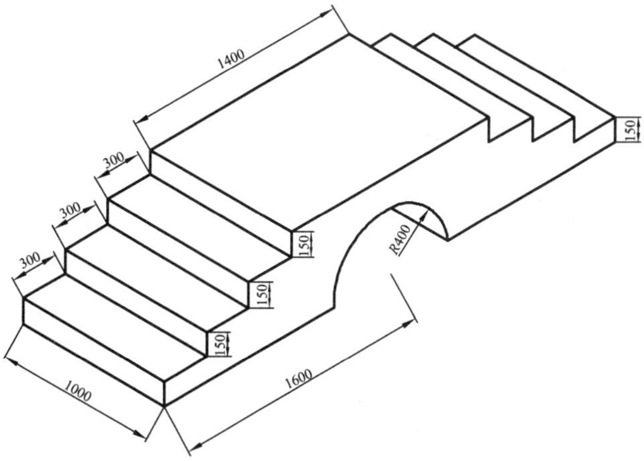

图 4-15　拱桥模型

能力训练

1. 单项选择题

（1）不属于组合体按组合特点分类的是（　　）。

A. 叠加式　　B. 切割式　　C. 综合式　　D. 合成式

（2）组合体的正立面投影反映的是（　　）。

A. 长和宽　　B. 长和高　　C. 高和宽　　D. 长宽高

（3）一个基本体被切去某些形体后形成的组合体是（　　）。

A. 叠加式　　B. 切割式　　C. 综合式　　D. 合成式

（4）组合体的水平面投影反映的是（　　）。

A. 长和宽　　B. 长和高　　C. 高和宽　　D. 长宽高

2. 判断题

（1）两物体叠加时，对齐共面组合处表面无线。（　　）

（2）两形体表面相切时，光滑过渡，组合处表面无线。（　　）

（3）任何复杂的物体，都可以看成由若干简单的基本形体组合而成。（　　）

（4）工程图中的尺寸标注应符合施工生产的工艺要求，做到尺寸基准合理，在满足使用要求的情况下尽量降低生产成本。（　　）

（5）尺寸排列要整齐，小尺寸排在外边，大尺寸排在里边。（　　）

（6）定形尺寸是确定物体的总长、总宽、总高的尺寸。（　　）

3. 绘图训练

（1）利用绘图工具，按 1∶1 的比例量取图 4-16 的尺寸在 A4 纸上绘制三面投影图。

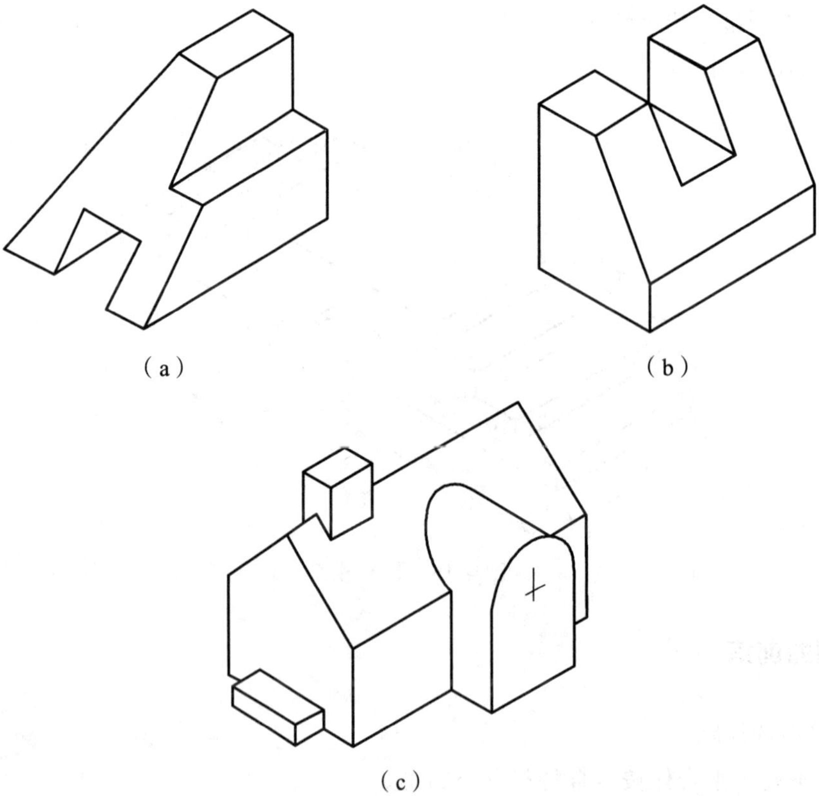

（a）　（b）　（c）

图 4-16

（2）利用绘图工具，根据图 4-17 的桥墩模型尺寸绘制三面投影图并标注。

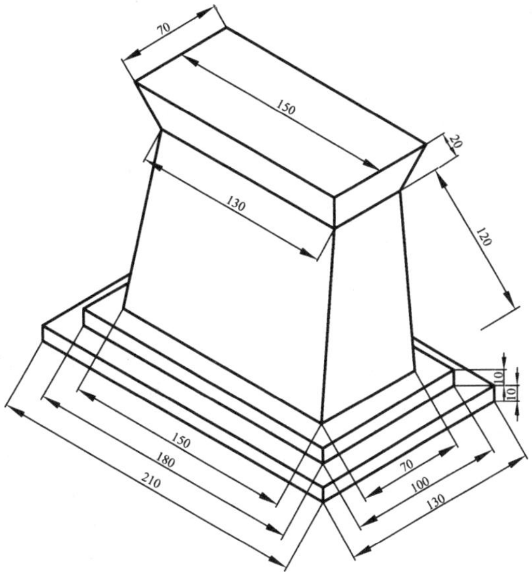

图 4-17　桥墩模型

任务二　组合体投影图的识读

读图就是要根据给出的投影图想象出形体的空间形象。工程施工中，施工人员都是根据设计图纸上的平面图形来建造实物的。

一、读图的基本知识

（一）联系几个投影

组合体的每个投影图只反映形体的某一个侧面的特征，而不反映形体的全貌。读图时一定要把几个投影图联系起来，综合各个侧面的特征想象形体的空间形状，如图 4-18 所示。

读图的基本知识

（二）要注意抓特征视图

要选择最能反映物体形状特征和位置特征的那个视图作为主视图。基本体三视图“矩矩为柱、三三为锥、梯梯为台”等的形状特征是组合体读图的基础。在读组合体的视图时，要善于运用这些特征。如图 4-19 所示。

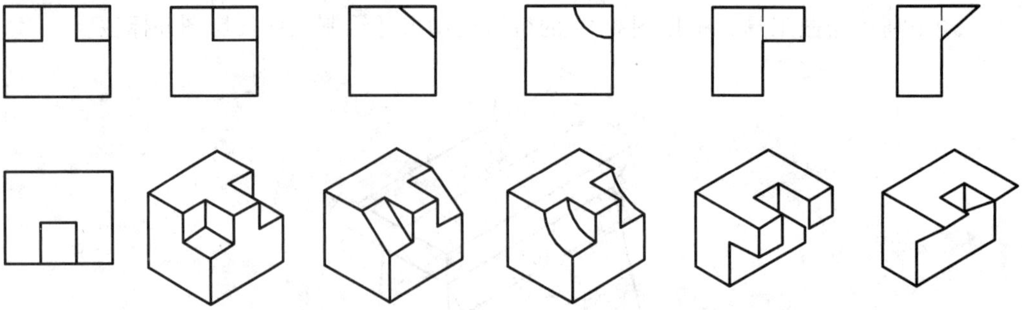

图 4-18　联系看图

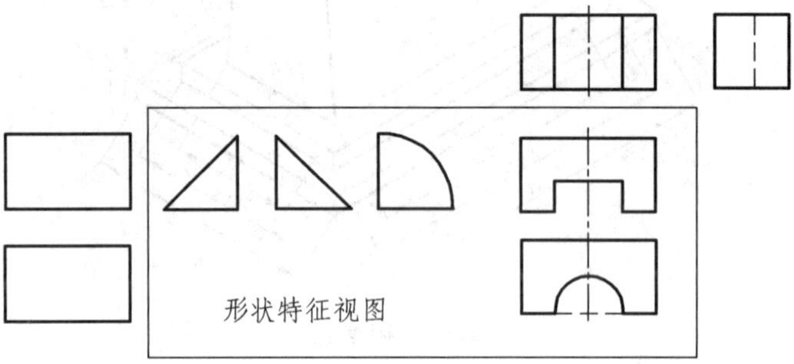

（a）

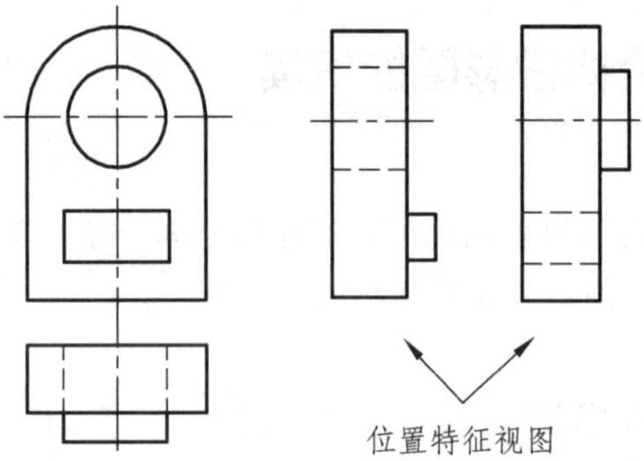

（b）

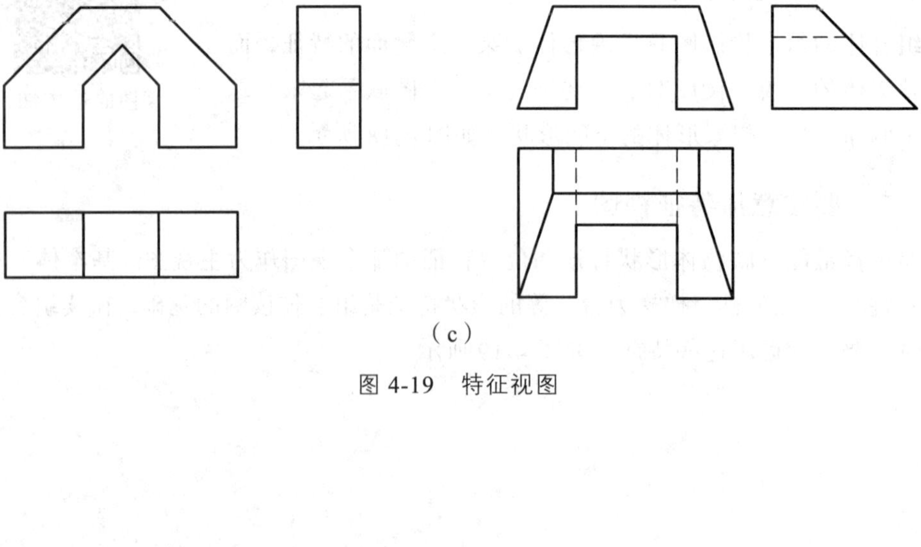

（c）

图 4-19　特征视图

（三）要弄清视图中“图线”“线框”的含义

投影是由若干图线组成的，图线构成不同形状的线框，分析线和线框的意义是读图的基础，是对组合体的投影进行形体分析、线面分析的必备条件。

二、读图的方法和步骤

一般以形体分析法为主，线面分析法为辅。对于叠加式组合体较多采用形体分析法，对截割式组合体较多采用线面分析法。通常先用形体分析法获得组合体粗略的大体形象后，对于图中个别较复杂的局部，再辅以线面分析法进行较详细的分析，有时还可以利用所注尺寸帮助分析。

（一）运用形体分析法读图

形体分析是以基本形体为读图单元，将组合体的视图先分解为若干个简单的线框；然后判断各线框所表达的基本形体，最后按相对位置综合成整体的形状。这种分析图形的方法，称为形体分析法。

在组合体投影图中，各个投影图都是由若干个封闭的图块组成，每个封闭图块对应一个基本几何形体。首先按投影关系找到各个封闭图块所对应的其他投影，读懂每个封闭图块所对应的基本几何形体的形状，然后根据各个封闭图块之间的相对位置，了解各个基本几何形体之间的相对位置，最后进行综合想象出该组合体的空间形状。

形体分析法读图步骤如下：

（1）假想将主视图划分为 A、B、C……若干个封闭图块。

（2）找出各图块在其他视图上对应的投影，逐个想象出各部分的空间形象和相对位置。

（3）综合起来想象整体，如图 4-20 所示。

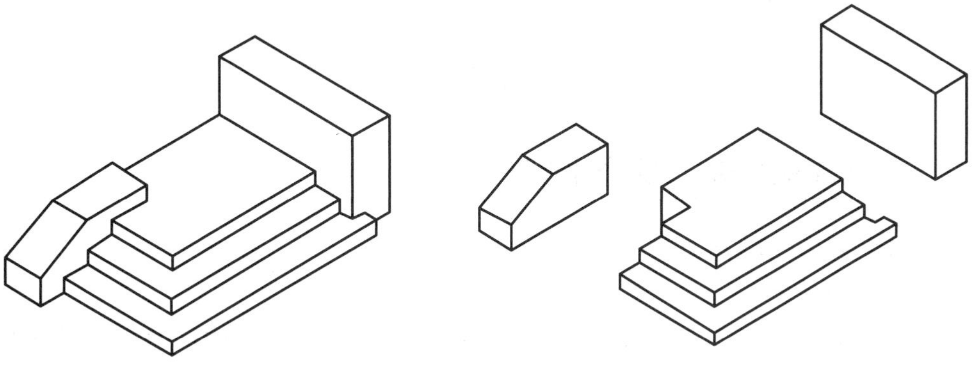

图 4-20　形体分析法

（二）运用线面分析法读图

当形体被多个平面切割、形体的形状不规则或在某个投影图上的投影重叠时，运用形体分析法难以读懂。这时需要分析视图中的图线和线框含义，判断组成形体的各表面的形状和空间位置，从而综合形体的空间形状，这种从线面投影特性分析物体形状的方法，称为线面分析法。

线面分析法读图步骤如下：

（1）确定物体的整体形状。

（2）确定切割面的位置和面的形状。

（3）综合想象其整体形状。

如图 4-21（a）所示，俯视图中有 1、2、3 三个相邻封闭线框，代表物体三个不同的表面。这些相邻表面一定有上下之分，即相邻线框或线框中的线框不是凸出来的表面，就是凹进去的表面。根据投影规律对照主视图看出：3 表面为水平面且位置最高；2 表面也为水平面位置较低；1 平面为一般位置平面，位置在 2 平面和 3 平面之间倾斜。通过分析，得出物体的结构形状如图 4-21（b）所示。

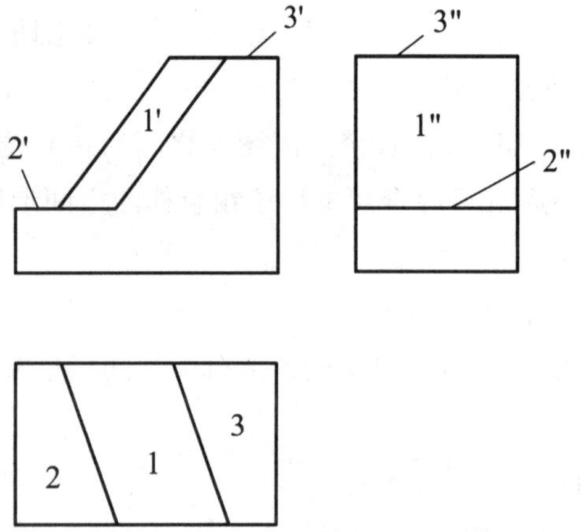

（a）

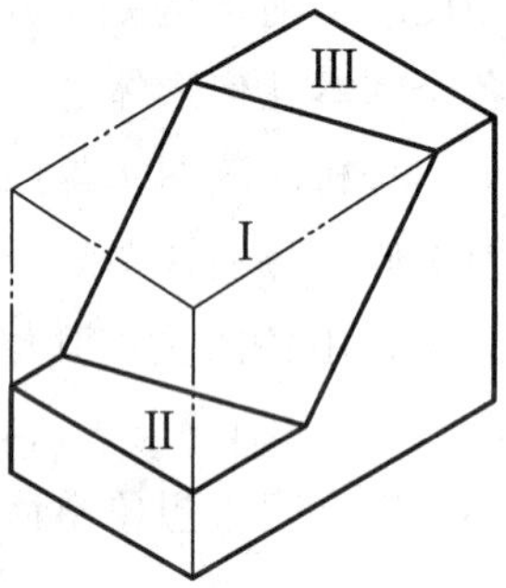

（b）

图 4-21　线面分析法读图

三、识读组合体三视图举例

【例】识读图 4-22 所示组合体的三视图。

分析作图：

（1）应用形体分析法，将组合体分为五个部分，如图 4-23 所示，第一部分为四棱柱形底座，第二部分为前部方孔，第三部分为后部四棱柱，第四部分为中部方槽，第五部分为后部方孔。

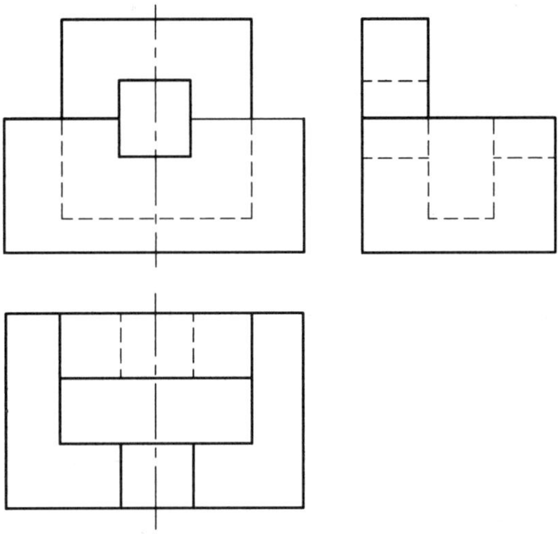

图 4-22　组合体三视图

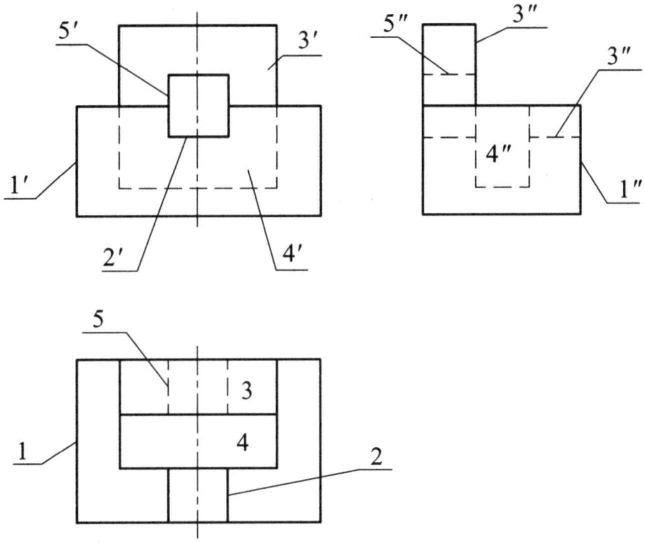

图 4-23　分部分看形体

（2）按照 1、2、3、4、5 顺序，整理后得图 4-24 所示图形。

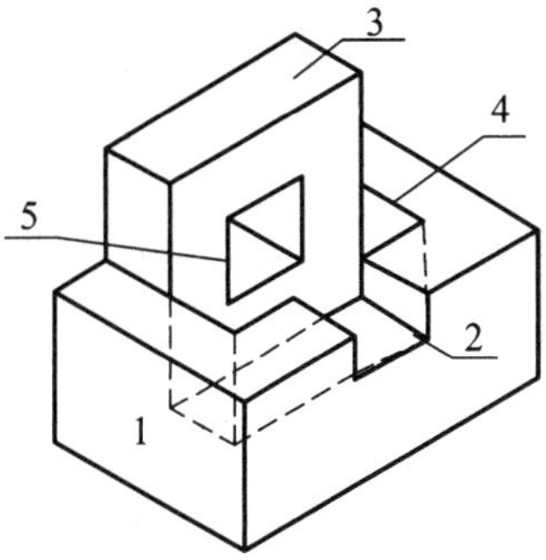

图 4-24　组合体识读

四、技能训练

（一）实训任务

识读图 4-25 所示三视图，分析该组合体的组成并绘制轴测投影图。

（二）实训要求

运用形体分析法和线面分析法分析组合体的各组成部分并绘制轴测投影图。

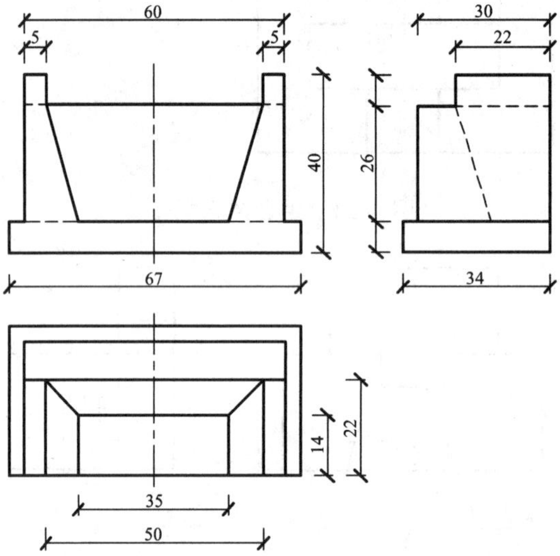

图 4-25　根据三视图识读组合体

能力训练

1. 识图能力训练

（1）如图 4-26 所示，根据主、俯视图，正确的左视图为（　　）。

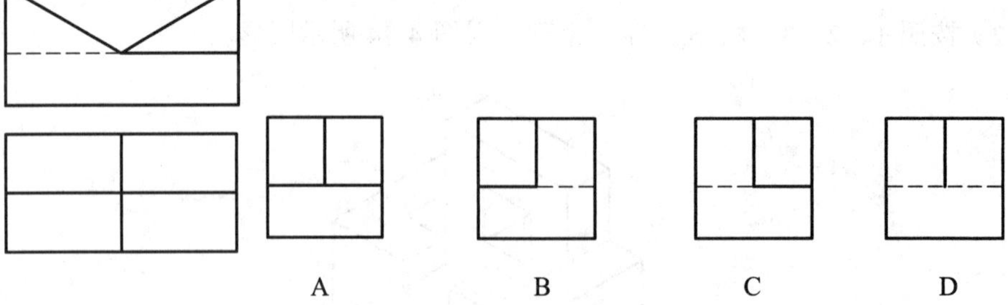

图 4-26

（2）如图 4-27 所示，根据主、俯视图，正确的左视图为（　　）。

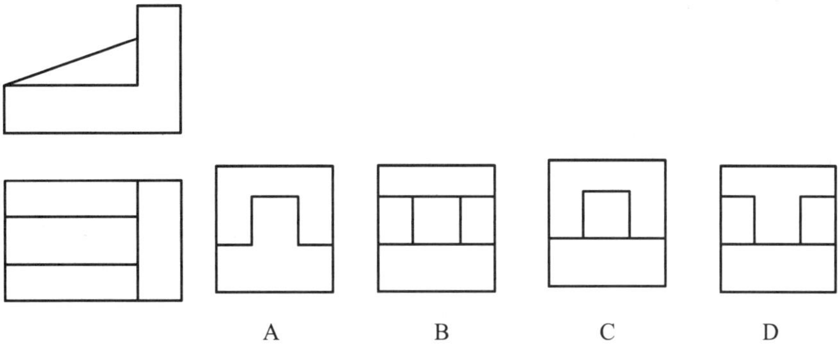

图 4-27

（3）如图 4-28 所示，已知主、俯视图，正确的左视图为（　　）。

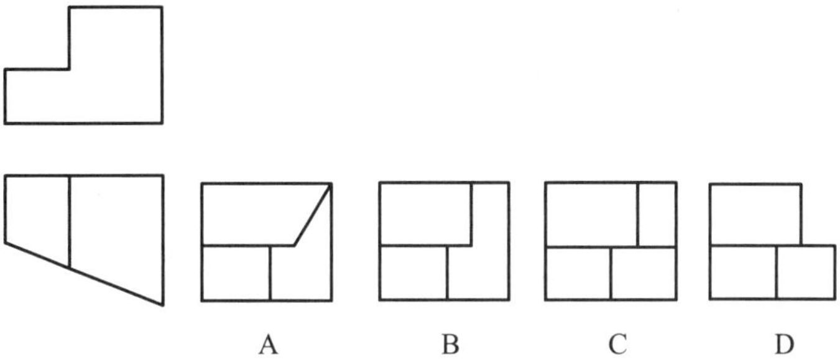

图 4-28

（4）如图 4-29 所示，已知主、左视图，正确的俯视图为（　　）。

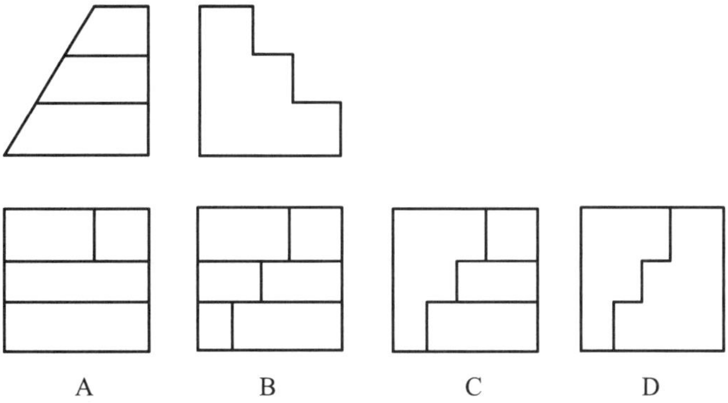

图 4-29

（5）如图 4-30 所示，根据主、俯视图，正确的左视图为（　　）。

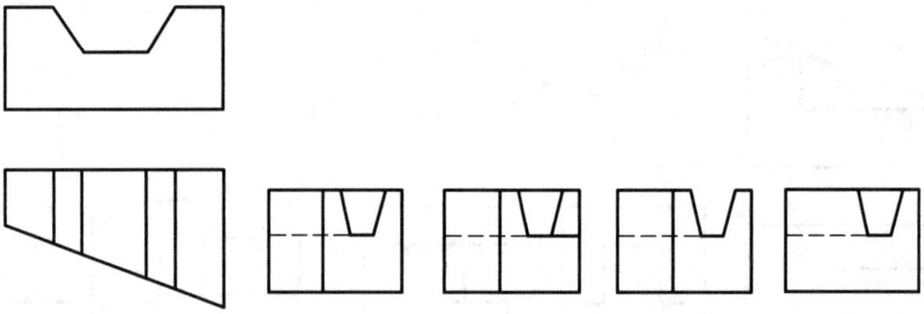

A　　B　　C　　D

图 4-30

（6）如图 4-31 所示，已知主、左视图，正确的俯视图是（　　）。

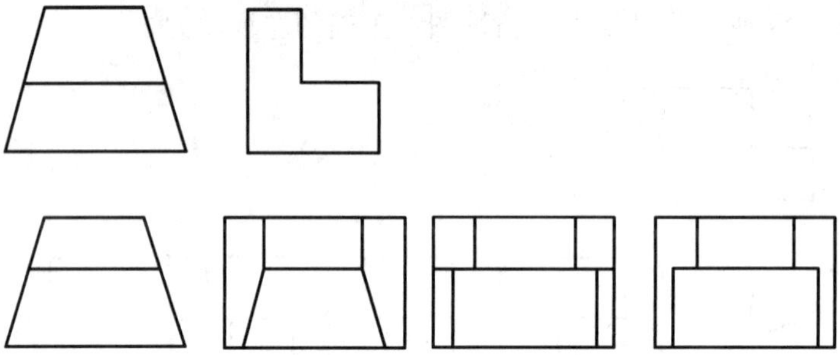

A　　B　　C　　D

图 4-31

项目五

剖面图与断面图

知识目标

- 1. 掌握剖面图的概念和画法。
- 2. 掌握剖面图的分类。
- 3. 掌握断面图的概念、分类及画法。
- 4. 了解断面图与剖视图的区别。

技能目标

- 1. 能够应用各种剖面图表达工程形体。
- 2. 能够识读工程形体的剖面图。
- 3. 能够应用断面图表达工程形体。
- 4. 能够识读工程形体的断面图。

课程导入

用投影图表达形体的结构时，其内部不可见的部分用虚线表示。当结构复杂时，图上虚线太多，会使图形不清晰，给读图带来困难。此外，工程上还常要求表示出工程建筑物的某一部分形状及所用建筑材料。遇到这些情况，常用剖面图和断面图来加以解决，如图 5-1 所示。

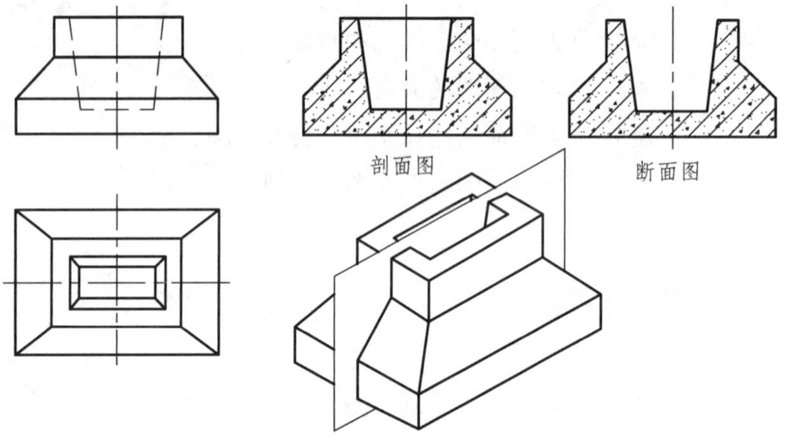

图 5-1　剖面图和断面图

任务一 剖面图

一、剖面图的基本概念

（一）剖面图的形成

用假想的剖切面把形体剖开，移去观察者与剖切面之间部分，再将剩余部分向投影面作投影，再将剖切面与物体接触部分画上剖面线或材料图例，并在剖面区域内画上剖面符号，这样画出的图形称为剖面图，如图 5-2 所示。

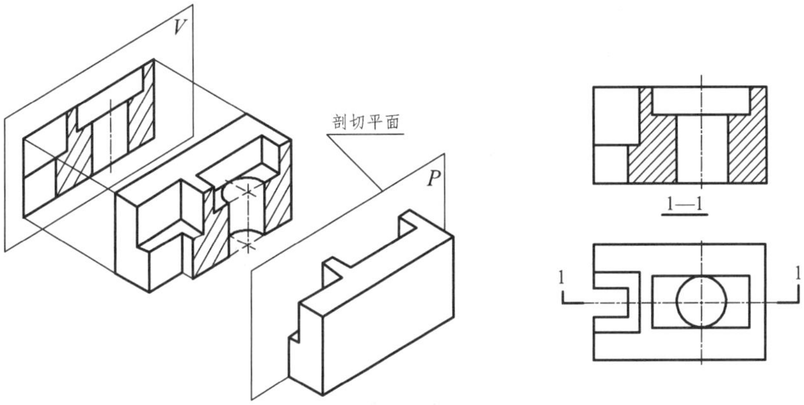

图 5-2 剖面图的形成

（二）剖面图的标注

为了便于阅读，查找剖面图与其他图样间的对应关系以及表达剖切情况，剖面图一般应进行标注，注明剖切位置、投影方向和剖面名称，如图 5-3 所示。

1. 剖切位置和投影方向

剖切位置线用两小段与图形不相交的粗实线表示，每段长度为 6 ~ 10 mm，投影方向线表明剖切后的投影方向，它与剖切位置线垂直，长度为 4 ~ 6 mm。

2. 剖面图的名称

在投影方向线的端部用相同的阿拉伯数字或大写拉丁字母对剖切位置加以编号，若有多个剖面图，应按顺序由左至右，由上至下连续编排，同时在相应剖面图的下方用相同的数字或字母写成“1—1”或“*A*—*A*”的形式注写图名，并在图名下画一粗横线，编号一律水平书写。

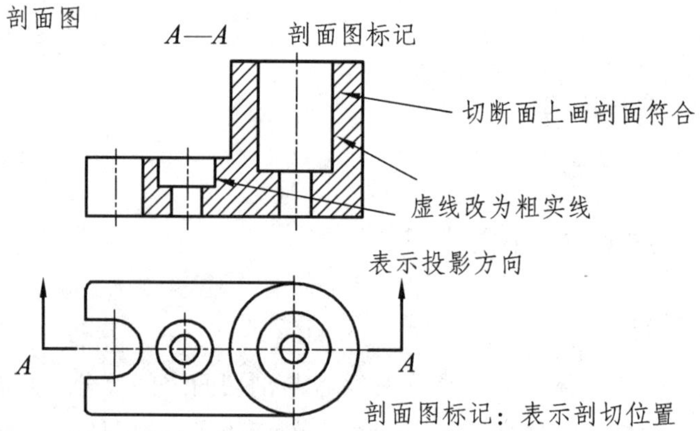

图 5-3　剖面图

（三）剖面图的材料图例

建筑图中常用的剖面材料图例画法如表 5-1 所示。

表 5-1　常用道路工程制图材料图例

序号	名称	图例	备注
1	自然土壤		包括各种自然土壤
2	夯实土壤	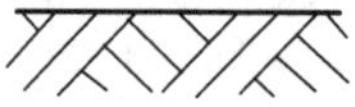	
3	沥青灌入碎砾石、沥青表面处置	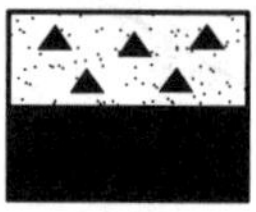	
4	细、中粒式沥青混凝土、粗粒式沥青混凝土	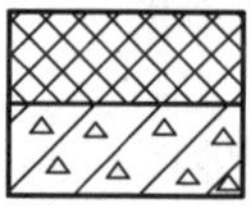	
5	水泥稳定土、水泥稳定沙砾石	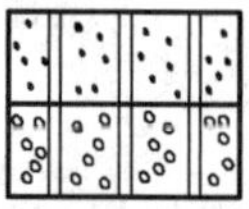	
6	混凝土	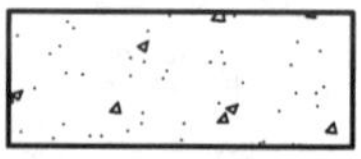	1. 本图例指能承重的混凝土及钢筋混凝土；2. 包括各种强度等级、骨料、添加剂的混凝土；3. 在剖面图上画出钢筋时，不画图例线；4. 断面图形小，不宜画出图例线时，可涂黑
7	钢筋混凝土	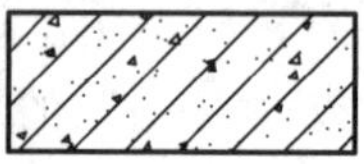	

续表

序号	名称	图例	备注
8	水泥稳定碎石、石灰土	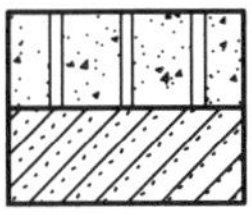	
9	浆砌块石、浆砌片石	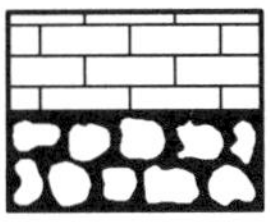	

画剖面材料图例的注意事项：

（1）图例线一般用细实线绘制，应间隔均匀，疏密适度，做到图例正确，表示清楚。

（2）同类材料应使用同一图例；两个相同的图例相邻时，图例线宜错开或使倾斜方向相反，如图 5-4 所示。

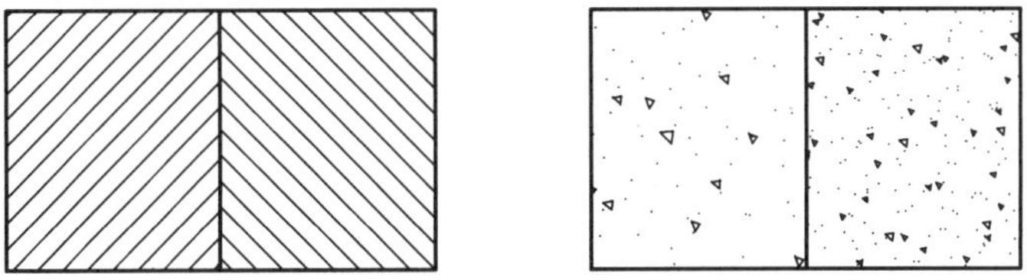

图 5-4　相同图例相接时画法

（3）当一张图纸内的图样只用一种图例或当图形较小无法画出建筑材料图例时，可不画材料图例，但应加文字说明。

（4）需画出的材料图例面积过大时，可在断面轮廓线内，沿轮廓线作局部表示，如图 5-5 所示。

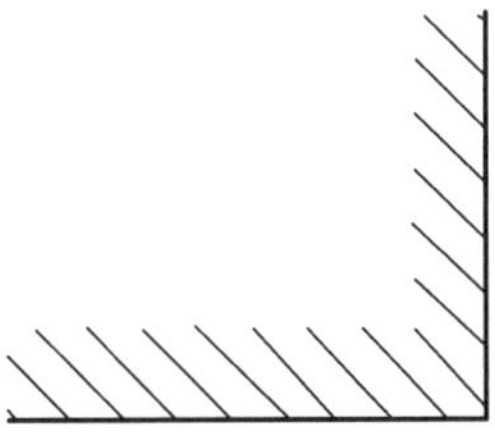

图 5-5　局部表示图例

（四）剖面图的画法

图 5-6 为对该工程形体进行剖切的示意图。

其剖面图的绘制步骤如图 5-7 所示。

（1）确定剖切平面的位置——尽量平行 H、V、W 投影面，并通过物体的孔、洞、槽的中心。

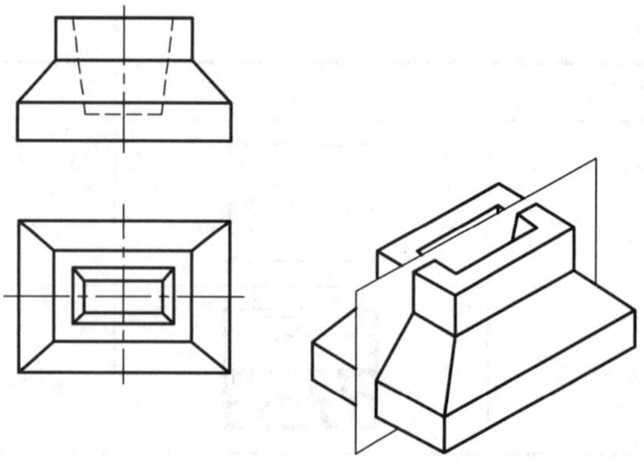

图 5-6　剖面图

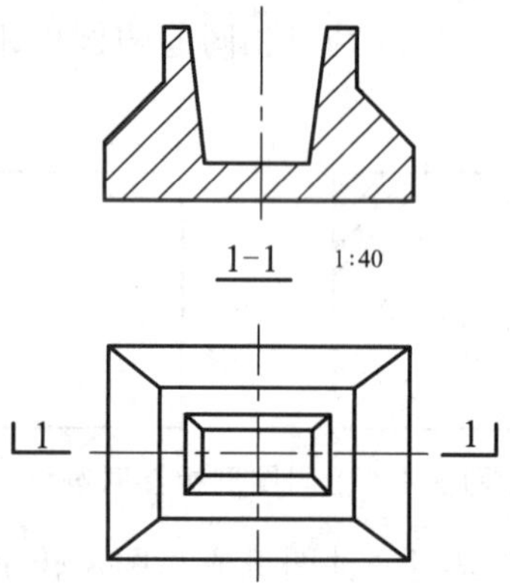

图 5-7　剖面图的绘制

（2）剖面图的图线——剖到部分画粗实线，其余画细实线，且一般不画虚线。

（3）剖面线或材料图例。

（4）剖面图的标注——剖切符号由剖切位置线及投射方向线组成，均应以粗实线绘制，而断面图则是用数字来表示投影方向。

（五）画剖面图应注意的问题

（1）剖切平面的选择：通过物体的对称面或轴线且平行或垂直于投影面。

（2）剖切是一种假想，其他视图仍应完整画出。

（3）位于剖切面后方的可见部分要全部画出。

（4）在剖视图上已经表达清楚的结构，在其他视图上此部分结构的投影为虚线时，其虚线省略不画。但没有表示清楚的结构，允许画少量虚线。

（5）不需在剖面区域中表示材料的类别时，剖面符号可采用通用剖面线表示。通用剖面线为细实线，最好与主要轮廓或剖面区域的对称线成45°角；同一物体的各个剖面区域，其剖面线画法应一致。

二、剖面图的表达方法

（一）全剖面图

用一个剖切面把形体完整地剖开所得到的剖面图称为全剖面图。全剖面图以表达内部结构为主，常用于外部形状较简单，内部形状较复杂，而图形又不对称时。

全剖面图如果剖切位置在物体的对称线上，剖面图又按投影关系配置，剖面图与视图关系比较明确，可省略标注，如图 5-8 所示的全剖面图。

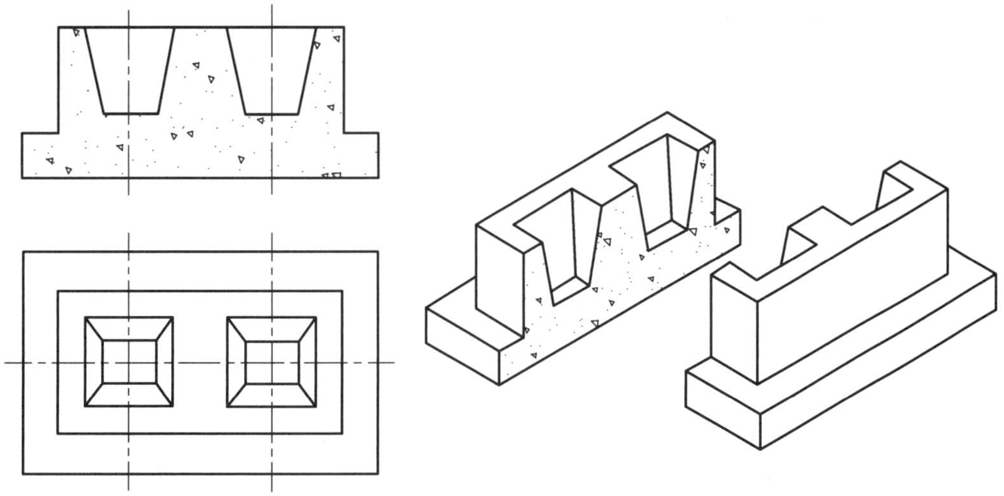

图 5-8　全剖面图

（二）半剖面图

对于对称的形体，在垂直于对称平面的投影面上的投影，可以对称中心线为分界线，一半画成剖面图表达内部结构，另一半画成视图表达外部形状，这种图形称为半剖面图。

半剖面图既表达了形体的外形，又表达了其内部结构，它适用于内外形状都较复杂的对称形体，如图 5-9 所示。

半剖面图的画图方法与全剖面图相同，只是画一半即可，另一半画外形轮廓，虚线一般省略。

画半剖面图应注意：

（1）半个剖面图与半个视图之间的分界线必须是细点画线，不能用其他任何图线代替。

（2）半个剖面图习惯上一般画在竖直中心线右侧、水平中心线下方。

（3）半剖面图的标注方法同全剖面图。

（4）在半剖面图中，由于省略了虚线，因此某些内部结构只有一边边界，注写尺寸时只能画出一边的尺寸界线和箭头，此时尺寸线要稍微超过对称中心线，但尺寸数字应注写整个结构的尺寸，如图 5-10 所示。

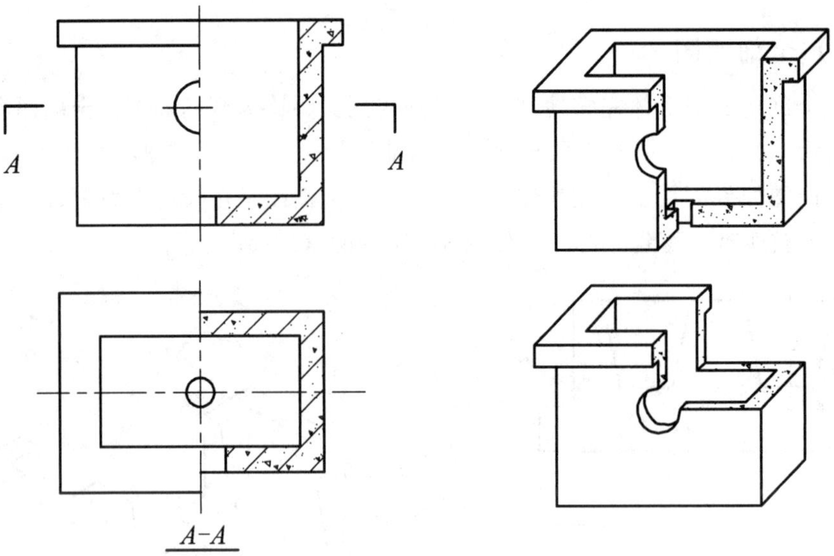

图 5-9　半剖面图画法

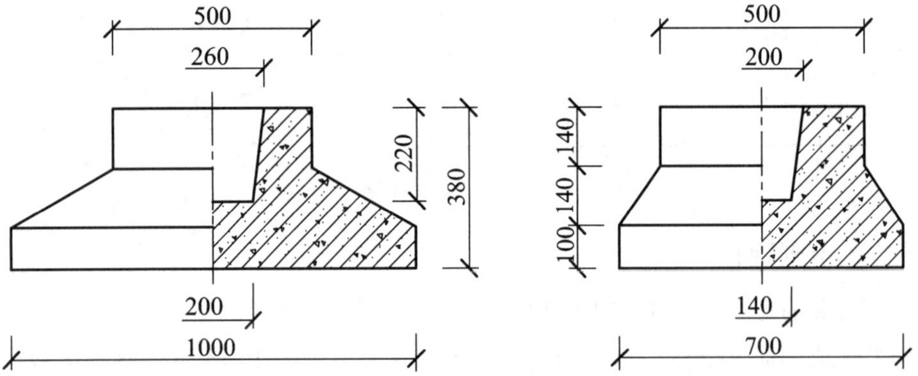

图 5-10　半剖面图的尺寸标注

（三）局部剖面图

用剖切平面局部剖开形体后所得的剖面图称为局部剖面图，如图 5-11 所示。局部剖面图常用于外部形状比较复杂，仅需要表达局部内部形状的形体。

局部剖面图通常画在视图内并以波浪线与视图分界。波浪线可以理解为物体上断裂边界线的投影，因此波浪线应画在物体的实体处，不得与轮廓线重合，也不得超出物体的轮廓线。

（四）阶梯剖面图

用两个或两个以上互相平行的剖切面剖切形体得到的全剖面图，称为阶梯剖面图。

当形体内部结构层次较多时，用一个剖切面不能同时剖切到所要表达的几处内部构造，且它们又处于互相平行的位置时，常采用阶梯剖面图。如图 5-12 所示。

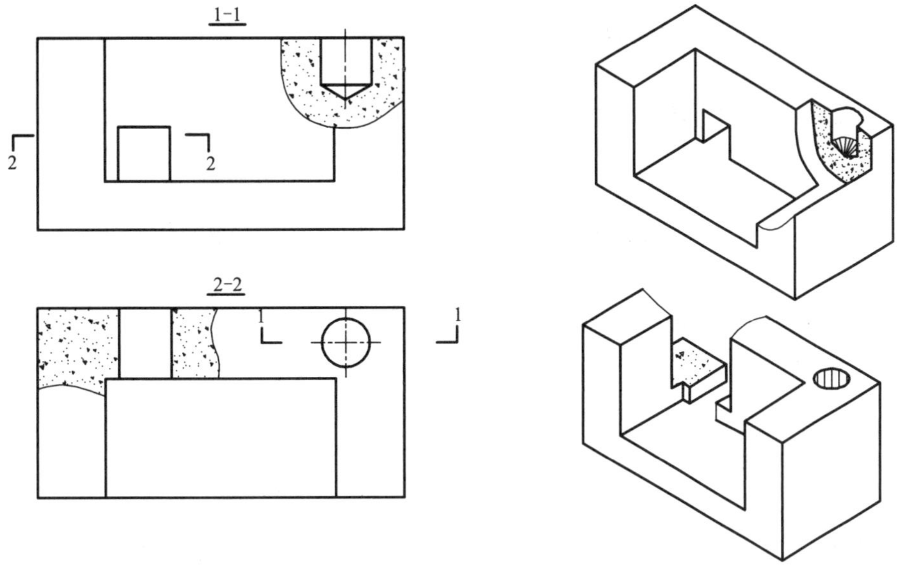

图 5-11　局部剖面图

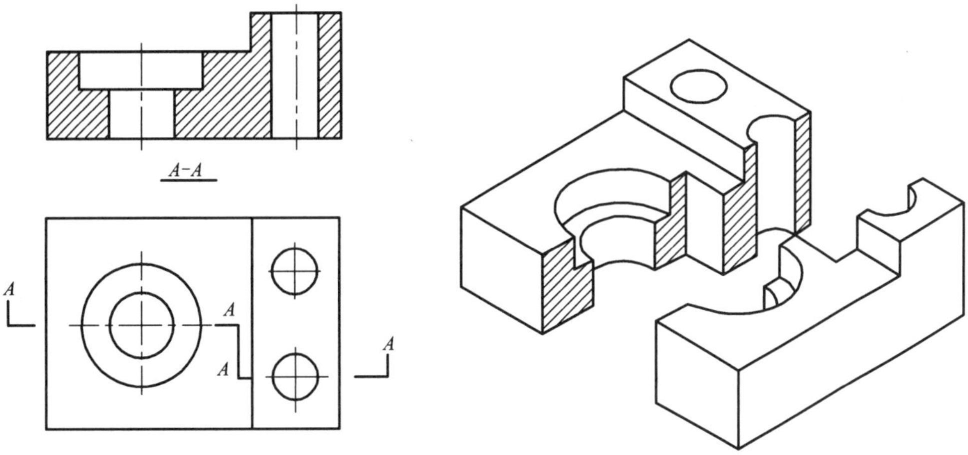

图 5-12　阶梯剖面图

画阶梯剖面图时应注意：

（1）在剖切面的开始、转折和终了处，都要画出剖切符号并注上同一编号。

（2）剖切是假想的，在剖面图中不能画出剖切平面转折处的分界线，转折处也不应与形体的轮廓线重合。

（五）分层剖切剖面图

对一些具有不同构造层次的建筑物，可按实际需要，用分层剖切的方法表示，从而获得分层剖切剖面图。图 5-13 所示为墙面的分层剖切剖面图，各层构造之间以波浪线为界且波浪线不应与轮廓线重合，不需要标注剖切符号。这种方法多用于表示地面、墙面、屋面等构造。

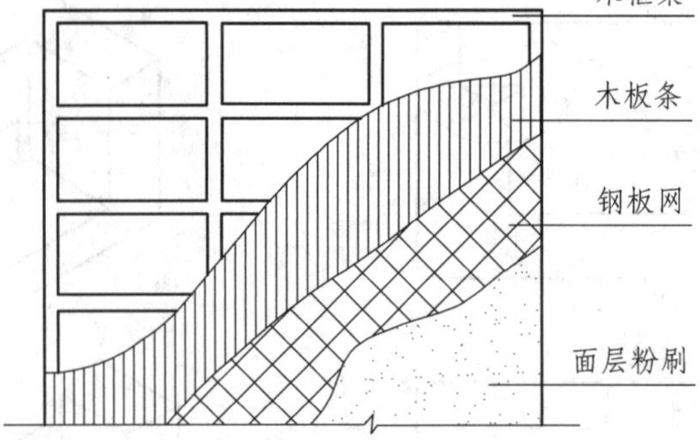

图 5-13　分层剖切剖面图

三、技能训练

（一）实训任务

识读图 5-14 所示的房屋三视图，画出指定位置的 1—1、2—2、3—3、4—4 全剖面图；再画出 1—1 半剖面图。

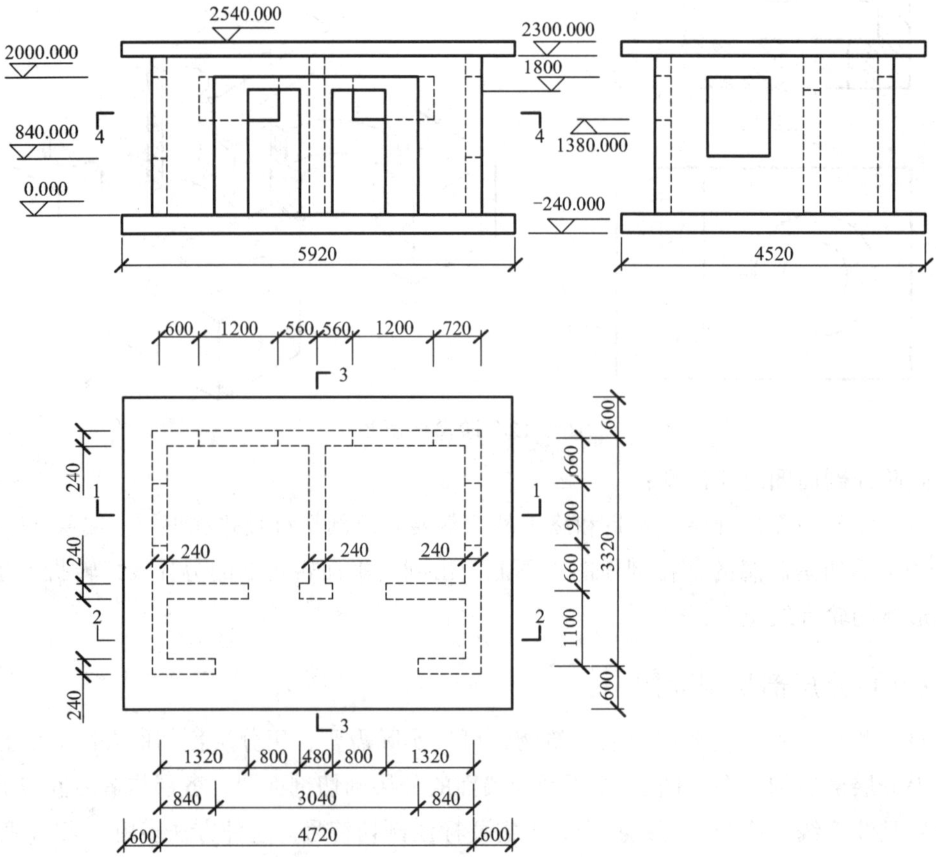

图 5-14　房屋三视图

（二）实训要求

（1）采用 A3 图纸绘图，标注图名，不标注尺寸。

（2）为简化绘图，材料图例全部按钢筋混凝土填充。

能力训练

1. 单项选择题

（1）不属于剖面图的是（　　）。

A. 全剖面图　　B. 半剖面图

C. 阶梯剖面图　　D. 重合断面图

（2）绘制剖面符号的线型是（　　）。

A. 粗实线　　B. 细实线

C. 中实线　　D. 虚线

（3）用一个平行基本投影面的剖切平面将形体全部剖开的方法是（　　）。

A. 全剖面图　　B. 半剖面图

C. 阶梯剖面图　　D. 分层剖面图

（4）用两个或两个以上相互平行且平行于基本投影面的剖切平面剖开物体的方法是（　　）。

A. 全剖面图　　B. 半剖面图

C. 阶梯剖面图　　D. 分层剖面图

2. 识图与绘图训练

（1）图 5-15 的局部视图中，表达错误的是（　　）。

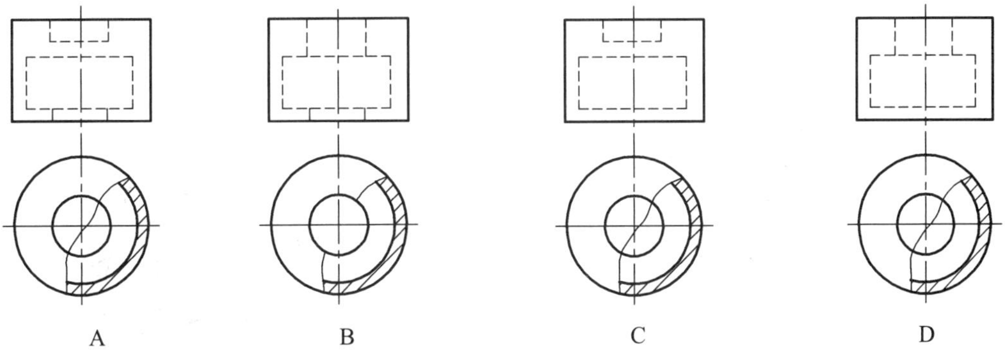

图 5-15

（2）图 5-16 中，正确的Ⅱ—Ⅱ剖面图是（　　）。

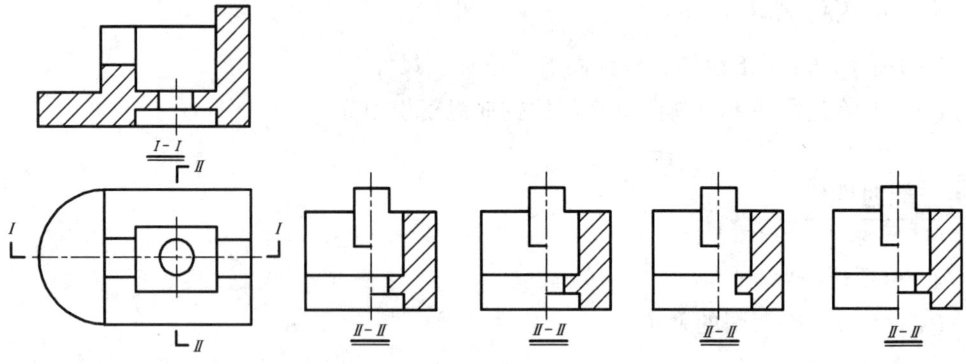

A　　B　　C　　D

图 5-16

（3）如图 5-17 所示，已知该平面体的轴测图和水平面投影，按剖切位置分别绘制其 *I*— *I* 剖面图和 *II*— *II* 剖面图。

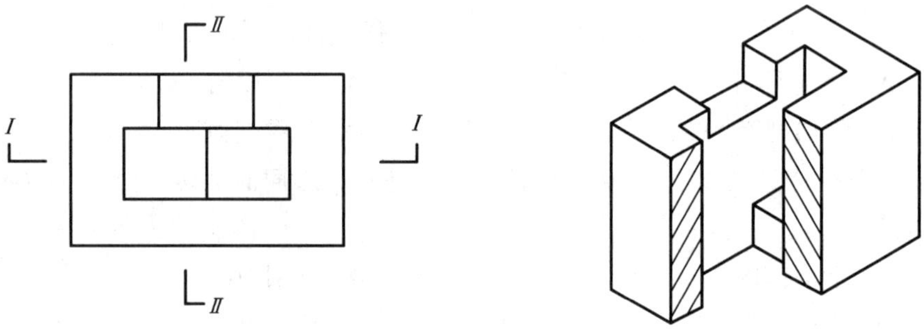

图 5-17

（4）如图 5-18 所示，已知该曲面组合体的轴测图和正立面投影，按剖切位置分别绘制其 *I*— *I* 剖面图和 *II*— *II* 剖面图。

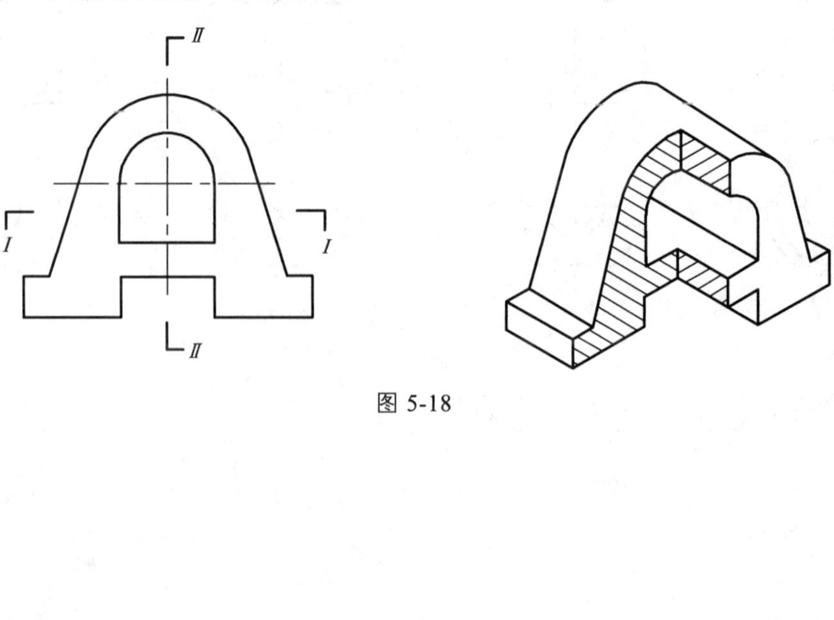

图 5-18

任务二 断面图

一、断面图的概念

用假想剖切平面剖开物体，仅画出该剖切面与物体接触断面的图形，同时在剖切断面的实体部分画上材料图例，这样画出的图形称为断面图，简称断面，如图 5-19 所示。

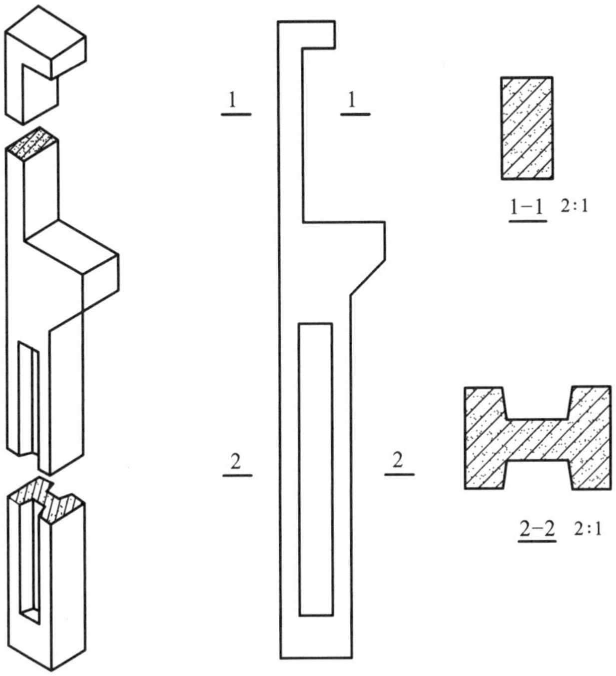

图 5-19 断面图的概念

画断面图时，应特别注意断面图与剖视图的区别：断面图只画出物体剖切断面的形状，不包括剖切面后的轮廓；而剖面图除画出剖切断面的形状外，还要画出剖切平面后的其他可见轮廓线。实际上，剖面图中包含着断面图。

二、断面图的画法

根据图形的不同特点，断面图可画在视图的外部，也可画在视图的中断处或内部。

（一）移出断面图

移出断面图画在视图之外，断面图的轮廓线用粗实线绘制，并在断面轮廓内表明材料图例。

移出断面图可配置在剖切线的延长线上或其他适当的位置，并表明断面图的剖切位置及名称。如图 5-20 所示。

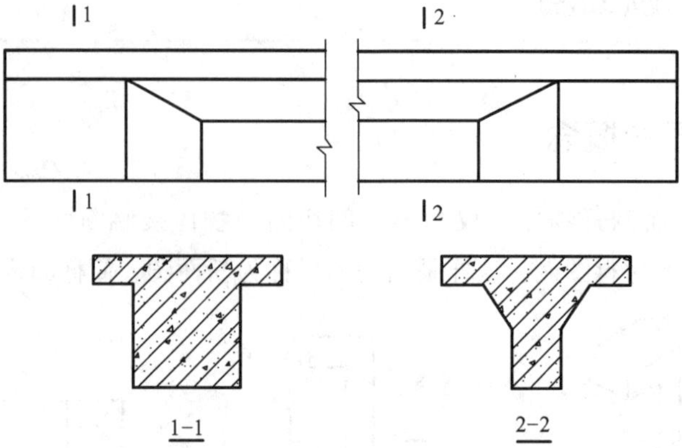

图 5-20　移出断面图

断面图画在视图之外时应注意如下几点：

（1）断面图的轮廓线用粗实线绘制。

（2）剖切平面应与形体的主要轮廓线垂直，由两个或多个相交平面剖切得到的移出断面图，中间一般应断开，如图 5-21 所示。

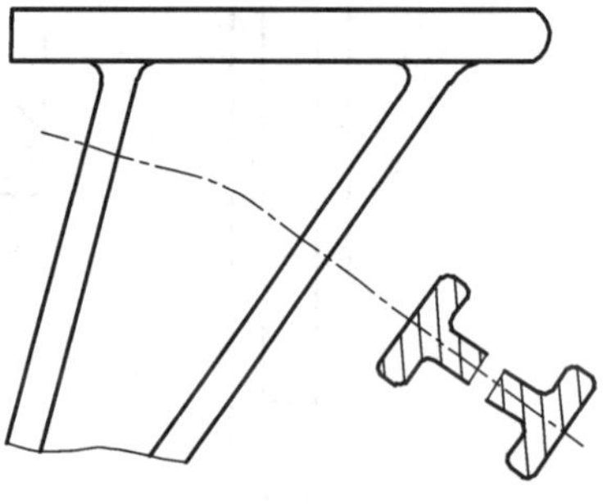

图 5-21　两个相交平面剖切的断面图画法

（3）断面图的标注与剖面图基本相同，但不画投影方向线，而用剖切编号的注写位置表示。画在剖切延长线上对称图形，可不标注，如图 5-21 所示。

（二）中断断面图

画在视图中断处的断面图，叫作中断断面图，中断断面图绘制在视图的中断处，断面图的轮廓线用粗实线绘制，并在断面轮廓内表明材料图例，如图 5-22 所示。

（三）重合断面图

直接画在视图内的断面图，又称重合断面图。当视图的轮廓线为粗实线时，重合断面的轮廓线用细实线画出，如图 5-23 所示；当视图的轮廓线为细实线时，重合断面的轮廓线用粗实线画出，如图 5-24 所示。当视图中轮廓线与重合断面轮廓线重合时，视图中的轮廓线仍应连续画出，不可间断。

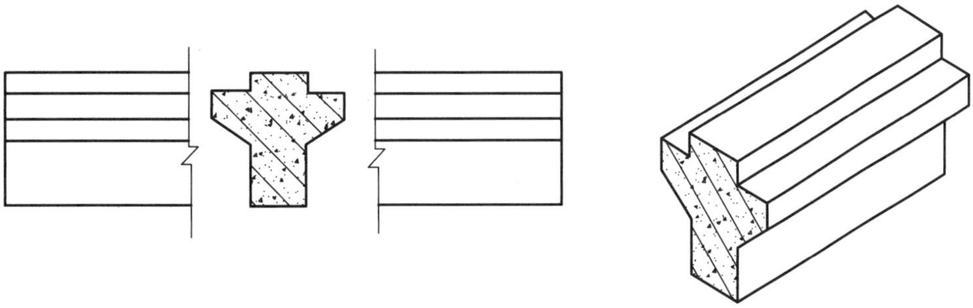

图 5-22　画在视图中断处的断面图

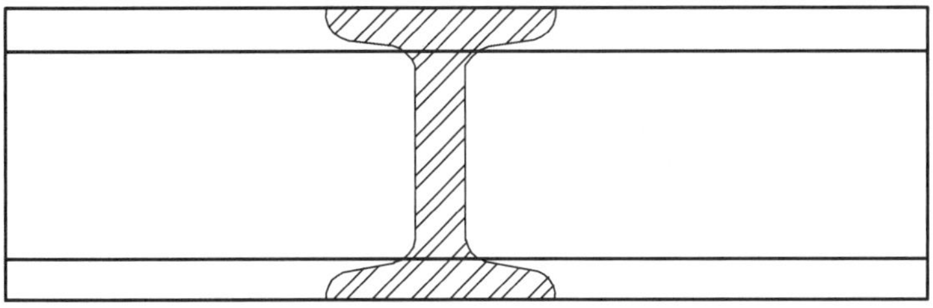

图 5-23　细实线绘制的重合断面图

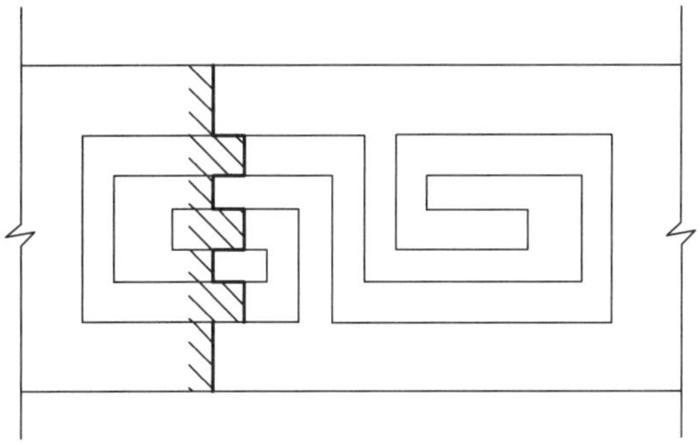

图 5-24　粗实线绘制的重合断面图

当重合断面图尺寸较小时，可将断面涂黑，如图 5-25 所示。

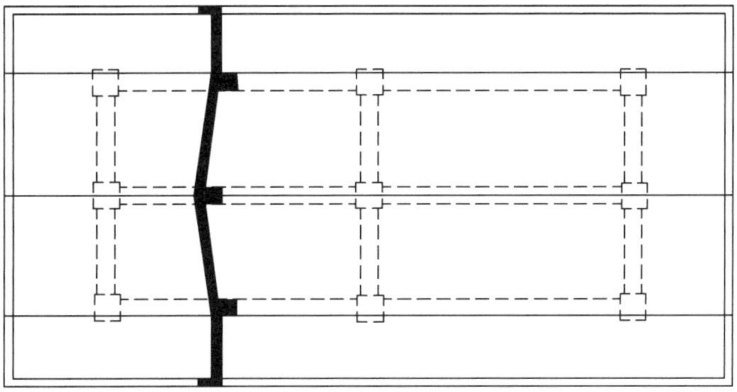

图 5-25　断面涂黑的断面图

四、技能训练

图 5-26 所示为应用断面图表达工程建筑物的实例，识读该工程图，认识断面图表达方案的优点。

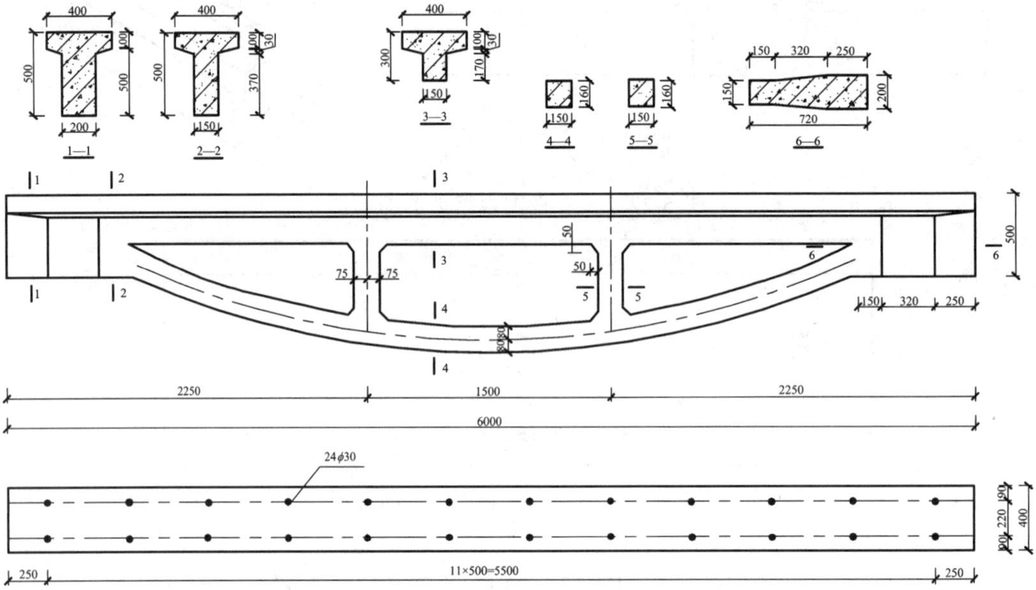

图 5-26　梁的主、左视图

项目六 AutoCAD 的基本操作

知识目标

- 1. 掌握 AutoCAD 2008 的安装方法、基本操作技巧。
- 2. 了解 AutoCAD 2008 绘图的设置方法。
- 3. 掌握图层及对象特性的操作与使用
- 4. 掌握直角坐标和极坐标的概念。

技能目标

- 1. 能够掌握 AutoCAD 2008 绘图的设置方法。
- 2. 能够进行图层的设置。
- 3. 能够应用直角坐标和极坐标方法进行绘图。

课程导入

AutoCAD 是由 Autodesk 公司开发的交互式绘图软件，是用于二维及三维设计、绘图的系统工具，CAD 即计算机辅助设计，是目前世界上应用最广的平面绘图软件，它广泛应用于建筑、机械、水利、航天等工程领域。本项目将学习 AutoCAD 2008 的安装方法、基本操作技巧、绘图设置等操作。

任务一 AutoCAD 的基础知识

本任务主要介绍 AutoCAD 2008 的功能及安装、工作界面介绍、图形文件管理等方面的内容。

一、AutoCAD 2008 的功能及安装

（一）AutoCAD 2008 的功能

Autodesk 公司成立于 1982 年 1 月，在几十年的发展历程中，该公司不断完善和丰富 AutoCAD 系列软件，并连续推出了各个版本。AutoCAD 2008 具有以下功能：

（1）完善的图形绘制功能。

（2）强大的图形编辑功能。

（3）可以采用多种方式进行二次开发或用户定制。

（4）可以进行多种图形形式的转换，具有强大的数据交换能力。

（5）具有强大的三维造型功能。

（6）提供数据和信息查询功能。

（7）具有尺寸标注和文字及表格输入功能。

（8）图形输出功能。

（二）AutoCAD 2008 的安装

AutoCAD 2008 的安装非常方便。将 AutoCAD 2008 光盘插入光驱后，双击光盘上的安装程序 setup.exe，系统将弹出图 6-1 所示的界面。

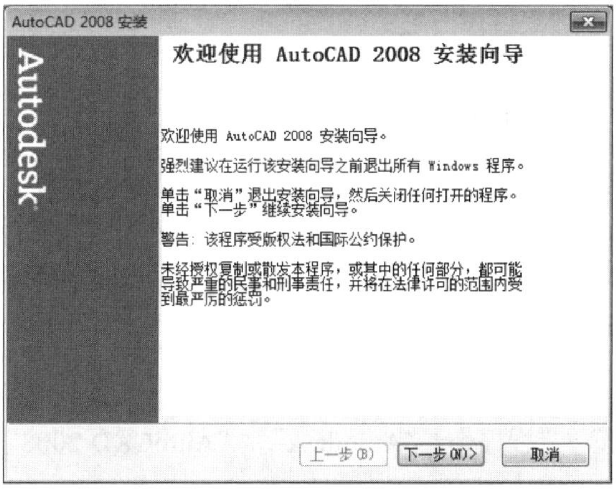

图 6-1 AutoCAD 2008 安装初始界面

安装过程中，用户应根据安装向导对各种提示信息给予响应，步骤如下：

（1）在“欢迎使用 AutoCAD 2008 安装向导”对话框中，单击“下一步”。

（2）查看所适用国家/地区的“Autodesk 软件许可协议”，必须接受协议才能完成安装。要接受协议，则选择“我接受”，然后单击“下一步”（如果不同意协议的条款，则单击“取消”以取消安装）。

（3）在“序列号”对话框中，输入位于 AutoCAD 产品包装上的序列号，然后单击“下一步”。

（4）在“用户信息”对话框中，输入用户信息（在此输入的信息是永久性的，要确保在此输入正确信息，因为过后将无法对其进行更改，除非删除安装产品），然后单击“下一步”。

（5）在“选择安装类型”对话框中，指定所需的安装类型，然后单击“下一步”。

（6）在“安装可选工具”对话框中，指定所需的工具，然后单击“下一步”。

（7）在“目标文件夹”对话框中，可执行下列操作之一。

单击“下一步”，接受默认的目标文件夹。

输入路径或单击“浏览”，指定在其他驱动器和文件夹中安装 AutoCAD，单击“确定”，然后单击“下一步”。

（8）在“选择文字编辑器”对话框中，指定所需的编辑器，然后单击“下一步”。

（9）在“开始安装”对话框中，单击“下一步”，开始安装。

安装完成后，如有重新启动计算机的提示，则要重新启动计算机后再运行 AutoCAD 程序。现在用户就可以注册产品然后使用此程序了。要注册产品，启动 AutoCAD 并按照屏幕上的说明操作即可。

二、AutoCAD 2008 的工作界面介绍

AutoCAD 2008 的工作界面主要包括标题栏、菜单栏、工具栏、绘图区域、命令行和状态栏 6 个部分。

（一）AutoCAD 的启动与退出

1. AutoCAD 的启动

在默认情况下，安装完 AutoCAD 2008 后将自动在桌面上生成一个快捷方式图标 ，在“开始”菜单中也有对应的子菜单，执行下面三个操作之一就可以启动 AutoCAD 2008。

（1）双击桌面图标。

（2）单击“开始”/“程序”/“Autodesk”/“AutoCAD 2008”选项。

（3）找到 AutoCAD 2008 的可执行文件 acad. exe，直接双击。

启动后的初始界面如图 6-2 所示。

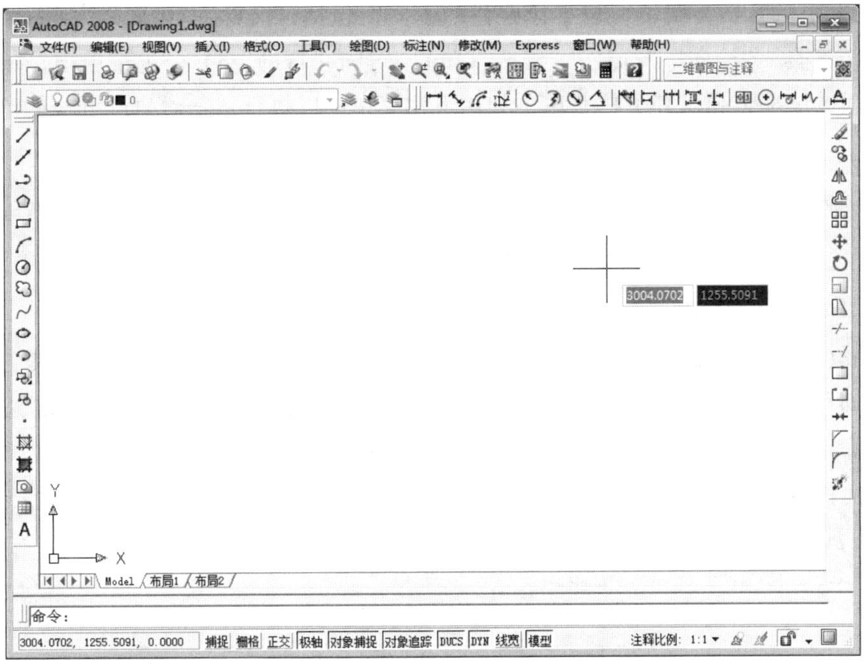

图 6-2　AutoCAD 2008 工作界面

2. **AutoCAD 的退出**

用户执行下列操作之一即可退出 AutoCAD 2008。

（1）下拉菜单选择“文件”/“退出”。

（2）单击标题栏上的按钮。

（3）在命令行输入“QUIT”或“EXIT”。

退出之前如果未曾存盘，系统会询问用户是否将修改保存。

（二）AutoCAD 2008 的界面介绍

AutoCAD 2008 的界面主要由标题栏、菜单栏、各种工具栏、绘图窗口、十字光标、坐标系图标、滚动条、选项卡控制栏、命令窗口、状态栏等组成。在默认设置下，启动 AutoCAD 2008 后还会显示出工具选项板。

1. **标题栏**

如图 6-3 所示，标题栏位于工作界面的最上方，和一般的软件标题栏相似，其左端显示软件的图标、名称、版本级别以及当前图形的文件名称，右端的按钮，可以用来最小化、最大化或者关闭 AutoCAD 2008 的工作界面。

图 6-3　标题栏

2. **菜单栏**

如图 6-4 所示，菜单栏位于标题栏的下方，包括“文件”“编辑”“视图”“插入”“格式”“工具”“绘图”“标注”“修改”“窗口”和“帮助”11 个主菜单项。单击任一主菜单项，屏幕将弹出其下拉菜单，利用下拉菜单可以执行 AutoCAD 2008 的绝大部分命令。

图 6-4　菜单栏

3. **工具栏**

AutoCAD 2008 输入命令的另一种方式是利用工具栏（见图 6-5），单击其上的命令按钮，即可执行相应的命令。将光标移动到工具栏图标上停留片刻，图标旁边会出现相应的命令提示，同时在状态栏中显示该命令的功能介绍。利用这些工具栏，可以很直观快捷的执行命令。

图 6-5　工具栏

同时用户也可以自行选择一些需要的工具栏放在界面上。具体方法是通过下拉菜单选择“视图”/“工具栏”选项，屏幕将弹出“自定义”对话框，如图 6-6 所示。

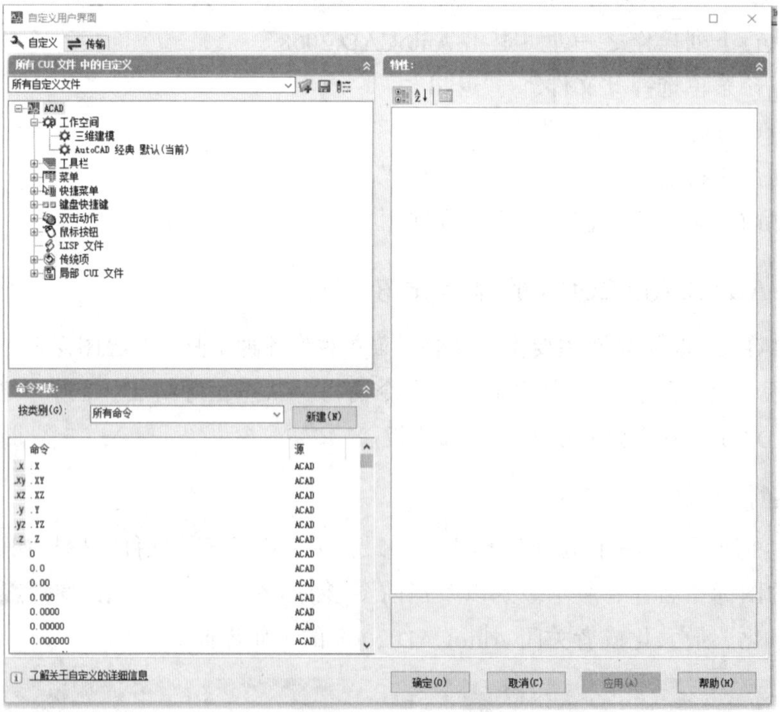

图 6-6　“自定义”对话框

在“工具栏”选项卡左侧的“工具栏”窗口中单击相应选项，可以弹出或关闭相应的工具栏。在选项卡中还能对工具栏进行新建、重命名、删除等管理工作。

另外，用户还可以用鼠标拖动工具栏至合适的位置。

4. **绘图窗口**

绘图窗口是用户利用 AutoCAD 2008 绘制图形的区域，类似手工绘图时的图纸。

绘图窗口内有一十字光标，随鼠标的移动而移动，其位置不同，形状亦不相同，这样就可以反映不同的操作。它主要用于执行绘图、选择对象等操作。

绘图窗口的左下角是坐标系图标，它主要用来显示当前使用的坐标系及坐标的方向。用户可以将该图标关掉，即不显示它。

滚动条位于绘图窗口的右侧和底边，单击并拖动滚动条，可以使图样沿水平或竖直方向移动。

5. **命令窗口**

命令窗口（见图 6-7）位于绘图窗口的下方，主要用来接受用户输入的命令和显示 AutoCAD 2008 系统的提示信息。它是用户与软件进行沟通交流、发布命令、输入数据、状态显示等的平台，用户需要执行操作时可直接输入其对应命令，然后根据命令行的步骤提示和说明进行后续步骤操作。

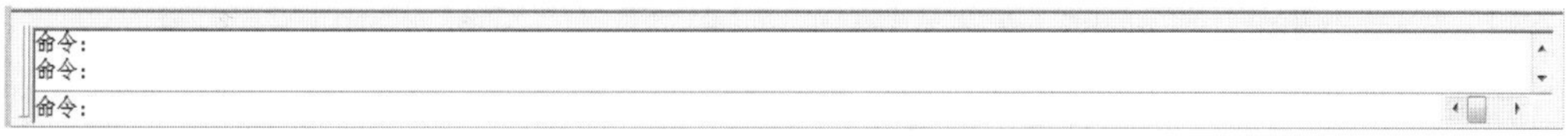

图 6-7　命令窗口

6. **状态栏**

状态栏（见图 6-8）位于 Auto CAD 2008 工作界面的最下边，它主要用来显示当前的绘图状态，如当前十字光标的位置（坐标），绘图时是否打开了正交、栅格捕捉、栅格显示等功能以及当前的绘图空间等。

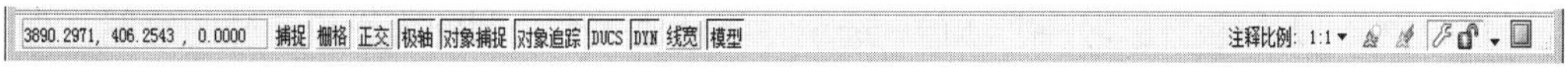

图 6-8　状态栏

状态栏的基本操作是通过鼠标单击按钮来切换对应功能的打开和关闭。按钮凸出为关闭状态，按钮凹进为打开状态。也可以用鼠标右键单击按钮，从弹出的快捷键菜单中选择“开/关”进行设置。

三、图形文件管理

文件操作包括新建文件、打开文件、保存文件等。

（一）新建文件

（1）菜单栏：“文件” / “新建”。

（2）工具栏：“标准”工具栏上的图标按钮。

（3）命令：“NEW”。

（4）快捷键：“Ctrl” + “N”。

执行以上操作，屏幕上将弹出“选择样板”对话框，如图 6-9 所示。

图 6-9　选择样板

在“选择样板”对话框中，可执行下列操作之一。

（1）单击“打开”按钮，就会新建一个图形文件，文件名将显示在标题栏上。

（2）单击“打开”按钮右侧的小三角形符号，将弹出一个选项面板，如图 6-10 所示。各选项含义如下：

① 选择“无样板打开-英制（I）”选项，将新建一个英制的无样板打开的绘图文件。

② 选择“无样板打开-公制（M）”选项，将新建一个公制的无样板打开的绘图文件。

③ 选择“打开”选项，将新建一个有样板打开的绘图文件。

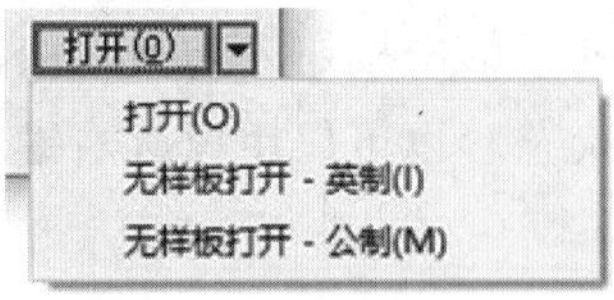

图 6-10　“打开"选项面

（二）打开文件

（1）菜单栏：“文件” / “打开”。

（2）工具栏：“标准”工具栏上的图标按钮。

（3）命令：“OPEN”。

（4）快捷键：“Ctrl” + “O”。

执行以上操作，屏幕上将弹出如图 6-11 所示的“选择文件”对话框。选择需要打开的图形文件，单击“打开”按钮即可。

图 6-11 “选择文件”对话框

AutoCAD 2008 支持多图档操作，即同时打开多个图形文件。

（三）保存文件

（1）菜单栏：“文件” / “保存”。

（2）工具栏：“标准”工具栏上的图标按钮。

（3）命令：“SAVE”。

（4）快捷键：“Ctrl” + “S”。

执行以上操作，则弹出如图 6-12 所示的“图形另存为”对话框，用户可以将文件命名并保存到想要保存的地方。如果文件已经命名，则直接以原文件名保存。如果要重新命名保存图形，则要选择“文件” / “另存为”选项。

单击该对话框右上角的“工具” / “安全选项”按钮，系统将弹出“安全选项”对话框，如图 6-13 所示。在此，用户可以为自己的图形文件加密保护。

图 6-12 “图形另存为”对话框

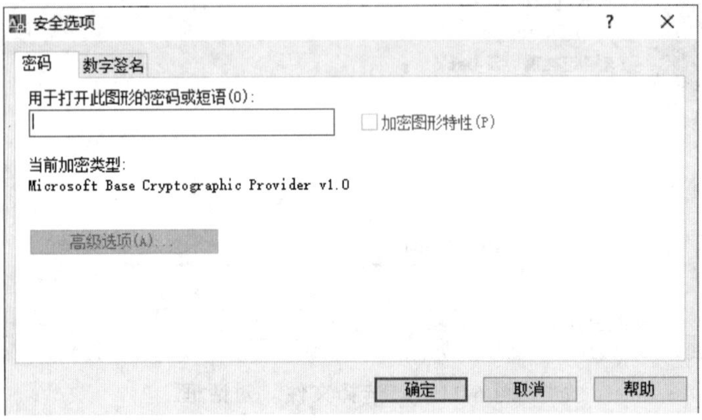

图 6-13 “安全选项”对话框

（四）关闭文件

（1）菜单栏：“文件”/“关闭”。

（2）工具栏：“标准”工具栏上的 × 图标按钮。

（3）命令：“CLOSE”。

（4）快捷键：“Ctrl”+“C”。

执行以上操作，则弹出保存提示对话框，如图 6-14 所示。

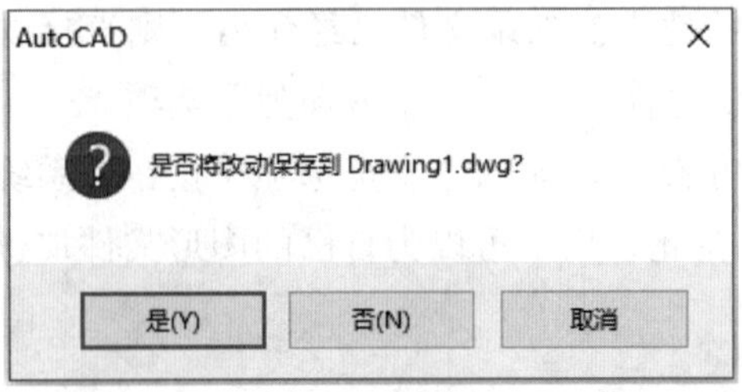

图 6-14 保存提示对话框

四、AutoCAD 2008 命令输入及退出

（一）命令输入方法

AutoCAD 2008 的命令主要有三种基本的输入方法：命令按钮法、下拉菜单法和键盘输入命令法。

（1）工具栏按钮输入：即通过单击工具栏上的图标按钮执行相应的命令。这种命令输入方法方便、快捷，但需要将待用的工具栏调出。

（2）下拉菜单输入：下拉菜单包括了 AutoCAD 2008 的绝大部分命令，执行方法和其他 Windows 应用软件相同。

（3）命令栏输入：即直接在命令行中输入命令。

在实际操作中，应大量使用命令中输入的方式配合工具栏按钮，辅以快捷操作来进行绘图。菜单操作一般是在前面几种操作都不容易实现的情况下才采用。

（二）命令退出方法

结束、中止执行命令或退出选择集应按退出键“Esc”。

能力训练

1. 单项选择题

（1）AutoCAD 2008 工作界面主要由标题栏、菜单栏、工具栏、绘图窗口、状态栏和（　　）等组成。

A. 命令窗口　　B. 文本窗口　　C. 布局窗口　　D. 工作空间

（2）AUTOCAD 标准文件的后缀是（　　）。

A. .dwg　　B. .dwx　　C. .dwf　　D. .chxdwg

（3）如果要取消 AutoCAD 命令，可以按下（　　）键。

A. Alt　　B. Esc　　C. Shift　　D. Enter

（4）可以利用（　　）方法来调用命令。

A. 选择下拉菜单中的菜单项　　B. 单击工具栏上的按钮

C. 在命令状态行输入命令　　D. 三者均可

（5）以下（　　）操作可以打开 AutoCAD。

A. 双击桌面上的 AutoCAD 图标　　B. 点击开始菜单中的 AutoCAD 图标

C. 找到绘制过的 AutoCAD 文件后双击它　　D. 三者均可

2. 判断题

（1）AutoCAD 的工具栏是固定不变的。　　（　）

（2）AutoCAD 中，系统默认的另存文件的格式为“dxf”格式。　　（　）

（3）进行文件保存时，可以修改文件的名称。 （ ）

（4）AutoCAD 中，可以更改用户界面。 （ ）

任务二 绘图参数设置

本任务主要介绍 AutoCAD 2008 的参数选项设置、图形界限及单位设置、状态栏设置、图层设置四个方面的内容。

一、参数选项设置

用 AutoCAD 开始绘图之前，应该对整个软件的系统参数进行设置，这样才有助于提高绘图的速度和质量。参数“选项”设置就是其中一个非常重要的准备工作。其操作方法包括：

（1）菜单栏：“工具” / “选项”。

（2）命令：“Options”。

（3）快捷键：“OP”。

（4）快捷菜单：在绘图区域鼠标右键单击，在弹出的菜单中选择最后一项“选项”。

执行以上命令后，弹出如图 6-15 所示对话框。

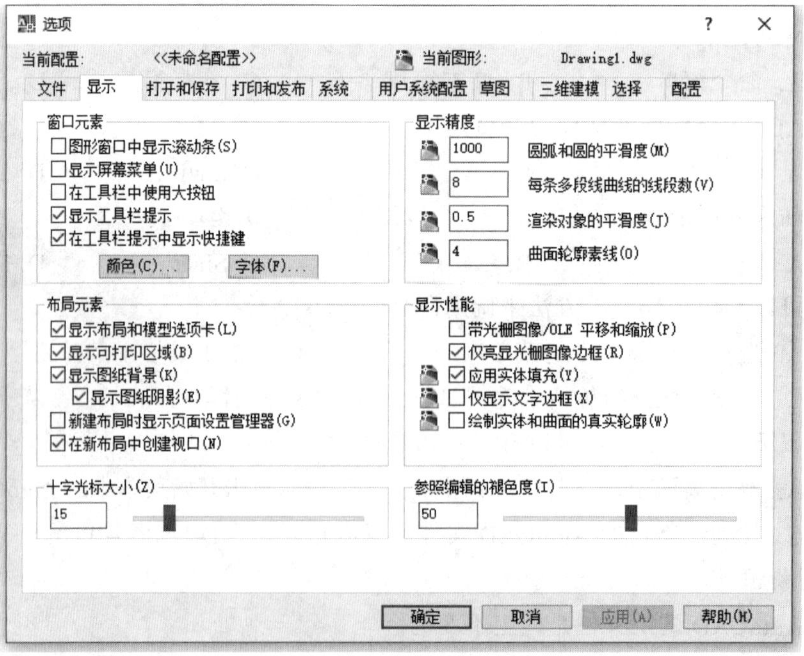

图 6-15 “选项”对话框

（一）颜色设定

绘图窗口背景颜色默认为黑色，用户可以根据自己的习惯选择合适的背景颜色，常用黑色或白色两种。在图 6-15“选项”对话框中点击“颜色”按钮，进入如图 6-16 所示的“图形窗口颜色”对话框，在右上角位置点击箭头下拉列表可以选择所需要的颜色。

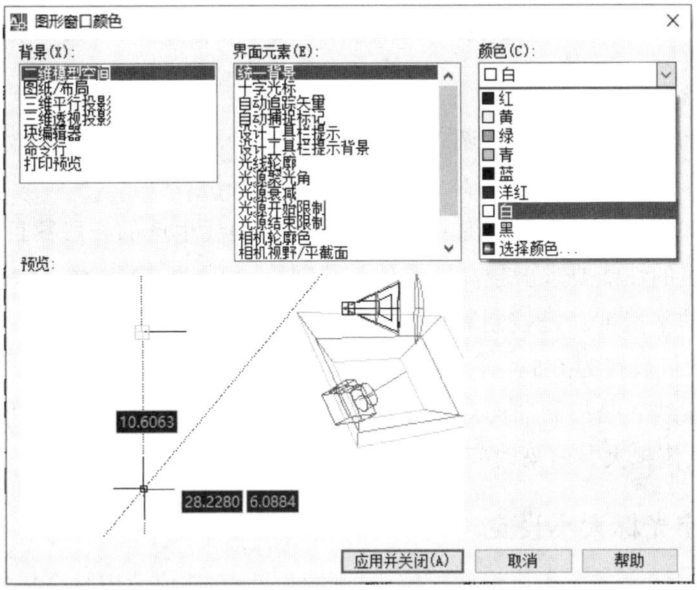

图 6-16 “图形窗口颜色”对话框

（二）字体设定

可根据自己的习惯设定命令行中显示文字的字体效果。在图 6-15“选项”对话框中点击“字体”按钮，进入如图 6-17 所示的“命令行窗口字体”对话框。

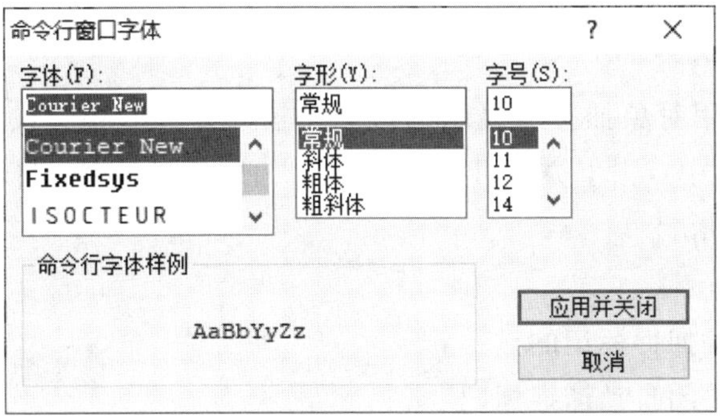

图 6-17 “命令行窗口字体”对话框

（三）显示精度设定

用户可以在图 6-15“选项”对话框右侧显示精度中设定相关图形显示的效果，如

图 6-18 所示。

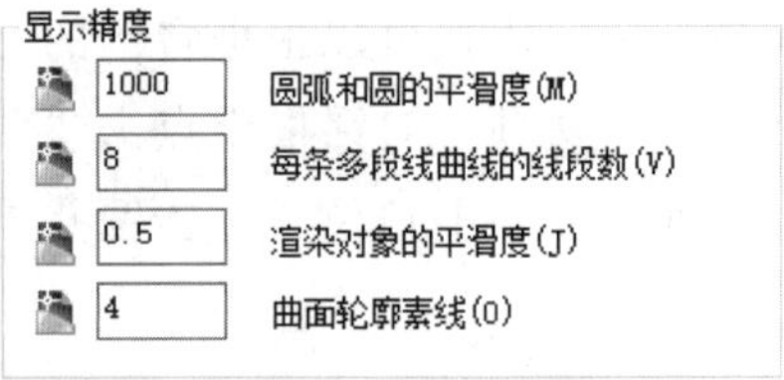

图 6-18 “显示精度”设置对话框

各选项的含义：

圆弧和圆的平滑度：是控制圆、圆弧和椭圆的平滑度的参数。有效值范围为 1 ~ 20 000，默认值为 1 000。其值越高，生成的对象越平滑。

每条多段线曲线的线段数：是控制每条多段线曲线生产的线段数目的参数。数值越高，对计算机的性能要求就越高。有效值范围为-32 767 ~ 32 767，默认值设置为 8。

渲染对象的平滑度：是控制着色和渲染曲面实体的平滑度的参数。有效值范围为 0.01 ~ 10，默认值设置为 0.5。

曲面轮廓素线：是控制曲面对象的轮廓线数目的参数。有效值范围为 0 ~ 2 047，默认值为 4，数值越大，渲染时间越长。

（四）十字光标大小设定

“十字光标大小（Z）”用于设定十字光标的尺寸，有效值范围从全屏的 1% ~ 100%，默认为 5%。用户可根据需求合理设定十字光标的大小，如图 6-19 所示。

图 6-19 “十字光标大小”设置对话框

（五）自动捕捉设置

用于对控制使用对象捕捉时显示的形象化辅助工具的相关设置。用户可以在图 6-15“选项”对话框中点击上方栏目中的“草图”，即可以看到“自动捕捉设置”栏目，如图 6-20 左上角所示。

各选项的含义：

标记：控制自动捕捉标记的显示。

磁吸：打开或关闭自动捕捉标记。

显示自动捕捉工具栏提示：控制自动捕捉工具栏提示的提示。

显示自动捕捉靶框：控制自动捕捉靶框的显示。靶框是捕捉对象时出现在十字光标内部的方框。

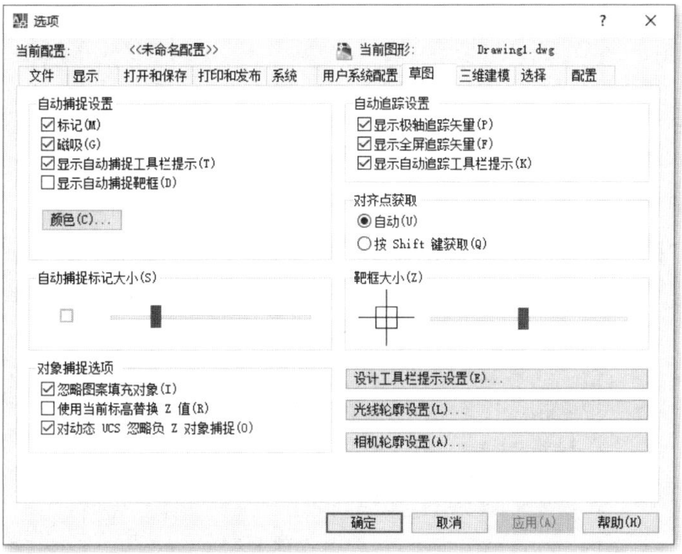

图 6-20 “自动捕捉设置”对话框

（六）自动捕捉标记大小设置

自动捕捉标记大小是控制自动捕捉标记显示尺寸的设置，可直接在图 6-21 所示的调节轴上进行调节。

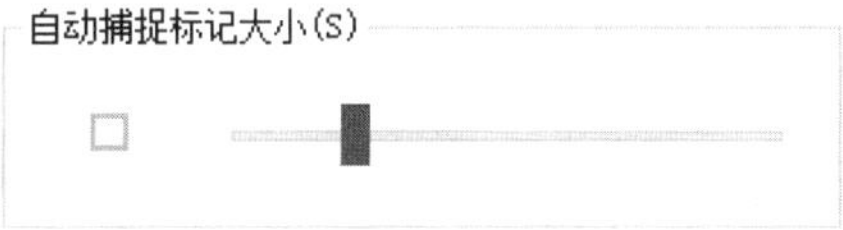

图 6-21

（七）靶框大小设置

设置自动捕捉靶框显示尺寸，须在“自动捕捉设置”中勾选“显示自动捕捉靶框”后才会有效，靶框的大小用以确定光标应到达与捕捉点多近的位置时，磁吸会将靶框锁定到捕捉点上，如图 6-22 所示。

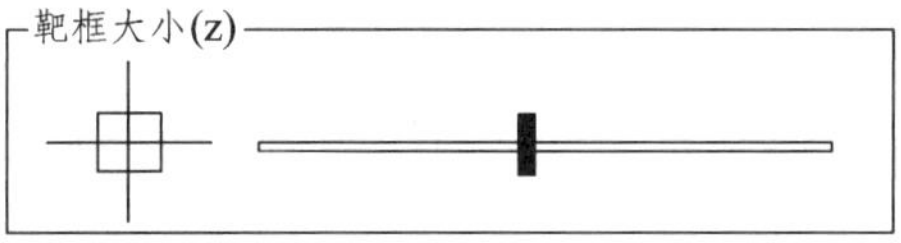

图 6-22

二、图形单位及图形界限设置

（一）设置图形单位

单位定义了对象是如何计量的，不同的行业通常所用的表示单位不同，因此用户应使用与自己建立的图形相适合的单位类型。

操作方法：

（1）菜单栏："格式" / "单位"。

（2）命令："UNITS"。

（3）快捷键："UN"。

即可打开"图形单位"对话框，如图 6-23 所示。在对话框的左边"长度"栏中选择所需要的长度单位类型和精度，在右边"角度"栏中设置角度单位类型和精度。

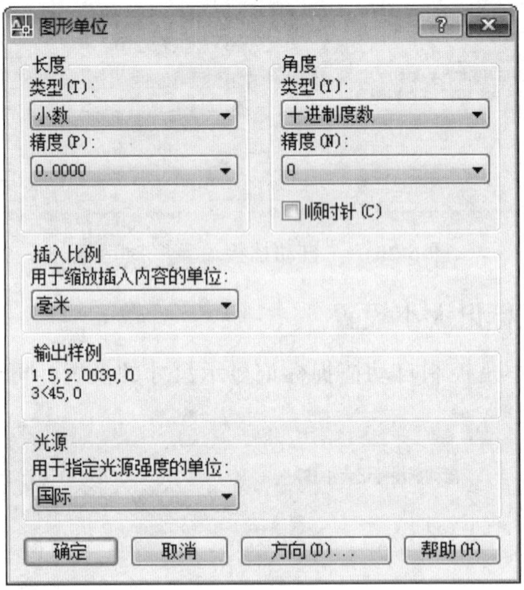

图 6-23 "图形单位"对话框

在"图形单位"对话框中：

"顺时针"选项用于设定角度的正方向，默认设置是逆时针为正，若需改变，则选中此项。

"方向"按钮用于设置基准角度的方向，系统默认为 0°（向东）方向为起点。

（二）设置图形界限

图形界限定义了一个虚拟的、不可见的绘图边界。它通过指定左下角点和右上角点来设置图形界限。

操作方法：

（1）菜单栏："格式" / "图形界限"。

（2）命令："LIMITS"。

"LIMITS"命令在命令窗口的执行过程如下：

命令：LIMITS↙

重新设置模型空间界限：

指定左下角点或[开（ON）/关（OFF）]<0.0000.0.0000>：↙（指定一点或输入选项，"< >"符号内的数值为默认值，直接按< Enter>键即使用默认值）

指定右上角点<420.0000，297.0000>：3000，2500↙（指定另一点）

各选项含义如下。

“ON”表示打开界限检查，当打开界限检查时，AutoCAD 将会拒绝输入图形界限外部的点。

“OFF”表示关闭界限检查，关闭后，对于超出界限的点依然可以画出。

三、状态栏设置

状态栏位于 AutoCAD 程序窗口的最下端，它的设置主要包括“捕捉”“栅格”“正交”“对象捕捉”“对象追踪”“线宽”“动态输入”和“模型”等参数的设置，但在实际工作中的设置只有“正交”“对象捕捉”“对象追踪”“线宽”“动态输入”等 5 项。这些设置主要解决绘图过程中的特定方向捕捉、特定点捕捉、快速追踪对齐、线宽等问题。如果设置不合理，会大大影响绘图效率。状态栏中所有的功能的打开和关闭都可以直接鼠标左键单击按钮来实现，按钮凸出表示关闭该功能，按钮凹进去表示打开该功能，也可以将鼠标放在相应的键上进行合理的设置，如图 6-24 所示。

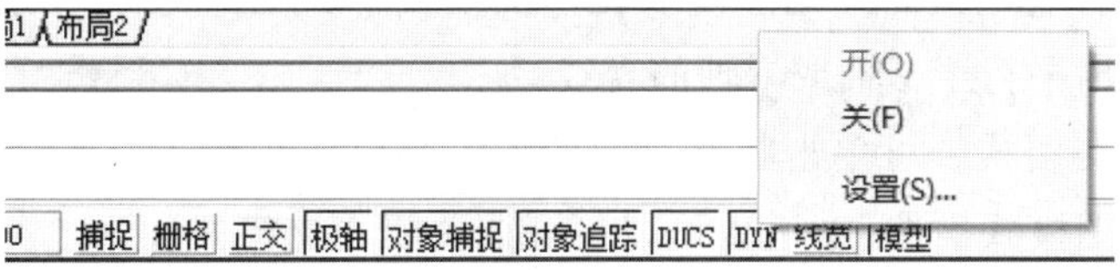

图 6-24　状态栏设置

（一）捕捉和栅格

栅格（快捷键为 F7）是在屏幕上显示的一片规则排列的点阵。在显示栅格的屏幕上绘图，就如同在坐标纸上绘图一样，有助于作图时参考定位。栅格只能在用“LIMITS”命令设置的有效绘图区域内显示。栅格只是辅助工具，不是图形的一部分，所以不会被打印输出。栅格用于设定光标移动的固定步长，从而使光标在绘图窗口中沿 x 轴或 y 轴方向以固定步长的整数倍移动。当捕捉和栅格功能打开时，移动光标时将呈跳跃式移动。当栅格捕捉的步长与栅格间距相等时，光标总是能够准确地落在栅格点上。捕捉和栅格的设置如图 6-25 所示。

在“捕捉和栅格”中，可以对“捕捉间距”“极轴间距”“捕捉类型”“栅格间距”等主要参数进行设置。

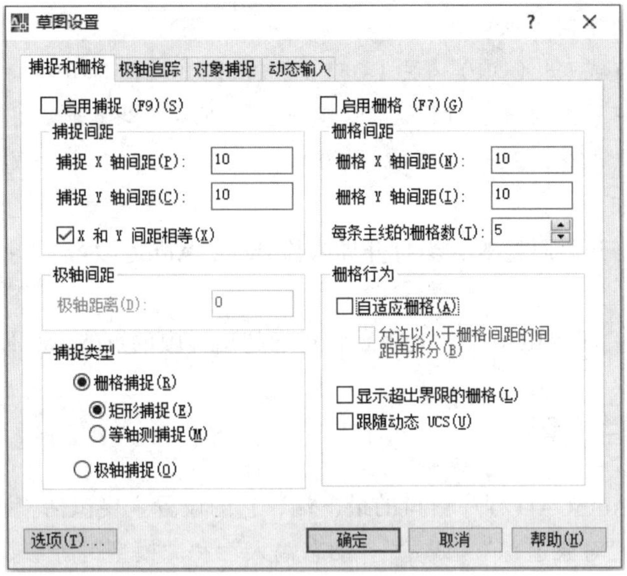

图 6-25　栅格与捕捉

（二）正交和极轴

1. 正　交

在实际绘图过程中，有时需要在相互垂直的方向上画线。这时，使用正交模式比较方便，它可以有效地提高绘图速度。在正交模式下，无论光标移动到什么位置，在屏幕上都只能绘出平行于 x 轴或 y 轴的直线。

要想打开正交模式，可单击状态栏中的“正交模式”按钮，若再次单击该按钮，则将关闭正交绘图模式。按 F8 键也可以打开或关闭正交模式。

启用正交模式后，当光标在线段的终点方向时，只需输入线段的长度即可精确绘图。

2. 极　轴

极轴（快捷键为 F10）可以在绘图时辅助控制捕捉各特定方向，以方便绘图过程中捕捉到各需要的方向。实际工作中一般在需要交叉绘制水平线、竖直线与斜线的情况下使用该功能。将鼠标放在“状态栏”“极轴”所在位置，再单击鼠标右键点击设置可以打开极轴设置对话框，如图 6-26 所示。

极轴追踪是指当系统提示用户指定点的位置时（如指定直线的另一个端点），用户可以拖动光标使光标接近预先设定的方向（极轴追踪方向），而系统会自动将“橡皮筋线”吸附到该方向，同时沿该方向显示出极轴追踪矢量，并浮现出一个小标签，说明当前光标位置相对于前一点的极坐标，如图 6-27 所示。

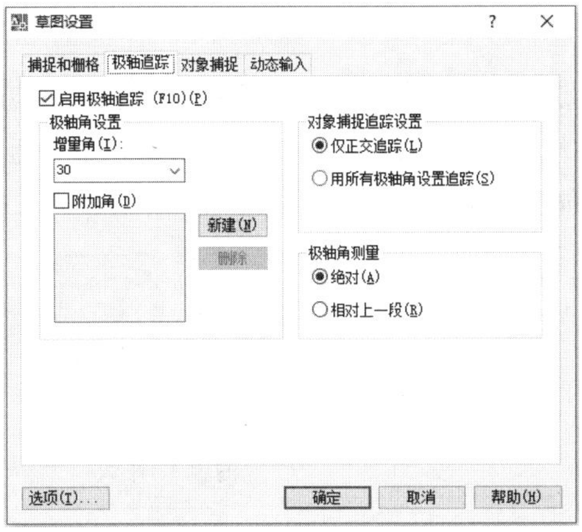

图 6-26　极轴追踪选项

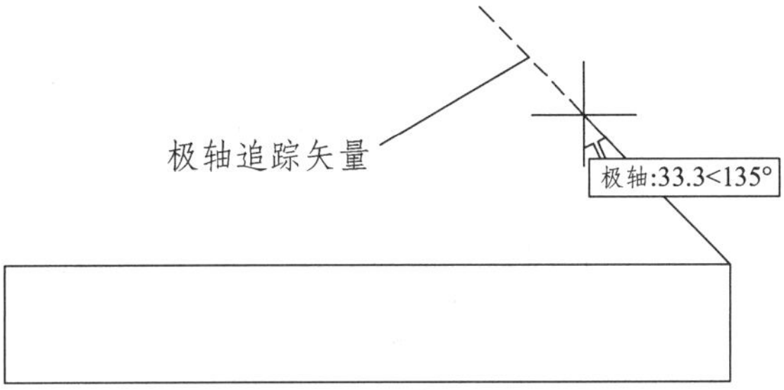

图 6-27　极轴追踪

(三) 对象捕捉与对象追踪

1. 对象捕捉

“对象捕捉”（快捷键为 F3）可以设置 13 种类型的点的设置，如图 6-28 所示。在绘图过程中如果不使用“对象捕捉”功能，就无法准确地捕捉到特定的位置的点，绘出来的图形就不够精确。

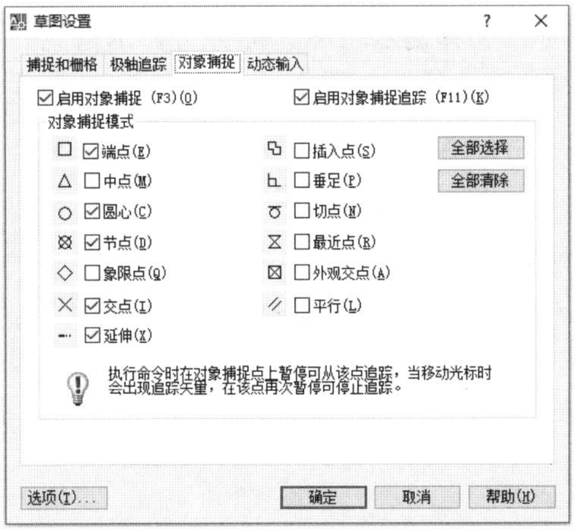

图 6-28　对象捕捉设置

2. **对象追踪**

“对象追踪”（快捷键为 F11）是控制是否从定点向设定的方向进行追踪，如图 6-29 所示。该功能能够节省大量的辅助线绘制和删除步骤，提高绘图速度，用户应注重培养多用“对象追踪”功能的习惯。

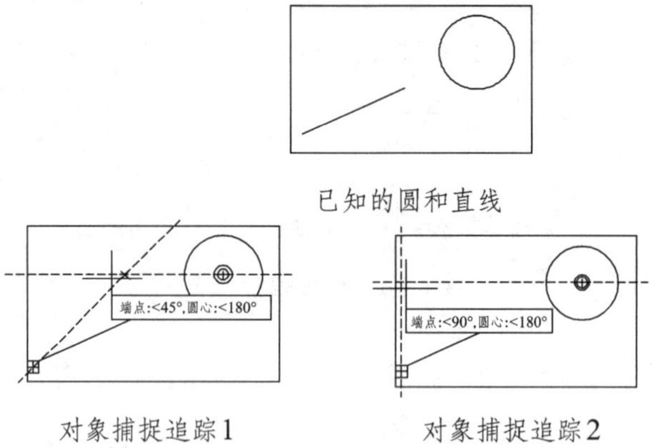

图 6-29　对象追踪示例

“正交模式”和“极轴追踪”不能同时被打开，打开“极轴追踪”将自动关闭“正交模式”。同样，“极轴捕捉”和“栅格捕捉”也不能同时被打开，打开“极轴捕捉”将自动关闭“栅格捕捉”。“极轴追踪”往往与“自动捕捉”配合使用。

（四）线宽显示

“线宽”是控制图形文件中线条宽度显示，打开该功能时会显示不同宽度的线条，关闭该功能时所有线条宽度显示一样的效果。

（五）动态输入

“动态输入”（快捷键为 F12）在光标附近提供了一个命令界面，以帮助用户专注于绘图区域。打开该功能时，工具提示将在光标旁边显示信息，该信息会随光标移动动态更新。当命令处于活动状态时，工具提示将为用户提供输入的位置，从而极大地方便了绘图。其中，包括“指针输入”“标注输入”“动态提示”三个方面的设置，如图 6-30 和图 6-31 所示。

在“草图设置”对话框的“动态输入”选项卡中选中“可能时启用标注输入”复选框时可以启用标注输入功能。单击“标注输入”选项组中的“设置”按钮，弹出“标注输入的设置”对话框，如图 6-32 所示，在该对话框中可以设置标注的可见性。

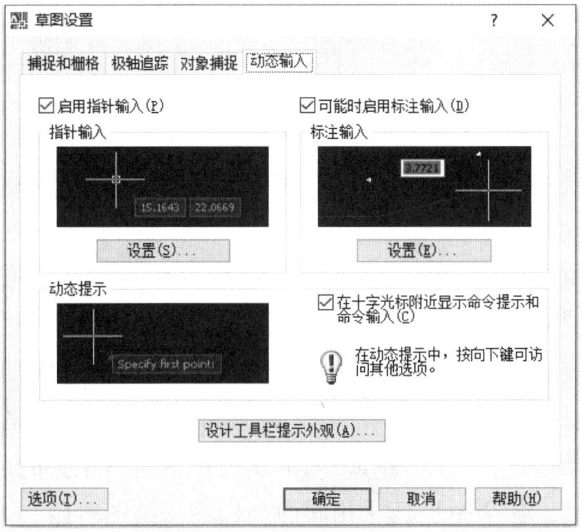

图 6-30　动态输入

图 6-31　指针输入

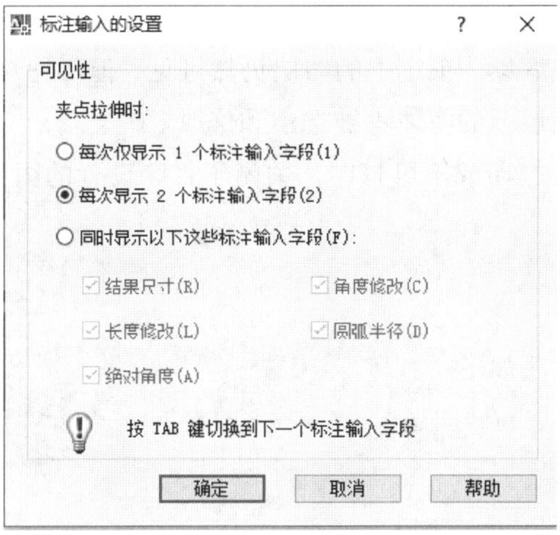

图 6-32　标注输入

四、图　层

图层

图层可以理解为一种没有厚度的透明胶片。在绘制复杂图形时，通常把不同的内容分开布置在不同的图层上，而完整的图形则是各图层的叠加。

AutoCAD 2008 对图层的数量没有限制，原则上在一幅图中可以创建任意多个层，对每个层上所能容纳的图形实体个数也没有限制，用户可以在一个层上绘制任意多对象。各层的图形既彼此独立，又相互联系。用户既可以对整幅图形进行整体处理，又可以对某一层上的图形进行单独操作。每一图层可以有自己不同的线型、颜色和状态，对某一类对象进行操作时，可以关闭、冻结或锁住一些不相关的内容，从而使图面清晰、操作方便。同时，各个图层具有相同的坐标系、绘图界限和缩放比例，各图层间是严格对齐的。

每一图层都有一个层名。0 层是 AutoCAD 2008 自己定义的，系统启动后自动进入的就是 0 层。其余的图层要由用户根据需要自己创建，层名也是用户自己给定。用户不能修改 0 层的层名，也不能删除该层，但可以重新设置它的其他属性。图层的默认颜色为白色，默认线型为实线。

正在使用的图层称为当前层，用户只能在当前层上绘图。用户可以将已建立的任意层设置为当前层，但当前层只能有一个。

图层可以根据需要被设置为打开或关闭。只有打开的图层才能被显示和输出。关闭的图层虽然仍是图形的一部分，但不能显示和输出。

图层可以被冻结或解冻。冻结了的图层除了不能被显示、编辑和输出外，也不能参加重新生成运算。在复杂图形中冻结不需要的层，可以大大加快系统重新生成图形的速度。

图层可以被锁定或解锁。锁定了的图层仍然可见，但不能对其上的实体进行编辑。给图层加锁可以保证该层上的实体不被选中和修改。

图层可以设置成可打印或不可打印。关闭了打印设置的图层即使是可见的，也不能打印输出。

（一）操作方法

图层设置的操作方法如下：

（1）菜单栏：“格式”/“图层”。

（2）工具栏：。

（3）命令：“LAYER”。

命令执行后，系统将弹出“图层特性管理器”对话框，如图 6-33 所示。

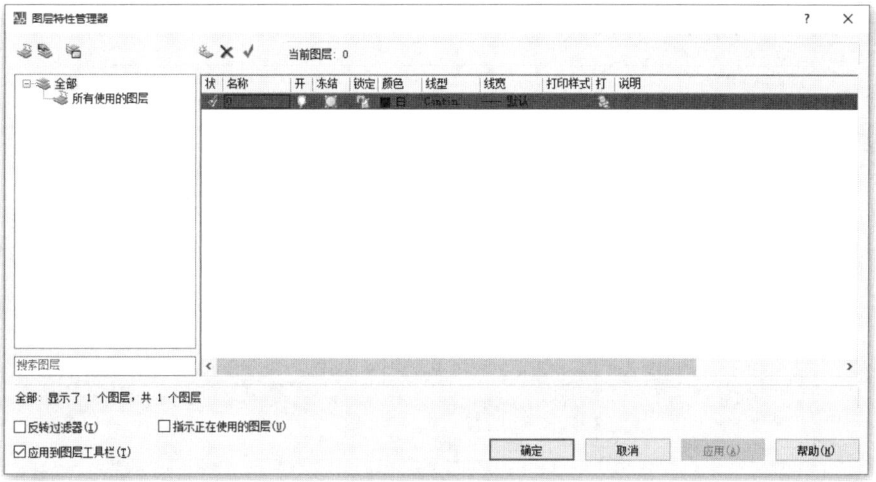

图 6-33 “图层特性管理器”对话框

（二）新建图层

单击“新建”按钮，列表中出现一个名为“图层 1”的新图层。该图层的名称被高亮显示，以便用户能够立即为该图层输入一个新的名称。当输入名称后，按“Enter”键或在对话框中间空白处单击即可。

（三）设置图层特性

图层也可以设置“颜色”“线型”“线宽”“打印”等特性。实际工作中，放进各图层的对象的特性一般都设置为“随层（Bylayer）”，因此用户只需要更改对象所在图层的特性即可对该图层内的所有对象进行批量的管理和操作，十分便捷。

1. 设置名称

如果要重新定义现有图层的名称，单击要改名的图层名称，然后再单击一次，即可重新输入图层名称。也可以单击“显示细节"按钮，然后选择要修改的图层，在“详细信息”一栏中修改名称，如图 6-34 所示。

2. 设置颜色

要修改图层的默认颜色设置，将光标移动到该图层同一排设置中的颜色框上，单击鼠标打开“选择颜色”对话框，如图 6-35 所示。单击想要设置的颜色，然后单击“确定”按钮，返回“图层特性管理器”对话框。

3. 设置线型

设置线型与设置颜色的方法类似，不同的是在第一次设置线型前，必须先加载所需的线型。要改变默认的线型设置，将光标移动到该图层同一排设置中的线型上，单击鼠标左键打开“选择线型”对话框，如图 6-36 所示。单击“加载”按钮，弹出“加载或重载线型”对话框，如图 6-37 所示。

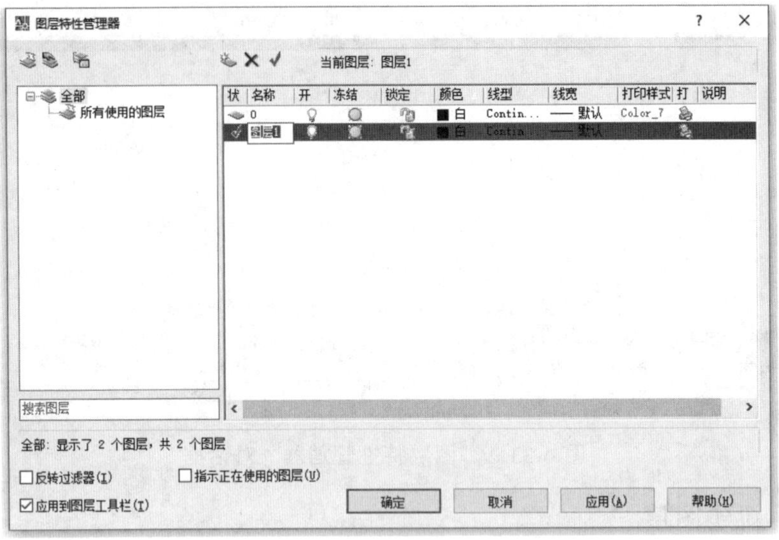

图 6-34 “名称”一栏

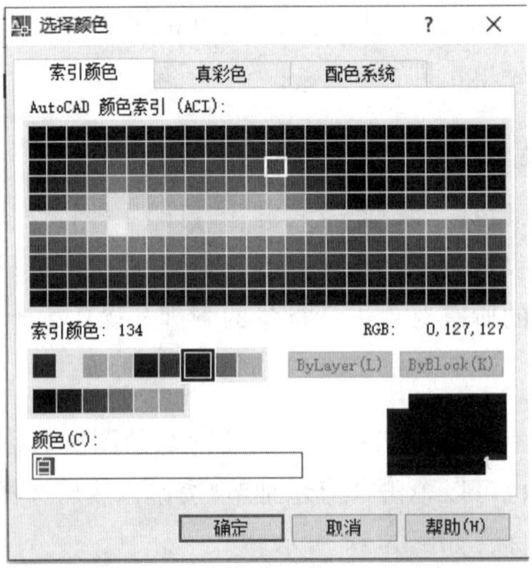

图 6-35 “选择颜色”对话框

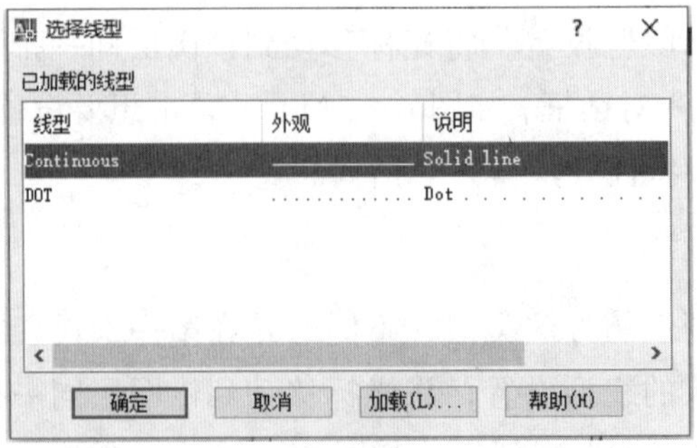

图 6-36 “选择线性”对话框

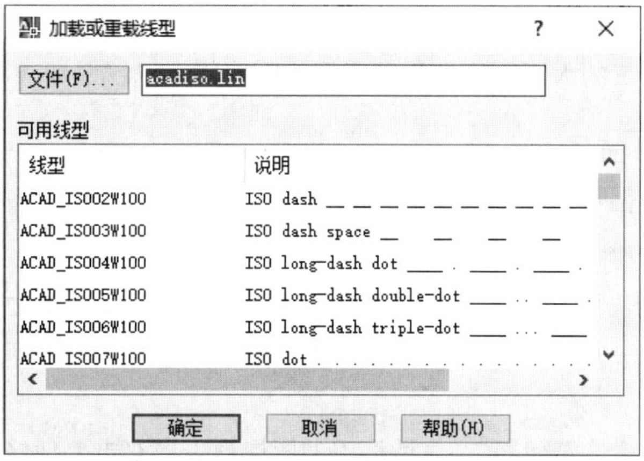

图 6-37 “加载或重载线性”对话框

选择一个或多个需要的线型，单击“确定”回到“选择线型”对话框，现在就可以为图层定义线型了。

4. 设置线宽

线宽是为打印输出做准备的，此宽度表示在输出对象时绘图仪的笔的宽度。在“图层特性管理器”对话框中单击该图层同一排设置的线宽，屏幕上出现“线宽”对话框，如图 6-38 所示。从列表中选择一种线宽值，然后单击“确定”按钮，返回“图层特性管理器”对话框。

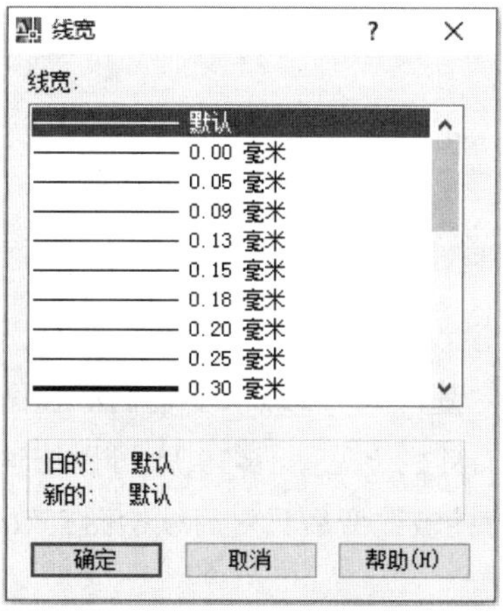

图 6-38 “线宽”对话框

状态栏上的“线宽”按钮用于选择显示或隐藏线宽。

5. 设置图层状态

创建了图层以后，就可对它及其上的对象状态进行修改。通过“图层”工具栏中的下拉列表可以改变一些图层的状态，其他设置必须在“图层特性管理器”对话框中进行修改。单击指定图层的状态图标，就可以切换图层的状态。例如，要冻结一个图层，单击该图层列表的太阳图标，将其切换为雪花图标，该层即被冻结。

（四）设置当前层

在绘图的过程中，用户经常要改变当前层，以选择将要进行作业的图层。切换当前层可执行下列操作之一。

（1）在“图层特性管理器”对话框中的图层列表中选择要使之成为当前层的图层（单击该图层名称），单击“当前”按钮，然后单击“确定”退出即可把所选图层设置为当前层。

（2）在“图层特性管理器” 对话框中的图层列表中双击要使之成为当前层的图层名称，然后单击“确定”退出也可把所选图层设置为当前层。

（3）从“图层”工具栏的下拉列表中单击要设置为当前层的图层名称。

（4）通过“图层”工具栏上的按钮改变当前层。

（五）删除图层

对于没有图形对象的空层，为了节省存储图形占用的空间，可以将它们删除。在“图层特性管理器”对话框中选择一个或多个要删除的图层，单击“删除”按钮，然后单击“确定”即可删除所选图层。

有些图层是始终都不允许删除的，这些图层包括 0 层、当前层、定义点的图层、包含图形对象的图层和外部引用的图层等。

五、对象特性的设置

（一）利用“对象特性”工具栏设置对象特性

利用“对象特性”工具栏设置对象特性颜色、线型、线宽和打印样式是图形对象的四个重要特性，默认时为“随层”，即继承了它们所在图层的颜色、线型、线宽和打印样式。利用“对象特性”工具栏（见图 6-39），可以快速查看和改变对象的颜色、线型、线宽和打印样式。对象特性被改变后只对后续绘图有效，对已有的图形没有影响。

图 6-39 “对象特征”工具栏

（二）设置线型比例

线型定义一般是由一连串的点、短划线和空格组成的。线型比例因子直接影响着每个绘图单位中线型重复的次数。线型比例因子越小，短划线和空格的长度就越短，于是在每个绘图单位中重复的次数就越多。

线型比例分为全局线型比例和对象线型比例两种。全局比例因子将影响所有已经绘制和将要绘制的图形对象。对于每个图形对象，除了受全局线型比例因子的影响外，还受到当前对象的缩放比例因子的影响，对象最终所用的线型比例因子等于全局线型比例因子与当前对象缩放比例因子的乘积。

设置线型比例的操作方法如下：

（1）“菜单”/“格式”/“线型”。

（2）命令：“LTSCALE”。

执行以上操作，打开“线型管理器”对话框，单击“显示细节”按钮，在“详细信息”栏中即可设置线型比例，如图 6-40 所示。

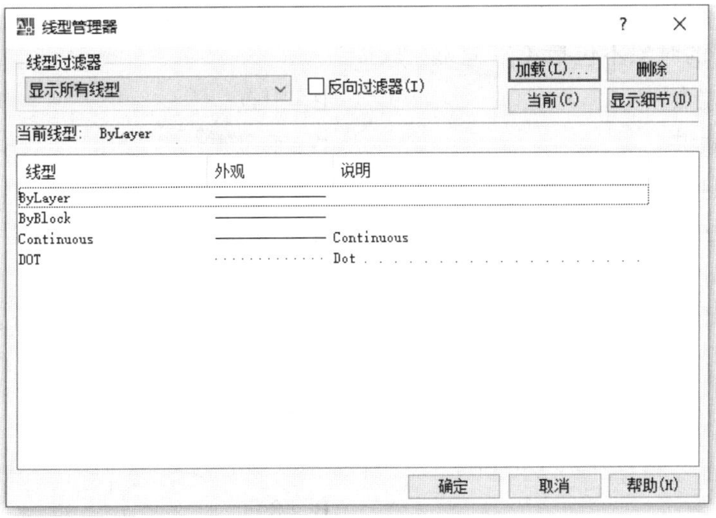

图 6-40　设置线型比例

六、技能训练

（一）实训任务

按要求在 AutoCAD 2008 中进行表 6-1 中所示的图层的设置。

表 6-1　图层参数

序号	名称	颜色	线型	线宽
1	粗实线	黑色	Continues	0.7
2	中粗实线	黑色	Continues	0.5
3	细线	黑色	Continues	0.18
4	虚线	蓝色	Hidden	0.18
5	点画线	红色	Center	0.18

（二）实训要求

（1）正确建立图层。

（2）按要求选择对应的颜色、线型和线宽参数。

能力训练

1. 单项选择题

（1）（　　）是 AutoCAD 中的辅助绘图工具。

A. 正交　　B. 对象追踪

C. 捕捉　　D. 以上都是

（2）捕捉的对象不包括（　　）。

A. 端点　　B. 中点

C. 原点　　D. 垂足点

（3）对象捕捉的快捷键是（　　）。

A. F1　　B. F10

C. F9　　D. F3

（4）要打开或关闭动态输入，可单击状态栏上的动态输入按钮或按快捷键（　　）。

A. F1　　B. F2

C. F12　　D. F10

（5）（　　）是打开正交的命令。

A. F7　　B. F8

C. F12　　D. F10

（6）打开对象捕捉追踪的快捷键是（　　）。

A. F1　　B. F11

C. F9　　D. F7

（7）在图层管理器中，影响图层显示的操作有（　　）。

A. 锁定图层　　B. 新建图层

C. 删除图层　　D. 冻结图层

（8）下列不属于图层设置的范围有（　　）。

A. 颜色　　B. 线宽

C. 过滤器　　D. 线型

（9）下列选项中，不属于图层状态控制的有（　　）。

A. 冻结/解冻　　B. 修改

C. 开/关　　D. 解锁/锁定

（10）AutoCAD 中不能删除的图层是（　　）。

A. 0 层　　　　　　　　　　　　B. 当前图层

C. 含有对象的图层　　　　　　　D. 以上都是

（11）图层 0 是系统默认的图层，用户可以对该图层执行的操作是（　　）。

A. 改名　　　　　　　　　　　　B. 删除

C. 置为当前图层　　　　　　　　D. 不能做任何操作

2. 判断题

（1）在 AutoCAD 中当正交命令打开时，只能画水平和垂直线，不能画斜线。（　）

（2）在对象捕捉追踪时，必须激活对象捕捉。（　）

（3）在 AutoCAD 中，极轴追踪可以辅助绘制带有倾斜角度的线。（　）

（4）正交和极轴可以同时打开使用。（　）

（5）AutoCAD 中当前图层不能被关闭。（　）

（6）AutoCAD 中不能被删除的图层只有 0 图层。（　）

（7）锁定状态的图层上的图形可见但不能被编辑。（　）

（8）图层被锁定后，其上的实体既不能被编辑，又不可见。（　）

任务三　常规基础操作

本任务主要介绍 AutoCAD 2008 的图形显示控制、鼠标功能及操作、图形对象选择、坐标系及坐标输入等几个方面的内容。

一、图形显示控制

（一）缩放视图

在 AutoCAD 中，可以将识图的屏幕显示放大或缩小，而图形的真实尺寸保持不变。通常，在绘制图形的局部细节时，需要使用缩放工具放大该绘图区域，当绘制完成后，在使用缩放工具缩小图形来观察整体效果。

1. **操作方法**

（1）“菜单栏” / “视图” / “缩放”。

（2）工具栏：。

（3）命令：“ZOOM”。

（4）鼠标滚轮键

（5）快捷键：“Z”。

执行以上操作，均可以进行缩放操作。

2. **操作步骤**

命令：ZOOM↙（或 z↙，符号"↙"在本书中代表按 Enter 键）

指定窗口角点，输入比例因子（*n*X 或 *n*XP），或[全部（A）/中心点（c）/动态（D）/范围（E）/上一个（P）/比例（s）/窗口（w）]<实时>：

各选项含义如下：

（1）若直接在屏幕上点取窗口的两个对角点，则点取的窗口内的图形将被放大到全屏幕显示。

（2）若直接输入一数值，系统将以此数值为比例因子，按图形实际尺寸大小进行缩放；若在数值后加上"X"，系统将根据当前视图进行缩放；若在数值后加上"XP"，系统将根据当前的图纸空间进行缩放。

（3）若直接按"Enter"键，系统将进入实时缩放状态。按住鼠标左键向上移动光标，图形随之放大；向下移动光标，图形随之缩小。按"Enter"键或"Esc"键，将退出实时缩放。

直接单击工具栏上的按钮，具有同样的功能。

（4）其他选项含义如下：

>A——表示在当前视窗缩放显示整个图形。

>C——表示缩放显示由中心点和缩放比例（或高度）所定义的窗口。高度值较小时放大图形，较大时缩小图形。

>D——表示动态调整视图框的大小和位置，将其中的图形平移或缩放，以充满当前视窗。

>E——表示将整个图形尽可能地放大到全屏幕显示。

>P——表示恢复显示前一个视图。AutoCAD 2008 中文版最多可以恢复此前的 10 个视图。直接单击工具栏上的按钮，也可以完成同样的功能。

>S——表示以指定的比例因子缩放显示。

>W——表示用窗口缩放显示，将由两个对角点定义的矩形窗口内的图形放大到全屏幕显示。

（二）平移视图

平移是指在不改变屏幕中对象真实坐标的条件下，移动屏幕窗口，从而使图样中的特定部分位于屏幕中间，便于观察。这比使用屏幕滚动条更加方便。

1. **操作方法**

（1）"菜单栏"/"视图"/"平移"。

（2）工具栏：。

（3）命令："PAN"。

（4）鼠标滚轮键。

2. **操作步骤**

命令：PAN↙

执行命令后，光标变成手形，按住鼠标左键移动光标，图形随之移动。

（三）重　画

重画命令用于刷新屏幕显示，以消除屏幕上由于编辑而产生的杂乱信息。

1. **操作方法**

（1）“菜单栏”/“视图”/“重画”。

（2）命令：“REDRAW”。

（3）快捷键：“R”。

2. **操作步骤**

重画命令在命令窗口的执行如下：

命令：REDRAWALL↙

重画只刷新屏幕显示，这与数据的重生成不同。

（四）重生成

重生成命令也可以刷新屏幕，但它所用的时间要比重画命令长。这是因为重生成命令除了刷新屏幕外，还要对数据库进行操作，使图形显示更加精确。通常情况下，如果用重画命令刷新屏幕后仍不能正确地反映图形时，应该调用重生成命令。

1. **操作方法**

（1）“菜单栏”/“视图”/“重生成”。

（2）命令：“REGEN”。

（3）快捷键：“RE”。

2. **操作步骤**

重生成命令在命令窗口的执行如下：

命令：REGEN↙

二、鼠标功能及操作

鼠标可以对当前屏幕上的光标进行定位，并通过左右按键和滚轮装置对光标所经过的位置处的屏幕元素进行操作。

（一）鼠标左键

鼠标左键主要用来选取图形、绘制图形、点击功能按钮等操作。

（二）鼠标右键

鼠标右键主要有三个用途：

（1）在不同区域右击鼠标，会弹出不同的快捷菜单。

（2）执行编辑命令操作时，单击右键相当于“Enter”键。

（3）按下“Shift”+鼠标右键，则打开“对象捕捉”快捷菜单。

（三）鼠标滚轮

鼠标滚轮主要有两个方面的用途：

（1）滚动鼠标滚轮可以放大缩小图形。

（2）按下鼠标滚轮可以平移图形对象。

三、选择对象

选择与删除对象

在 AutoCAD 2008 中，要对图形对象进行编辑时，需要选中对象，最常用的方法有以下几种。

（一）点　选

点选是用鼠标左键直接点击对象。若点击后的对象呈高亮度显示，则表示该对象已经被选中。如图 6-41 所示，被选中的对象高亮显示并呈虚线。

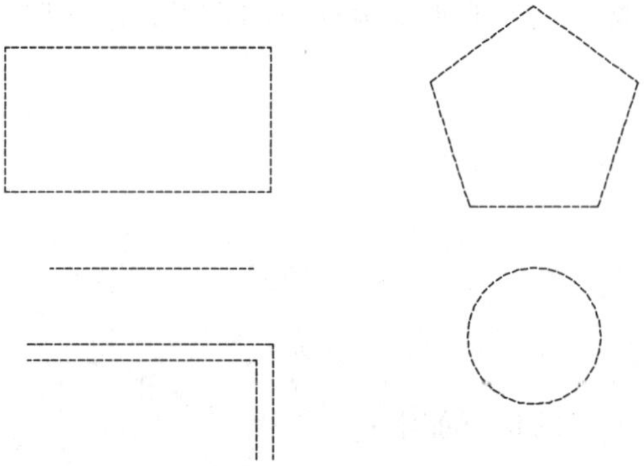

图 6-41　点选

（二）框　选

在绘图区域通过指定两个对角点以确定一个用以选择对象的矩形框。如果矩形框是从屏幕左侧往右侧拉出来的，则显示为实线框，窗口颜色为紫色，该选择方式就是框选。框选只有全部被包含在该选择框线以内的对象被选中，窗口框线以外的对象以及与窗口框线相交的对象不能被选中。如图 6-42 所示。

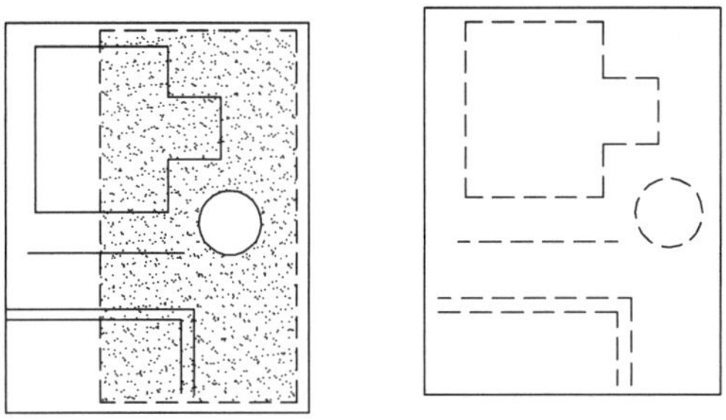

图 6-42　框选

（三）交叉选择

在绘图区域通过指定两个对角点以确定一个用以选择对象的矩形框。如果矩形框是从屏幕右侧往左侧拉出来的，则显示为虚框，窗口颜色为绿色，该选择方式就是交叉选择。交叉选择对包含在该选择框线以内的对象以及与窗口框线相交的对象能被选中，窗口框线以外的对象不能被选中，如图 6-43 所示。

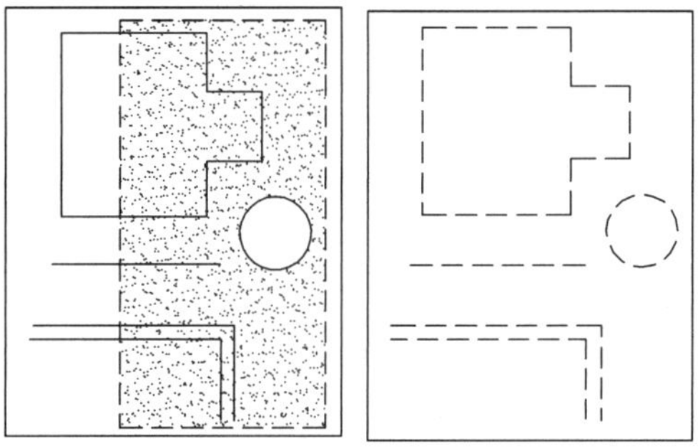

图 6-43　交叉选择

（四）栏　选

在出现“选择对象：”提示下输入“f”，在绘图区内指定一条栅栏线，栅栏线可以由多条直线组成，折线可以不闭合，凡与栅栏线相交的对象被选中，如图 6-44 所示。

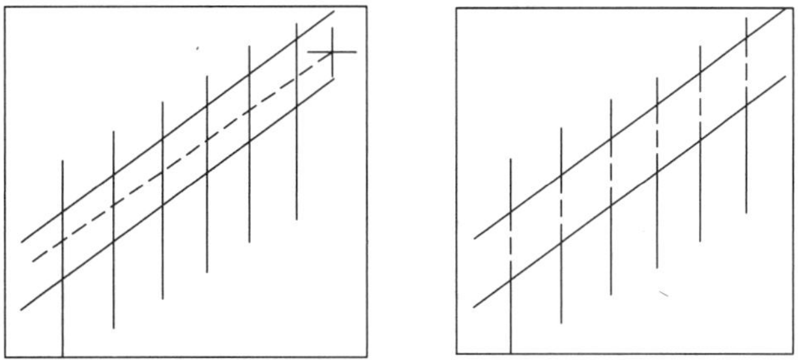

图 6-44　栏选

（五）全　选

当用户执行编辑命令后，在出现“选择对象：”提示下直接输入命令“all”（或按

"Ctrl" + "A" 组合键），可以把屏幕内的全部对象选中，包括图层中关闭的对象都可以选中。这点区别于前面的几种选择方法，点选、窗选、交叉选都不能选中隐藏的对象。

四、删除对象

删除是绘图工作中最常用的操作之一。删除对象的命令执行方法有以下 3 种。

（1）执行下拉菜单命令："修改" / "删除"。

（2）单击工具按钮："删除"。

（3）命令行："ERASA"。

（4）快捷键："E"。

（5）用户选择对象后，按键盘上的 "Delete" 键，也可实现删除对象的效果。

删除命令的操作分为两步：执行命令、选择对象。执行步骤的顺序不同，操作过程也有所区别。

（1）先执行命令后选择对象的方式。用户选择对象后，被选对象并不立即删除。只有当按空格键或 "Enter" 键结束命令后，被选对象才被删除。

（2）先选择对象后执行命令方式。本方式一旦执行命令，删除命令就立即执行，而不会出现任何提示。

五、放弃和重做

在绘图操作中，错误或不慎的操作是不可避免的。例如，在执行上一节的删除操作时，错误地删除了不该删除的对象，那么还有机会恢复操作之前的状态吗？答案是肯定的。

（一）"U" 和 "Undo" 命令

AutoCAD 提供了取消已执行的命令："U" 命令和 "Undo" 命令，这些命令可以采用下面的方法执行。

（1）执行下拉菜单命令："编辑" / "放弃"。

（2）单击工具按钮：。

（3）命令行："U" 和 "Undo"。

（4）快捷键："Ctrl" + "Z"。

从命令行直接输入 "U" 和 "Undo"，其执行效果是不同的。"U" 命令的功能是一次只能取消最后一次所进行的操作。"Undo" 命令可以一次取消已进行的一个或多个操作。

（二）"Redo"

"Redo" 命令是 "Undo" 命令的反操作，它起到恢复 "U" 命令取消的操作，可采用下面的方法执行。

（1）执行下拉菜单命令：“编辑”/“重做”。

（2）单击工具按钮：。

（3）命令行：“REDO”。

（4）快捷键命令：“Ctrl”+“Y”。

在放弃和重做的时候，建议大家记住“Ctrl”+“Z”组合键或“Ctrl”+“Y”组合键，这两个组合键在 Windows 系统下的其他的软件也是通用的。

六、坐标系使用

与其他图形设计软件相比，AutoCAD 最大的特点在于它提供了精确绘制图形的功能，用户可以按照非常高的精度标准，准确地设计并绘制图形。其独特的坐标系统是准确绘图的重要基础。

（一）世界坐标系

世界坐标系（World Coordinate System，WCS）又叫通用坐标系。WCS 是一种笛卡尔坐标系，其原点位于绘图窗口的左下角，x 轴正方向为水平向右，y 轴正方向为垂直向上，z 轴正方向为垂直于屏幕向外。

（二）用户坐标系

有时为了绘图的方便，要修改坐标系的原点位置和 x、y 轴的方向，这种适合于用户需要的坐标系叫用户坐标系（User Coordinate System，UCS）。

要设置 UCS，可选择“工具”菜单下的“命名 UCS”“正交 UCS”“移动 UCS”和“新建 UCS”命令选项，或者在命令行执行 UCS 命令。

（三）坐　标

在 AutoCAD 2008 中，坐标的表示方法有两种：直角坐标（即笛卡尔坐标）和极坐标。

直角坐标有 x、y、z 三个坐标值（一般平面制图只用到 x、y 坐标的值），分别表示与坐标原点或前一点的相对距离和方向。极坐标用距离和角度表示，表示一点相对于原点或其前一点的距离和角度。其中，相对于原点的坐标值称为绝对坐标值，相对于前一个输入点的坐标值称为相对坐标值。所以，在 AutoCAD 2008 中，点的坐标形式有绝对直角坐标、绝对极坐标、相对直角坐标和相对极坐标四种。

（四）点的输入方法

在 AutoCAD 2008 中，点的输入方式有两种：通过键盘输入点的坐标和在绘图窗口中用光标定点。

1. 直接键入点的坐标

（1）绝对直角坐标。

指定点的 *x*、*y* 坐标确定点的位置，输入格式为“*x*，*y*”。如图 6-45 中的 *A* 点，在执行命令过程中需要输入该点坐标时，直接从键盘在命令窗口键入：60，55↙

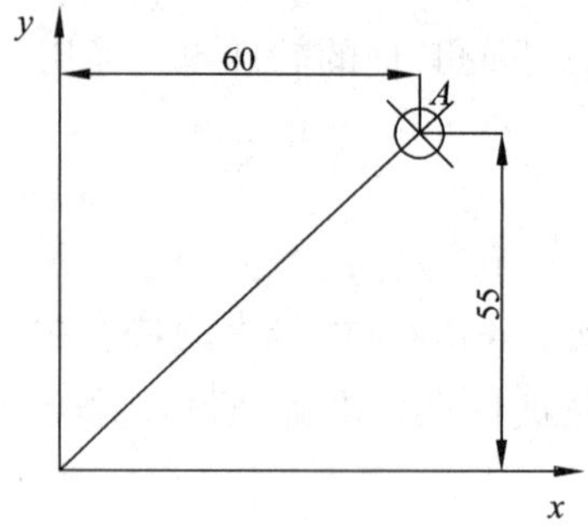

图 6-45　绝对直角坐标

注意：坐标输入时的逗号必须用西文逗号。

（2）绝对极坐标。

指定相对于坐标原点的距离和角度，输入格式为“距离<角度”。其中，角度是从指定点到坐标原点的连线与 *x* 轴正方向间的夹角。如图 6-46 中的 *A* 点，在执行命令过程中需要输入该点坐标时，直接从键盘在命令窗口键入：80 < 40↙。

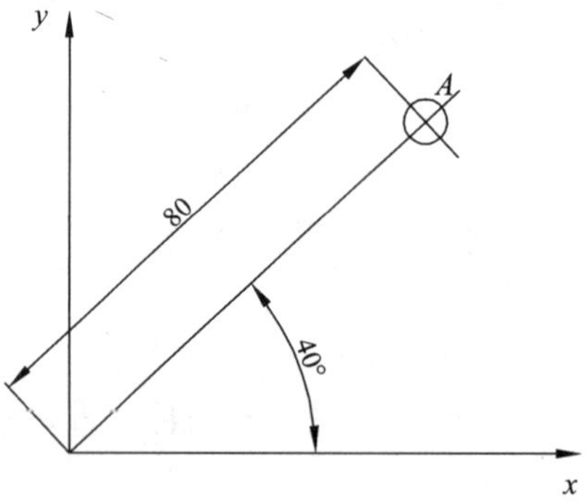

图 6-46　绝对极坐标

（3）相对直角坐标。

指定相对于上一输入点的 *x* 和 *y* 方向的距离（有正负之分）确定点的位置，输入格式为“@*x*，*y*”。如图 6-47 所示，假设画线段 *AB* 时，*A* 点作为第一点，当需要输入 *B* 点时，直接在命令窗口键入：@30，−80↙。

提示：此时用户可假设将坐标系原点移至 *A* 点来定义 *B* 点坐标。

（4）相对极坐标。

指定相对于前一输入点的距离和角度，输入格式为“@距离<角度”。其中，角度

是从指定点到前一输入点的连线与 x 轴正方向间的夹角。如图 6-47 中，假设画线段 BC 时，以 B 点作为第一输入点，C 点相对于 B 点的相对极坐标在命令窗口的输入形式为：@100<45↙。

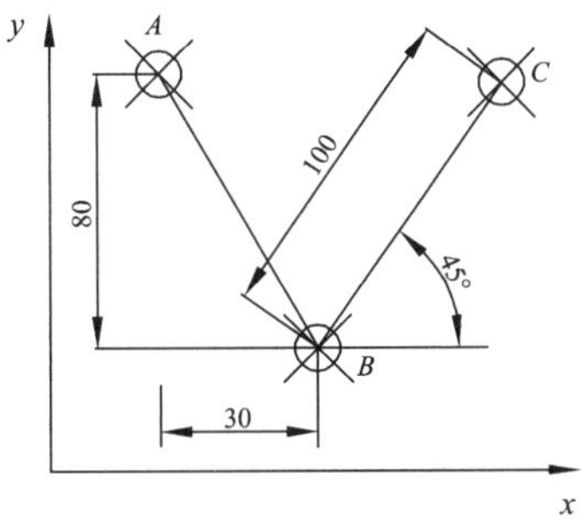

图 6-47　相对极坐标

2. 用光标定点

通过移动鼠标控制光标，当光标到达指定的位置后，单击鼠标左键即可。但是仅仅使用光标定位往往不够精确，可借助绘图辅助工具帮助定位，从而保证绘图精度。关于绘图辅助工具的使用将在后续任务介绍。

能力训练

1. 单项选择题

（1）（　　）操作可以快速选择对象。

A. 鼠标点击　　B. 自左向右框选

C. 自右向左框选　　D. 以上都是

（2）（　　）操作可以快速删除对象。

A. 修改工具中删除选项　　B. ERASE 命令

C. 选择对象后按 Delete　　D. 以上都是

（3）（　　）操作不能进行视图的缩放。

A. 对象上点击鼠标左键　　B. 按住鼠标中键向上滚动

C. 按住鼠标中键向下滚动　　D. ZOOM 命令

（4）下列 ZOOM 命令参数设置中，（　　）可进行视图放大。

A. 0.5　　B. 1.1

C. 1　　D. 都不是

（5）视图平移的命令是（　　）。

A. MOVE　　B. PAN

C. ZOOM　　D. LINE

(6)(　　)操作不能进行平移。

A. Pan 命令　　B. 鼠标右键选中平移

C. 菜单栏选中平移　　D. 按住鼠标滚轮拖动

2. 判断题

(1)在 AutoCAD 中，可采用鼠标中键滚轮进行视图的缩放和平移。(　　)

(2)在 AutoCAD 系统中，“ZOOM”命令可以改变图形的实际大小。(　　)

(3)在用 ZOOM 命令时输入“2X”，结果相对于当前视图的比例放大 2 倍。(　　)

(4)缩放命令“Zoom”和缩放命令“Scale”都可以调整对象的大小，可以互换使用。(　　)

项目七

二维绘图命令

知识目标

- 1. 掌握点、直线、射线和构造线的绘制方法。
- 2. 掌握矩形和多边形的绘制方法。
- 3. 掌握圆、圆弧和椭圆的绘制方法。
- 4. 掌握多线及多段线的绘制方法。
- 5. 理解图案填充与编辑的含义。
- 6. 了解云线、样条曲线等的使用。
- 7. 掌握绘图命令（“BLOCK”“INSERT”“WBLOCK”等）。

技能目标

- 1. 能够熟练使用绘图菜单栏下面常用命令。
- 2. 能够运用二维绘图命令绘制复杂图形。
- 3. 能够综合利用各种命令绘制简单的道路工程图，并养成良好的绘图习惯。

课程导入

二维绘图命令是 AutoCAD 2008 绘图的基础，二维图形比较简单，在中文版 AutoCAD 2008 中不仅可以绘制点、直线、圆、圆弧、多边形、圆环等二维图形，还可以绘制多线、多段线和样条曲线等高级图形对象。在未来的绘图工作中，不管多么复杂的图形都是由基本的图形元素组成的，只有熟练地掌握这些二维图形的绘制方法和技巧，才能更好地绘制出复杂的工程图。

任务一 直线类对象的绘制

本任务主要介绍直线类对象，包括直线、射线、构造线、多线四种类型。

一、绘制直线

直线是各种位图中最常用、最简单的一类图形对象，只要指定了起点和终点即可绘制一条直线。

（一）操作方法

直线类对象的绘制

（1）“菜单” / “绘图” / “直线”。

（2）工具栏：。

（3）命令：“LINE”。

（4）快捷键：“L”。

（二）操作步骤

单击“直线”按钮，命令行显示：line 指定第一点。

单击鼠标或从键盘输入起点的坐标，以指定起点。命令行显示输入下一点或[放弃（U）]。

移动鼠标并单击，即可指定下一点，同时画出了一条线段。

移动鼠标并单击，即可连续画出直线。

单击鼠标右键弹出快捷菜单，选择“确认”或者按“Enter”键结束画直线操作。

（三）应用举例

利用直线命令，完成如图 7-1 所示三角形的绘制。

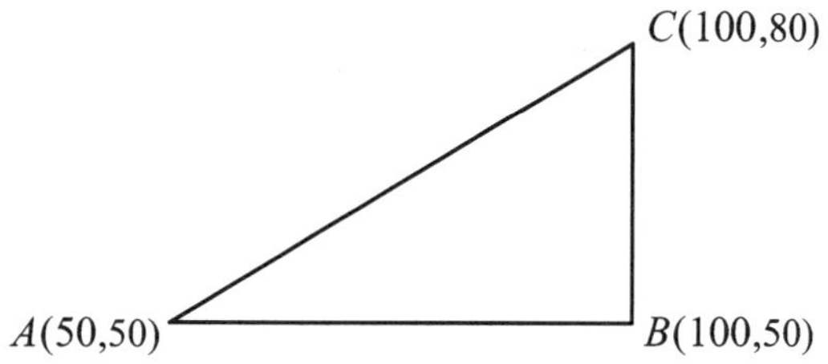

图 7-1 直线的绘制

采用“动态输入”的命令流如下命令窗口的键盘操作如下：

命令：L↙

指定第一点：50，50↙
指定下一点或[放弃（U）]：100，50↙
指定下一点或[放弃（U）]：100，80↙
指定下一点或[闭合（C）或放弃（U）]：C↙

二、绘制射线

在工程图的绘制过程中，利用参照先能够方便地实现基本图形的定位，射线命令的作用是绘制图形定位的参照线。用来创建只有共同起点、不同过点，没有终点的绘图参照线。

（一）操作方法

（1）“菜单”/“绘图”/“射线”。
（2）命令：“RAY”。

（二）操作步骤

单击“绘图”/“射线”。
单击鼠标或从键盘输入起点的坐标，以指定起点。
移动鼠标并单击，或输入点的坐标，即可指定通过点，同时画出一条射线。
连续移动鼠标并单击，即可画出多条射线。
按“Enter”键结束画射线操作。

三、绘制构造线

构造线是指在两个方向上无限延长的直线。构造线主要用作绘图时的辅助线。当绘制多视图时，为了保持投影联系，可先画出若干条构造线，再以构造线为基准画图。

（一）操作方法

（1）“菜单”/“绘图”/“构造线”。
（2）工具栏：。
（3）命令：“XLINE”。
（4）快捷键：“XL”。

（二）操作步骤

命令：XL↙
指定点或[水平（H）/垂直（V）/角度（A）/二等分（B）/偏移（O）]：汇交通

过点的坐标

通过点：（绘图参照线通过点坐标）

……

通过点：（绘图参照线通过点坐标）

通过点：

操作选项说明：

水平（H）：创建一条通过选定点的水平参照线。

垂直（V）：创建一条通过选定点的垂直参照线。

角度（A）：以指定的角度创建一条参照线。

二等分（B）：创建一条参照线，它经过选定的角顶点，并且将选定的两条线之间的夹角平分。

偏移（O）：创建平行于另一个对象的参照线。

（三）应用举例

利用构造线命令，完成如图 7-2 所示参照线的绘制。

命令窗口的键盘操作如下：

命令：XL ↙

指定点或[水平（H）/垂直（V）/角度（A）/二等分（B）/偏移（O）]：100，100↙

指定通过点：用鼠标在水平方向拾取任意一点并单击；

指定通过点：用鼠标在垂直方向拾取任意一点并单击；然后按↙确认。

命令：XL ↙

指定点或[水平（H）/垂直（V）/角度（A）/二等分（B）/便宜（O）]：A↙

输入构造线的角度（O）或者[参照（R）]：30↙

指定通过点：用鼠标拾取交叉点并单击，然后按↙确认。

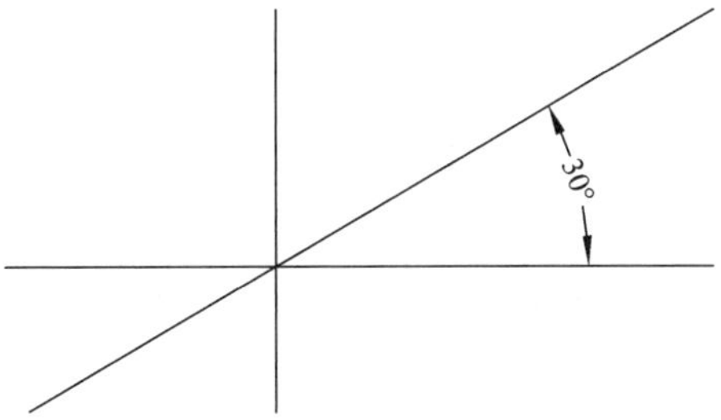

图 7-2　构造线的绘制

利用构造线命令，绘制图 7-3 所示的∠CAB 的角平分线。

命令窗口的键盘操作如下：

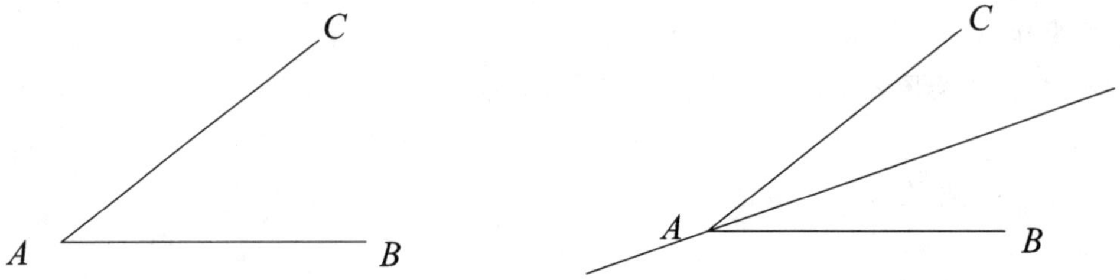

（a）　　　　　　　　（b）

图 7-3　角平分线的绘制

命令：XL ↙

指定点或[水平（H）/垂直（V）/角度（A）/二等分（B）/偏移（O）]：B↙

指定角的顶点：用鼠标拾取点 A 并单击；

指定角的起点：用鼠标拾取点 C 并单击；

指定角的端点：用鼠标拾取点 B 并单击；按↙确认退出。

四、绘制多线

多线由 1 至 16 条平行线组成，这些平行线称为元素。在绘制多线前应该对多线样式先进行定义，然后用定义的样式绘制多线。通过指定每个元素与多线原点的偏移量可以确定元素的位置。用户可以自己创建和保存多线的样式。用户可以设置每个元素的颜色、线型，以及显示或隐藏多线的接头。所谓接头就是指那些出现在多线元素每个顶点处的线条。

（一）多线的样式

多线绘制与编辑

1. 操作方法

“菜单”/“格式”/“多线样式”。

2. 操作步骤

选择“菜单栏”/“格式”/“多线样式”命令，弹出一个“多线样式”对话框，如图 7-4（a）所示。

点击“新建”按钮，弹出“创建多线样式”对话框。在新样式名称栏内输入名称，例如“QT”，如图 7-4（b）所示。

点击“继续”按钮，弹出“新建多线样式”对话框，如图 7-4（c）所示。

在“封口”选项区域，确定多线的封口形式、填充和显示连接。

在“元素”选项区域，点取“添加”按钮，在元素栏内添加了一个元素。

在“偏移”栏内可以设置新增元素的偏移量。

分别利用“颜色”、“线型”按钮设置新增元素的颜色和线型。

点取“确定”按钮，返回到“多线样式”对话框。

点取“置为当前”按钮，最后点击“确定”按钮，完成定义多线样式。

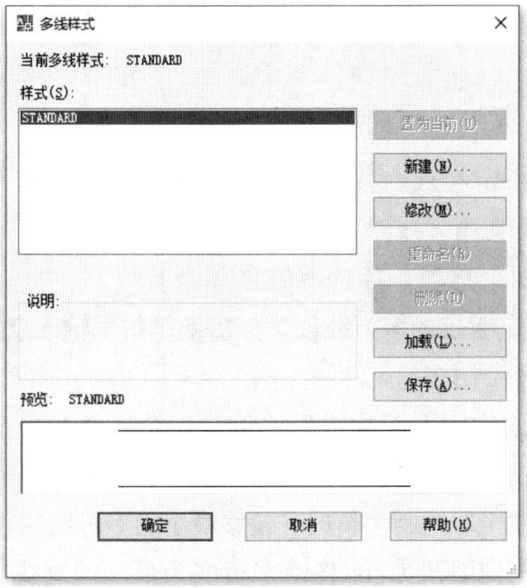

(a)

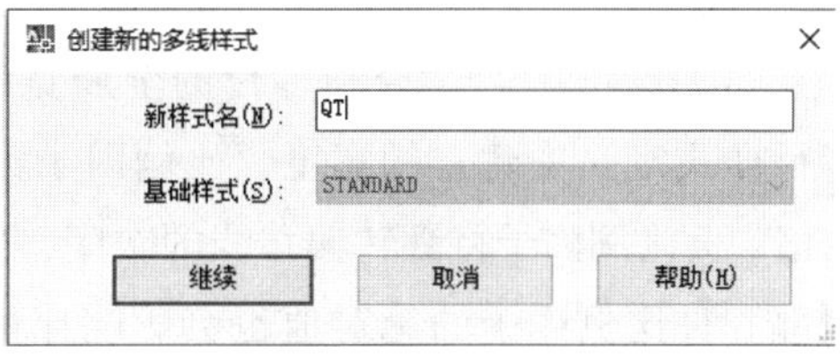

(b)

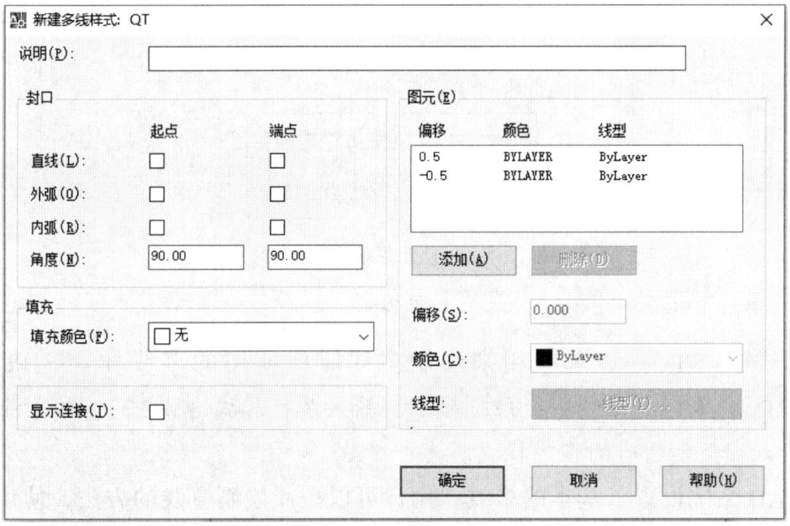

(c)

图 7-4　设置“多线样式”

（二）多线绘制

当完成多线样式设置后，即可进行多线绘制。

1. 操作方法

（1）“菜单”/“绘图”/“多线”。

（2）命令：“MLINE”。

（3）快捷键：“ML”。

2. 操作步骤

在命令行输入命令“MLINE”后，系统提示如下：

指定起点或 [对正（J）/比例（S）/样式（ST）]：

单击鼠标或从键盘输入起点的坐标，以指定起点。移动鼠标并单击，即可指定下一点，同时画出了一段多线。图 7-5 所示即是利用多线绘制的图形。

执行“多线”命令后，在命令行显示出四个选项，各选项的含义如下：

（1）指定起点：用当前多行样式绘制到指定起点的多行线段，然后继续提示输入点。

（2）对正（J）：确定如何在指定的点之间绘制多行。

（3）比例（S）：控制多行的全局宽度。该比例不影响线型比例。这个比例基于在多行样式定义中建立的宽度。比例因子为 2 绘制多行时，其宽度是样式定义的宽度的两倍。负比例因子将翻转偏移线的次序：当从左至右绘制多行时，偏移最小的多行绘制在顶部。负比例因子的绝对值也会影响比例。比例因子为 0 将使多行变为单一的直线。

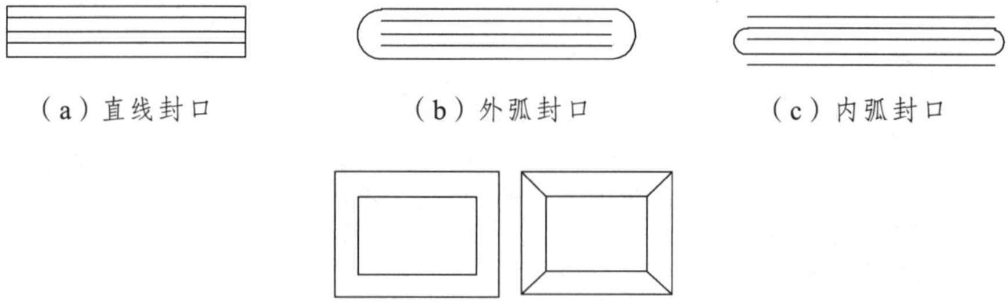

（a）直线封口　　（b）外弧封口　　（c）内弧封口

（d）不显示连接与显示连接对比

图 7-5

（4）样式（ST）：该选项用来绘制多线时所使用的多线样式，缺省样式为“STANDARD”。执行此命令后，系统显示“输入多行样式名或[?]。输入定义过的样式名称或输入？显示已有的多线样式。”

AutoCAD 系统设置了基本的多线，用户可以按照绘制直线的方法，使用系统能默认的多线绘制需要的图形，此时多线的对正方式为“上”，平行线间距为“20”，默认比例为“1”，样式为“STANDARD”。

（三）编辑多线

1. 操作方法

（1）“菜单”/“修改”/“对象”/“多线”。

（2）命令：“MLEDIT”。

（3）双击多线。

2. **操作步骤**

在命令行输入命令“MLEDIT”后，弹出了一个“多线编辑工具”对话框（见图 7-6），编辑多线主要通过该框进行。对话框中的各个图标形象地反映了“MLEDIT”命令的功能，一共有 12 种多线编辑工具。

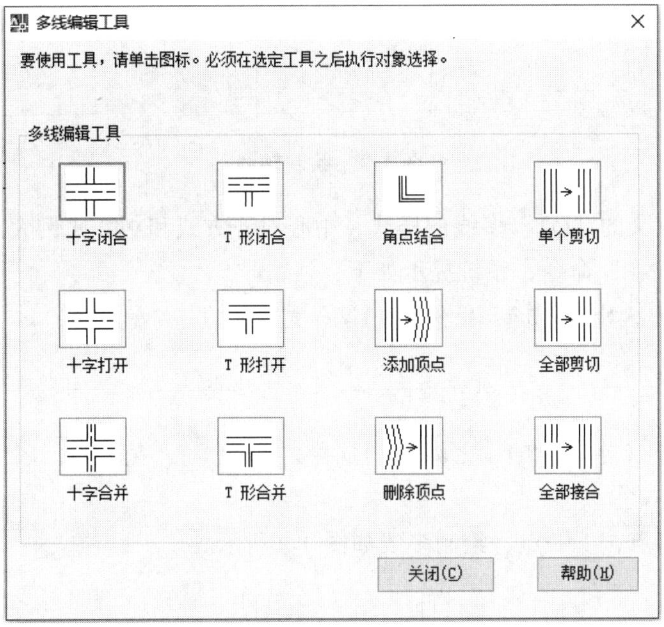

图 7-6 “多线编辑工具”对话框

选择多线的编辑方式后，命令行提示：

选择第一条多线：指定要剪切的多线的保留部分。

选择第二条多线：指定剪切部分的边界线。

（四）应用举例

以图 7-7 所示的网格线为中心线绘制间隔大小为 240 的多线，操作方法如下：

（1）定义多线样式。

选择“菜单”/“格式”/“多线样式”命令。

在弹出如图 7-4（a）所示的对话框中，点取“新建”按钮，弹出“创建多线新样式”对话框。在新样式名称栏内输入名称“QT”，如图 7-4（b）所示。

点击“继续”按钮，弹出“新建多线样式”对话框，如图 7-4（c）所示。

点击“QT”设置为当前。

点击“确定”按钮，退出“多线样式”对话框。

（2）执行“直线”命令绘制轴线，如图 7-7 所示。

图 7-7　绘制轴线

（3）使用定义的“QT”多线的样式，中心对齐方式和 240 比例大小绘制多线。

执行“MLINE”命令，系统提示如下：

指定起点或 [对正（J）/比例（S）/样式（ST）]：输入 J，↙

输入 Z，↙。

系统提示如下：

指定起点或 [对正（J）/比例（S）/样式（ST）]：输入 S，↙

输入 240，↙。

指定多线起点，下一点，绘制多线如图 7-8 所示。

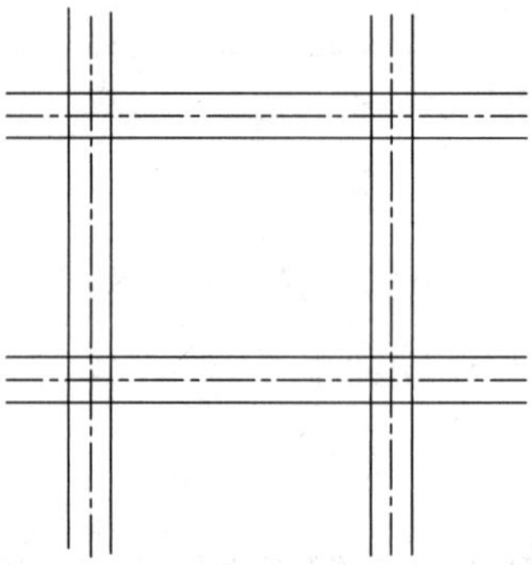

图 7-8　绘制多线

（4）执行“菜单栏”/“修改”/“对象”/“多线”，出现“多线编辑工具”对话框，选择“T 形打开”，如图 7-6 所示。关闭对话框。

选择多线的编辑方式后，命令行提示：

选择第一条多线：指定横线的中部

选择第二条多线：指定左边的竖线

修改结果如图 7-9 所示。

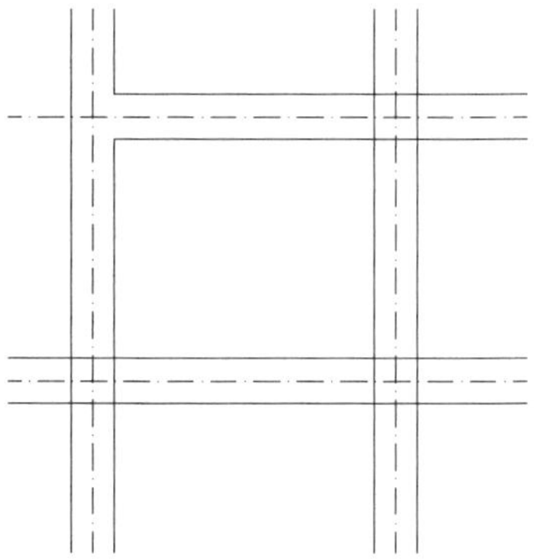

图 7-9　T 形打开

（5）另一种方法，双击需要修改的多线，同样会出现“多线编辑工具”对话框，选择“角点结合”，如图 7-6 所示。关闭对话框。

选择多线的编辑方式后，命令行提示：

选择第一条多线：指定横线的中部

选择第二条多线：指定右边的竖线

修改结果如图 7-10 所示。

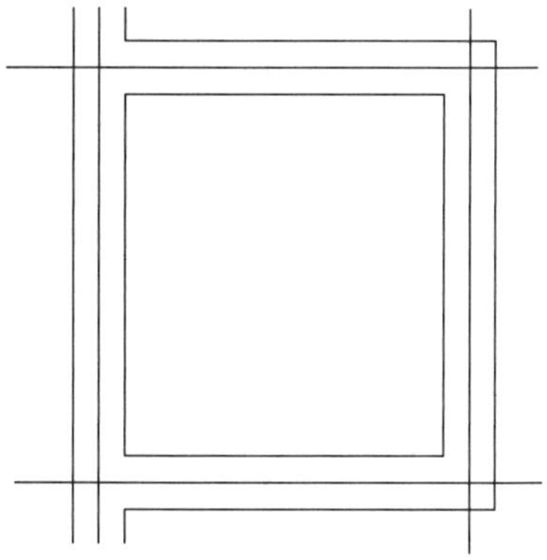

图 7-10　角点结合

五、技能训练

（一）实训任务

运用 AutoCAD 绘制如图 7-11 所示的图框。标题栏尺寸参照图 1-9。

（二）实训要求

（1）按照 A3 图框的要求分图层设置各类图线。

（2）图框内汉字不用写。

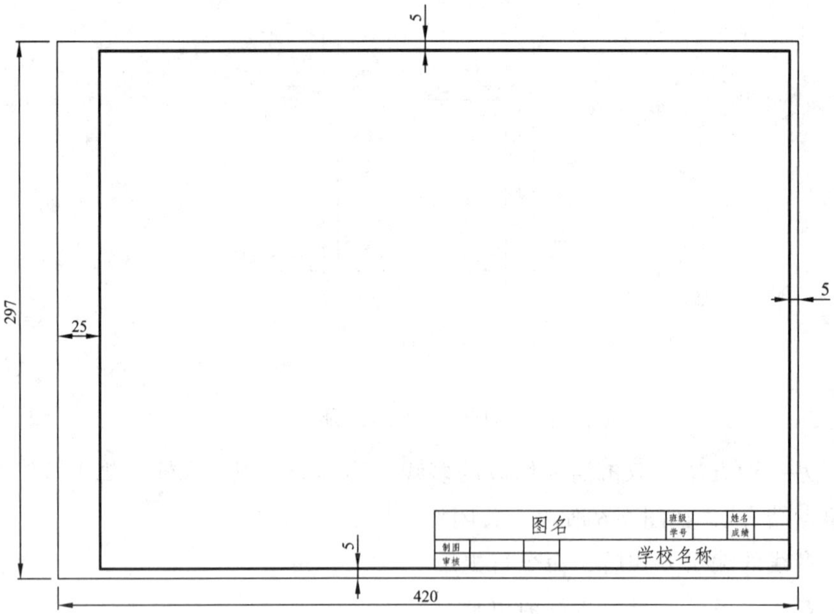

图 7-11　图框绘制

能力训练

1. 单项选择题

（1）绘制直线的命令是（　　）。

A. LINE　　B. XLINE　　C. PLINE　　D. MLINE

（2）绘制多线的命令是（　　）。

A. LINE　　B. XLINE　　C. PLINE　　D. MLINE

（3）用直线命令画出一个矩形，该矩形中有（　　）个对象。

A. 1　　B. 3　　C. 4　　D. 不确定

（4）绘制直线时，如果要绘制两条首尾相连的直线，则需（　　）点才行。

A. 1　　B. 3　　C. 4　　D. 不确定

2. 绘图练习

（1）运用直线命令按图 7-12 中所示尺寸用 AutoCAD 绘制下列图形。

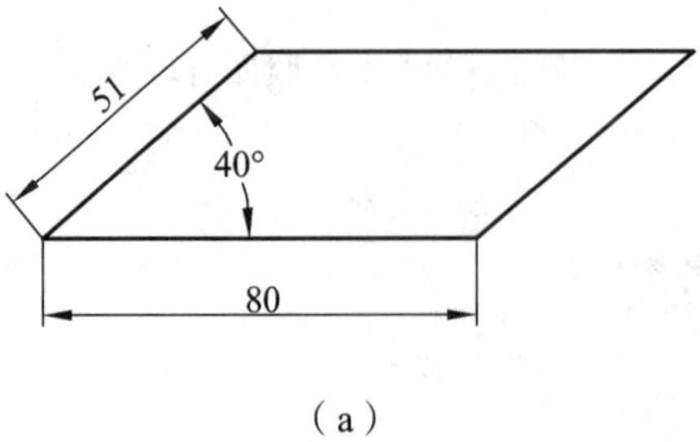

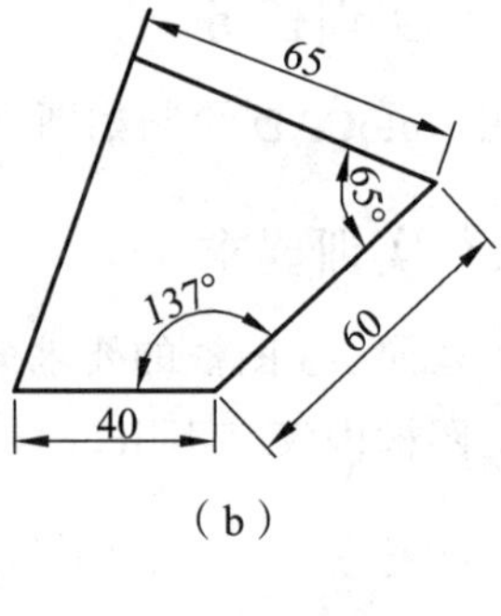

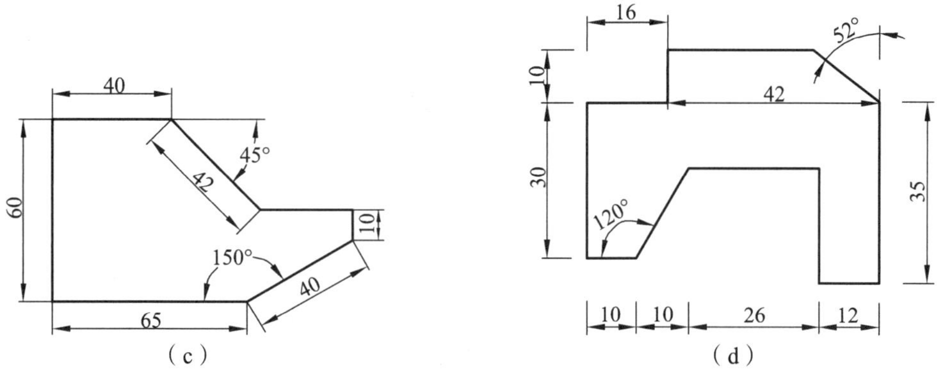

图 7-12

（2）运用多线命令按图 7-13 中所示尺寸用 AutoCAD 绘制下列图形。

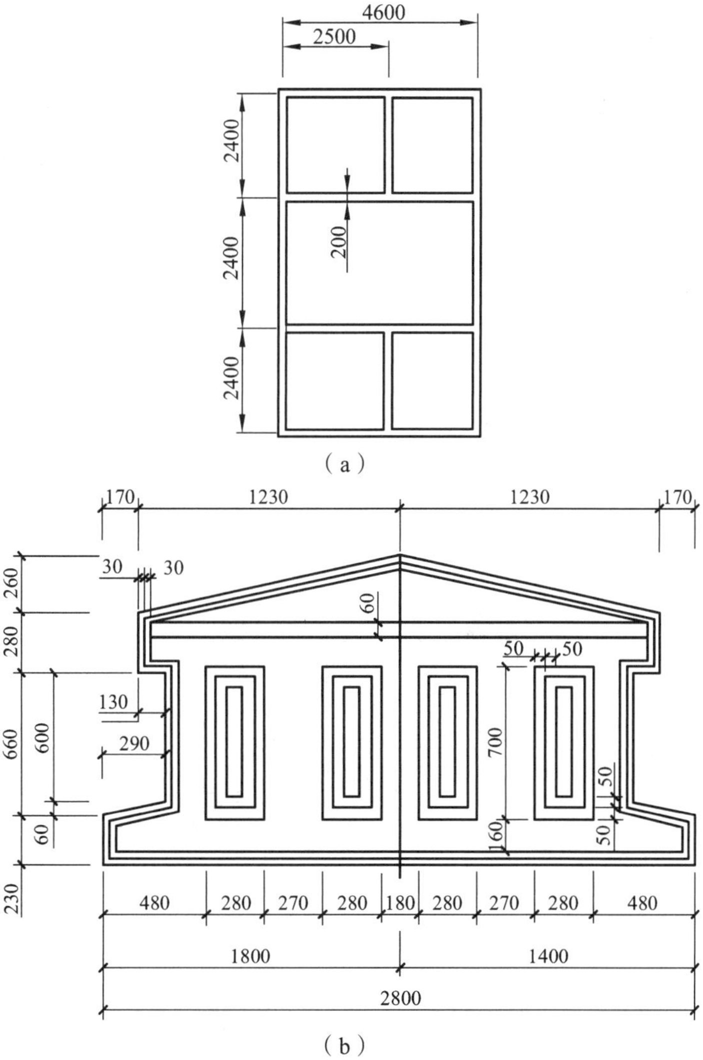

图 7-13

任务二 点与曲线类对象的绘制

在 AutoCAD 2008 中，点对象有单点、多点、定数等分和定距等分，用户根据需要可以绘制各种类型的点。作为节点或参照几何图形的点对象对于对象捕捉和相对偏移非常有用。可以相对屏幕或使用绝对单位设置点的样式和大小。修改点的样式，使它们有更好的可见性并更容易地与栅格点区分开，影响图形中所有点对象的显示。圆、圆弧和椭圆的绘制方法相对线性对象来说要复杂一点，并且方法也比较多。

一、点的绘制

点与曲线类对象的绘制

（一）点样式的设置

为了便于观察点的位置，首先修改点的样式。

1. 操作方法

（1）菜单栏："格式" / "点样式"。

（2）命令："DDPTYPE"。

执行以上操作，会弹出"点样式"对话框，其中有 20 种点样式供用户选择，另外还可以设置点的大小。

2. 操作步骤

依次单击"格式"→"点样式"，弹出一个对话框，如图 7-14 所示。

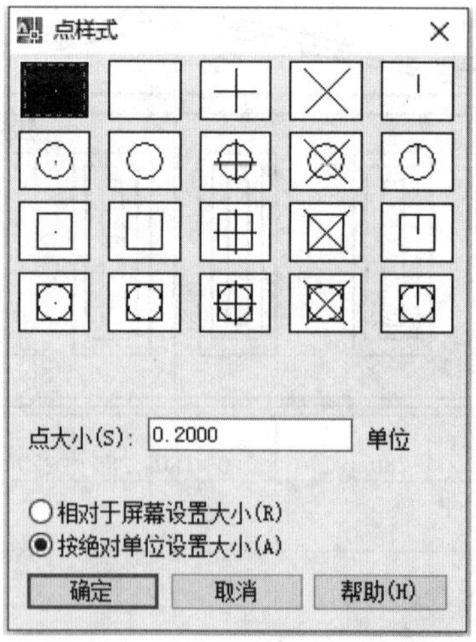

图 7-14　设置点的样式

在该对话框中，用户可以选择所需要的点的样式。

在点大小栏内调整点的大小。

（二）绘制单点和多点

“单点”是指执行一次命令只能绘制一个点。“多点”是指执行一次命令可以连续绘制多个点，退出时应按“Esc”键。操作方法如下：

（1）“菜单”/“绘图”/“点”/“单点”，可以在绘图窗口中一次指定一个点。

（2）“菜单”/“绘图”/“点”/“多点”按钮，可以在绘图窗口中一次指定多个点。

（3）命令：“POINT”，此操作输入的是单点。

（4）快捷键：“PO”，此操作输入的是单点。

（三）定数等分

定数等分用于将对象进行等分。该操作会在各等分点位置处标记点对象，但是不会将原对象在这些点位置切割断，原对象仍然是一个整体。因为输入的是等分数，而不是放置点的个数，所以如果将所选对象分成 *N* 份，则实际上只生成 *N*-1 个点。

定数等分每次只能对一个对象操作，而不能对一组对象操作。

1. 操作方法

（1）“菜单”/“绘图”/“点”/“定数等分”。

（2）命令：“DIVIDE”。

（3）快捷键：“DIV”。

例如，在如图 7-15 的基础上绘制如图 7-16 所示的线段图。

图 7-15　原始图形

图 7-16　绘制线段图

2. 操作步骤

单击“菜单”/“绘图”/“点”/“定数等分”。

选择要定数等分的对象：提示下，拾取直线作为要等分的对象。

输入线段数目或[块（B）]：提示下，输入等分段数 6，然后按“Enter”键，等分结果如图 7-17 所示。

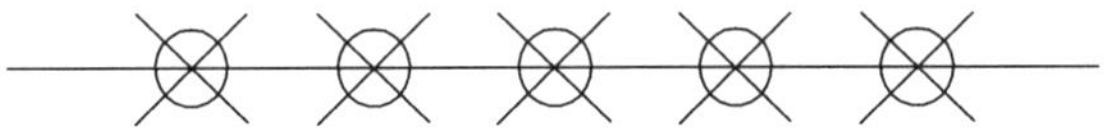

图 7-17　等分直线

（四）定距等分

定距等分是指将对象按照一定的长度对其进行等分，直到该对象剩余未标记长度小于设置的长度为止。

1. **操作方法**

（1）“菜单” / “绘图” / “点” / “定距等分”。

（2）命令：“MEASURE”。

（3）快捷键：“ME”。

例如，在图 7-18 中按 *AB* 的长度定居等分直线，效果如图 7-19 所示。

2. **操作步骤**

单击“菜单” / “绘图” / “点” / “定距等分”。

选择要定距等分的对象：提示下，拾取直线作为要等分的对象。

指定线段长度或[块（B）]：提示下，分别拾取点 *A* 和点 *B*，最后的效果如图 7-19 所示。

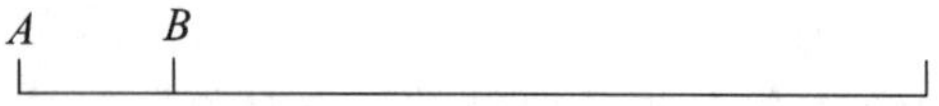

图 7-18　原始图形

图 7-19　定距等分对象绘制线段图

二、圆的绘制

AutoCAD 2008 提供了 6 种画圆方式，用户可根据不同需要选择不同的方法。

（一）操作方法

（1）“菜单” / “绘图” / “圆”。

（2）工具栏：。

（3）命令：“CICLE”。

（4）快捷键：“C”。

（二）操作步骤

命令：CICLE

指定圆的圆心或[三点（3P）/两点（2P）/相切、相切、半径（T）]：

各选项含义：

（1）三点（3P）：基于圆周上的三点绘制圆。依次输入三个点，即可绘制出一个圆。

（2）两点（2P）：基于圆直径上的两个端点绘制圆。依次输入两个点，即可绘制出一个圆，两点间的距离为圆的直径。

（3）相切、相切、半径（T）：基于指定半径和两个相切对象绘制圆。输入“T”后，根据命令行提示，指定相切对象并给出半径后，即可画出一个圆。在建筑制图中，常使用该方法绘制连接弧。

（4）相切、相切、相切：通过依次指定圆的 3 个对象来绘制圆。

注意：

（1）相切对象可以是直线、圆、圆弧、椭圆等图线，这种绘制圆的方式在圆弧连接中经常使用。

（2）用户在命令提示后输入半径或者直径时，如果所输入的值无效，如英文字母、负值等，系统将显示“需要数值距离或第二点”“值必须为正且非零”等信息，并提示用户重新输入值，或者退出该命令。

（3）使用“相切、相切、半径”命令时，系统总是在距拾取点最近的部位绘制相切的圆。因此，拾取相切对象时，所拾取的位置不同，最后得到的结果有可能也不相同。

（三）应用举例

绘制图 7-20 所示图形。

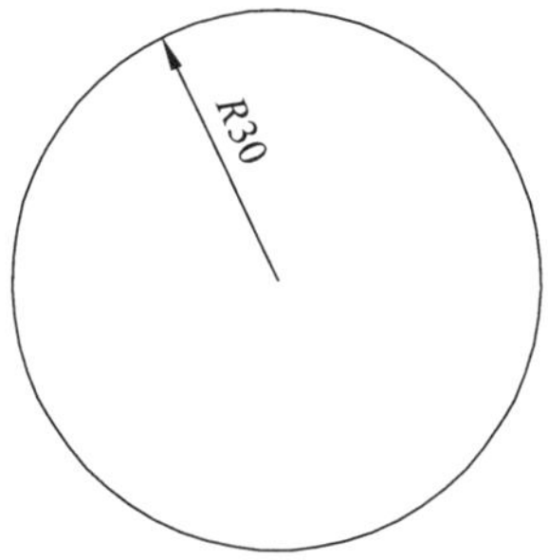

图 7-20　圆

操作方法如下：

命令：CICLE↙

指定圆的圆心或[三点（3P）/两点（2P）/相切、相切、半径（T）]：用鼠标在屏幕任意位置单击一点；

指定圆的半径或[直径（D）]<0>：30↙

绘制图 7-21（b）所示图形，原始图形为 7-21（a）。操作方法如下：

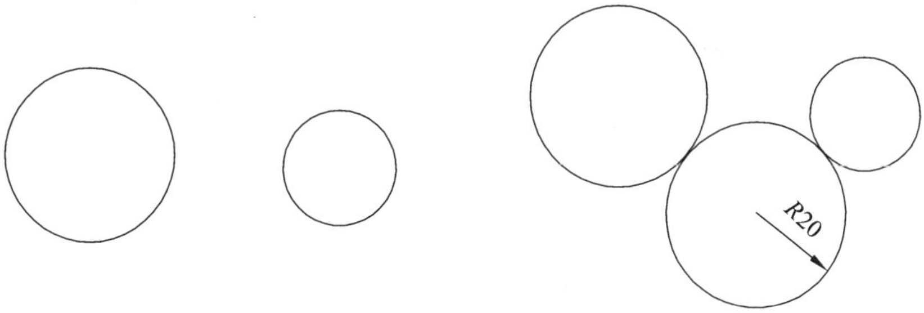

（a）原始图形　　（b）完成图形

图 7-21　相切圆

命令：CICLE↙

指定圆的圆心或[三点（3P）/两点（2P）/相切、相切、半径（T）]：T↙;

指定对象与圆的第一个切点：鼠标在第一个大圆的右下角线上单击一点；

指定对象与圆的第二个切点：鼠标在第二个小圆的左下角线上单击一点；

指定圆的半径：20↙

三、圆弧的绘制

AutoCAD 2008 提供了 11 种画圆弧的方法，用户可根据不同的情况选择不同的方式。

（一）操作方法

执行绘制圆弧的途径有三种：

（1）“菜单”/“绘图”/“圆弧”。

（2）工具栏：。

（3）命令：“ARC”。

（4）快捷键：“A”。

（二）操作步骤

从绘图菜单中执行画圆弧命令最为直观。图 7-22 是画圆弧的菜单。由此可以看出画圆弧的方式有 11 种。要绘制圆弧，可以指定圆心、端点、起点、半径、角度、弦长和方向值的各种组合形式。可以使用多种方法创建圆弧。除第一种方法外，其他方法都是从起点到端点逆时针绘制圆弧。

（1）三点：通过给定的 3 个点绘制一个圆弧，此时应指定圆弧的起点、通过的第 2 个点和端点。

（2）起点、圆心、端点：通过指定圆弧的起点、圆心和端点绘制圆弧。

（3）起点、圆心、角度：通过指定圆弧的起点、圆心和角度绘制圆弧。

使用“起点、圆心、角度”命令绘制圆弧时，在命令行的“指定包含角:”提示下，所输入角度值的正负将影响到圆弧的绘制方向。如果当前环境设置逆时针为角度方向，若输入正的角度值，则所绘制的圆弧是从起始点沿逆时针方向绘出；如果输入负的角度值，则沿顺时针方向绘制圆弧。

（4）起点、圆心、长度：通过指定圆弧的起点、圆心和弦长绘制圆弧。

使用该命令时，用户所给定的弦长不得超过起点到圆心距离的两倍。另外在命令行的“指定弦长:”提示下，所输入的值如果为负值，则该值的绝对值作为对应的整圆空缺部分圆弧的弦长。

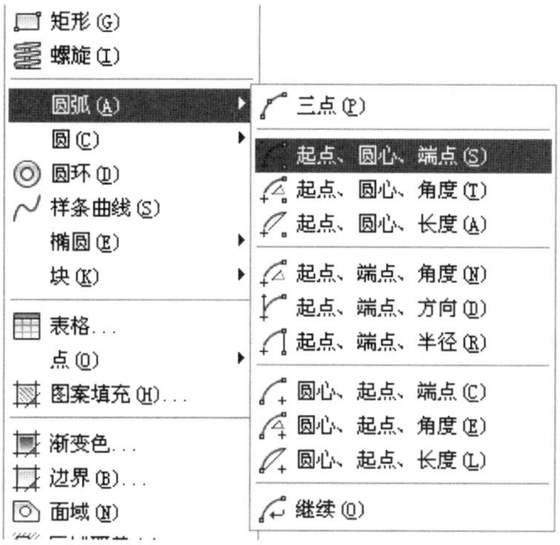

图 7-22 【圆弧】菜单

（5）起点、端点、角度：通过指定圆弧的起点、端点和角度绘制圆弧。

（6）起点、端点、方向：通过指定圆弧的起点、端点和方向绘制圆弧。

使用该命令时，当命令行提“指定圆弧的起点切向：”时，可以通过拖动鼠标的方式动态地确定圆弧在起始点处的切线方向与水平方向的夹角。方法：拖动鼠标，AutoCAD 2008 会在当前光标与圆弧起始点之间形成一条橡皮筋线，此橡皮筋线即为圆弧在起始点处的切线。通过拖动鼠标确定圆弧在起始点处的切线方向后单击鼠标拾取键，即可得到相应的圆弧。

（7）起点、端点、半径：通过指定圆弧的起点、端点和半径绘制圆弧。

（8）圆心、起点、端点：通过指定圆弧的圆心、起点和端点绘制圆弧。

（9）圆心、起点、角度：通过指定圆弧的圆心、起点和角度绘制圆弧。

（10）圆心、起点、长度：通过指定圆弧的圆心、起点和长度绘制圆弧。

（11）继续：当执行绘圆弧命令，并在命令行的“指定圆弧的起点或[圆心（C）]”提示下直接按“Enter”键，系统将以最后一次绘制的线段或圆弧过程中确定的最后一点作为新圆弧的起点，以最后所绘线段方向或圆弧终止点处的切线方向为新圆弧在起始点处的切线方向，然后再指定一点，就可以绘制出一个圆弧。

有些圆弧不适合用“ARC”命令绘制，而适合用“CIRCLE”命令结合“TRIM”（修剪）命令生成；AutoCAD 2008 采用逆时针绘制圆弧。

（三）应用举例

绘制图 7-23 所示图形。圆的大小随意指定，操作方法如下：

先绘制任意一个圆；再设置点样式；然后将圆进行 6 等分；对象捕捉将“节点”勾上（此处四步操作省略），效果如图 7-23（a）所示。

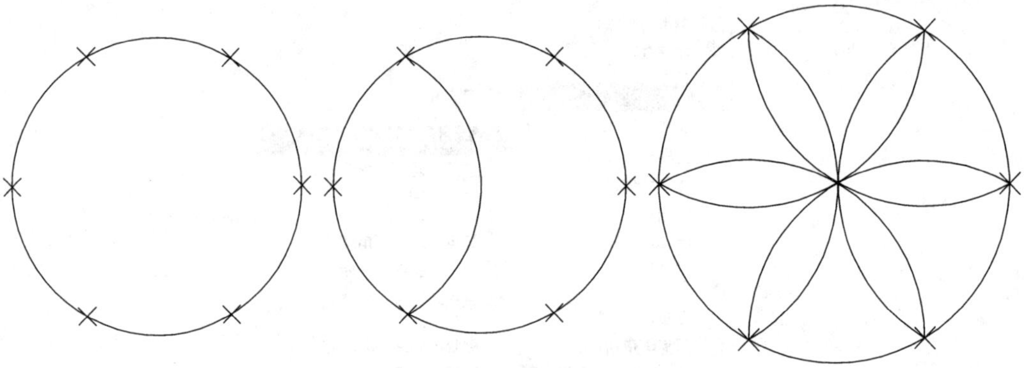

（a）　　　（b）　　　（c）完成图形

图 7-23　圆弧绘制

命令：ARC↙

指定圆弧的起点或[圆心（C）]：（鼠标拾取圆的左上节点并单击）

指定圆弧的第二个点或[圆心（C）/端点（E）]：（鼠标拾取圆心点并单击）

指定圆弧的端点：（鼠标拾取圆的左下节点并单击）

完成一段弧的操作，效果如图 7-23（b）所示。

其他弧段的操作与第一段操作相同。

四、椭圆的绘制

（一）操作方法

执行绘制椭圆的途径有三种：

（1）“菜单”/“绘图”/“椭圆”。

（2）工具栏：。

（3）命令：“ELLIPSE”。

（4）快捷键：“EL”。

（二）操作步骤

命令：ELLIPSE↙

指定椭圆的轴端点或[圆弧（A）/中心点（C）]：

中心点（C）：执行该选项，根据系统提示，先确定椭圆中心、轴的端点，再输入另一半轴距（或输入 R 后再输入旋转角）绘制椭圆。

圆弧（A）：执行该选项，是绘制椭圆弧。

（三）应用举例

绘制图 7-24 所示椭圆图形。操作方法如下：

命令：ELLIPSE↙

指定椭圆的轴端点或[圆弧(A)/中心点(C)]：(用鼠标在屏幕上任意位置单击一点)

指定轴的另一个端点：(将鼠标拖至水平线)60↙

指定另一条半轴长度或[旋转(R)]：15↙

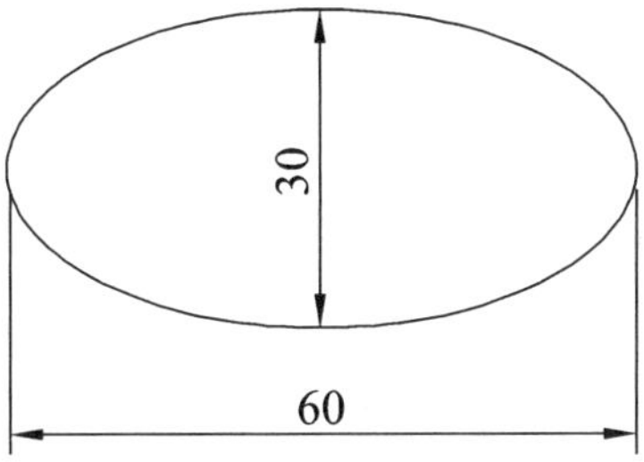

图 7-24 椭圆的绘制

（四）应用提高

（1）选择“绘图”/“椭圆”/“中心点”命令，可以通过指定椭圆中心、一个轴的端点（主轴）以及另一个轴的半轴长度绘制椭圆。

（2）选择“绘图”/“椭圆”/“轴、端点”命令，可以通过指定一个轴的两个端点（主轴）和另一个轴的半轴长度绘制椭圆。

（3）圆在正等测轴测图中投影为椭圆。在绘制正等测轴测图中的椭圆时，应先打开等轴测平面，然后绘制椭圆。

五、椭圆弧的绘制

（一）操作方法

（1）“菜单”/“绘图”/“椭圆弧”。

（2）工具栏：。

（3）命令：“ELLIPSE”。

（4）快捷键：“EL”。

（二）操作步骤

椭圆弧的操作与绘制椭圆相同，先确定椭圆的形状，再按起始角和终止角参数绘制椭圆弧。

六、样条曲线

（一）操作方法

（1）“菜单栏”/“绘图”/“样条曲线”。

（2）工具栏：。
（3）命令："SPLINE"。
（4）快捷键："SPL"。

（二）操作步骤

命令：SPLINE↙

指定第一个点或 [对象（O）]：（指定一点或输入 O）

第一点：使用指定点、使用"NURBS"（非一致有理 B 样条曲线）数学创建样条曲线。

对象：将二维或三维的二次或三次样条曲线拟合多段线转换成等效的样条曲线并删除多段线（取决于 DELOBJ 系统变量的设置）。

指定下一点：

输入点一直到完成样条曲线的定义为止。输入两点后，将显示以下提示：

指定下一点或 [闭合（C）/拟合公差（FT）] <起点切向>：（指定点、输入选项或按 Enter 键）

下一点：（继续输入点将增加附加样条曲线线段，直至按 Enter 键为止。输入"Undo"以删除上一个指定的点。按 Enter 键后，将提示用户指定样条曲线的起点切向。）

闭合（C）：（将最后一点定义为与第一点一致并使它在连接处相切，这样可以闭合样条曲线。）

拟合公差（FT）：（修改拟合当前样条曲线的公差。根据新公差以现有点重新定义样条曲线。可以重复更改拟合公差，但这样做会更改所有控制点的公差，不管选定的是哪个控制点。）

起点切向：（定义样条曲线的第一点和最后一点的切向。）

七、技能训练

（一）实训任务

运用 AutoCAD 绘制如图 7-25 所示的图形。

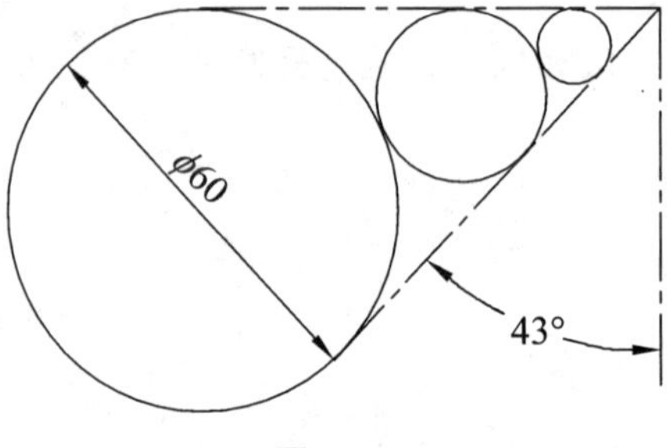

图 7-25

（二）实训要求

（1）按照图示尺寸进行绘制。

（2）设置虚线层和实线层。

能力训练

1. 单项选择题

（1）绘制圆弧的方法有（　　）种。

A. 3　　B. 5　　C. 8　　D. 11

（2）绘制圆的快捷键是（　　）。

A. A　　B. C　　C. PO　　D. EL

（3）绘制圆弧的快捷键是（　　）。

A. A　　B. C　　C. PO　　D. EL

2. 绘图练习

运用圆和圆弧命令按图 7-26 中所示尺寸用 AutoCAD 绘制下列图形。

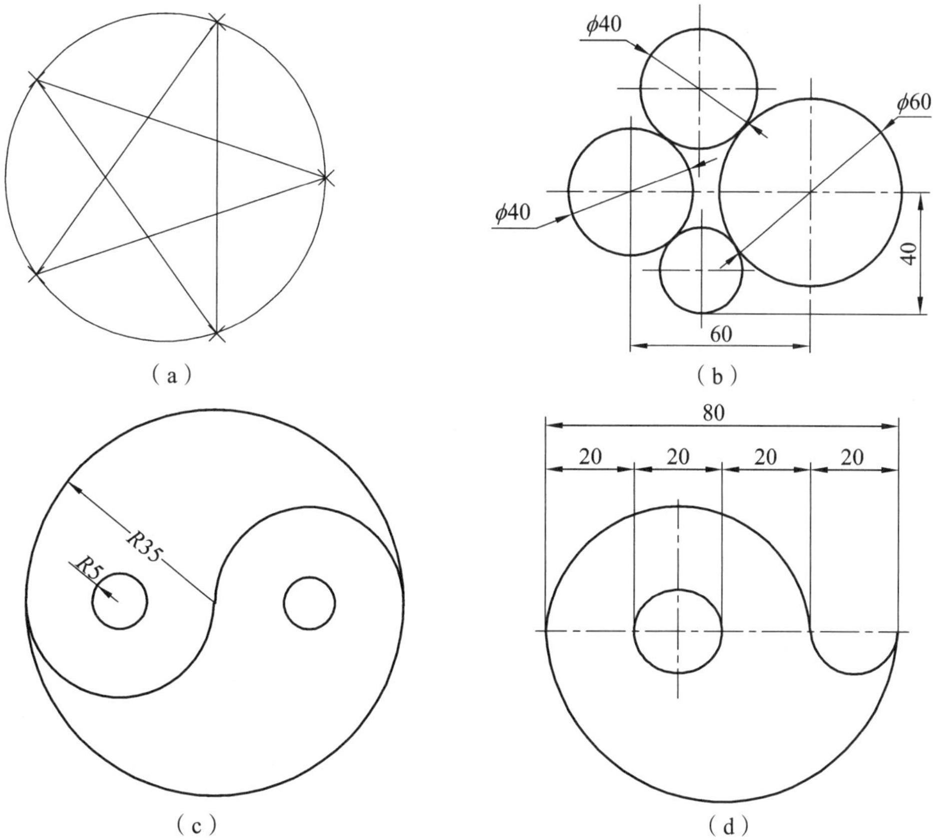

图 7-26

任务三　多边形对象的绘制

矩形是一种平面图形，矩形的四个角都是直角，同时矩形的对角线相等，在AutoCAD 2008 中用户可直接绘制矩形，也可以对矩形倒角或倒圆角，还可以改变矩形的线宽。创建正多边形是绘制正方形、等边三角形和八边形等图形的简单方法。在AutoCAD 2008 中可以绘制边数为 3 ~ 1 024 的正多边形。

一、矩形的绘制

多边形对象的绘制

（一）操作方法

（1）“菜单” / “绘图” / “矩形”。

（2）工具栏：。

（3）命令：“RECTANG”。

（4）快捷键：“REC”。

（二）操作步骤

命令：RECTANG↙

指定第一角点或[倒角（C）/标高（E）/圆角（F）/厚度（T）/宽度（W）]：

各选项含义：

（1）第一角点：该选项用于确定矩形的第一角点。执行该选项后，输入另一角点，即可直接绘制一个矩形，如图 7-27（a）所示。

（2）倒角（C）：该选项用于确定矩形的倒角。图 7-27（b）所示是带倒角的矩形。

（3）圆角（F）：该选项用于确定矩形的圆角。图 7-27（c）所示是带圆角的矩形。

（4）宽度（W）：该选项用于确定矩形的线宽。图 7-27（d）所示是具有宽度信息的矩形。

说明：选项标高（E）和厚度（T）分别用于在三维绘图时设置矩形的基面位置和高度。

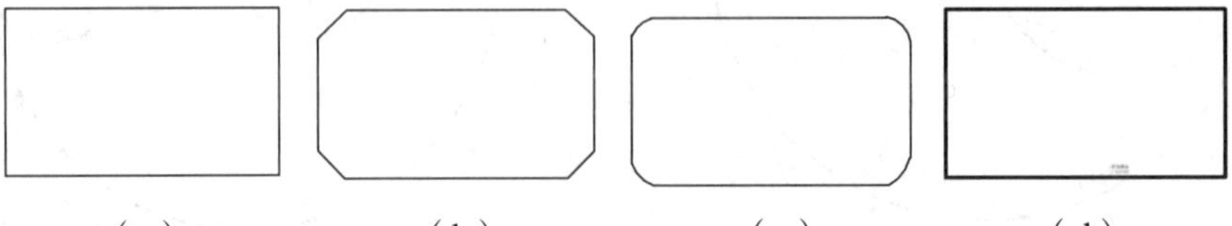

（a）　　（b）　　（c）　　（d）

图 7-27　使用“矩形”命令绘制的图形

二、正多边形的绘制

（一）操作方法

正多边形绘制

（1）“菜单”/“绘图”/“正多边形”。

（2）工具栏：。

（3）命令：“POLYGON”。

（4）快捷键：“POL”。

（二）操作步骤

命令：POLYGON↙

输入边的数目<4>:（输入正多边形的边数）↙

指定正多边形的中心点或[边（E）]:

各选项含义：

（1）边（E）：执行该选项后，输入边的第一个端点和第二个端点，即可由边数和一条边确定正多边形，如图 7-28（a）所示。

（2）正多边形的中心点：执行该选项，系统提示：“输入选项[内接于圆（I）/外切于圆（C）]<I>”：

① 选择“I”是根据多边形的外接圆确定多边形，多边形的顶点均位于假设圆的弧上，需要指定边数和半径，如图 7-28（b）所示。

② 选择“C”是根据多边形的内接圆确定多边形，多边形的各边与假设圆相切，需要指定边数和半径，如图 7-28（c）。

在利用这两个选项绘图时，外接圆和内接圆是不出现的，只显示代表圆半径的直线段。

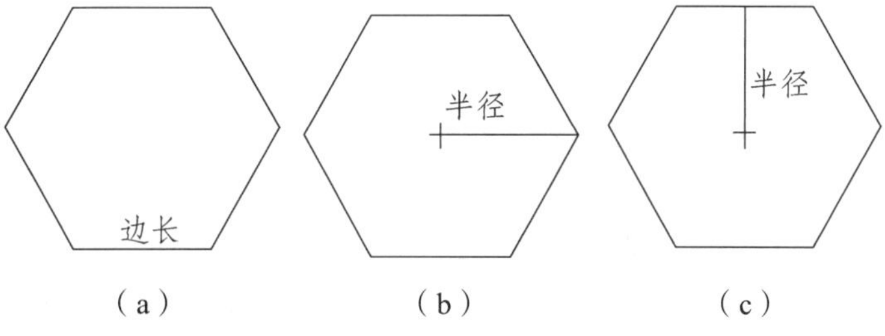

图 7-28 使用“多边形”命令绘制的图形

（三）应用举例

绘制图 7-29 所示图形。

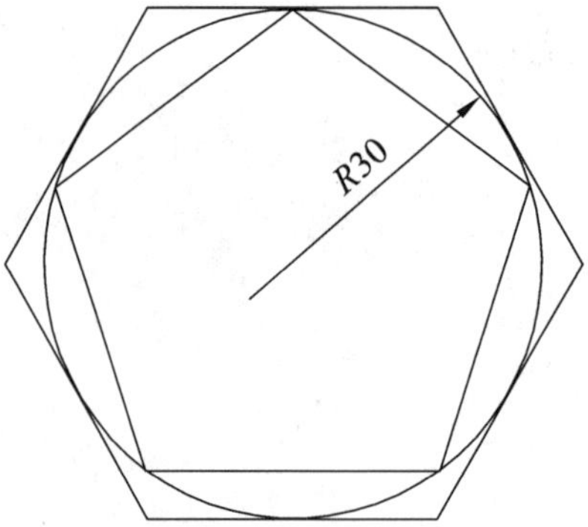

图 7-29

操作方法如下：

首先绘制一个半径为 30 的圆（此步操作省略）。

命令：POLYGON↙

输入边的数目<4>：5↙

指定正多边形的中心点或[边（E）]：用鼠标拾取圆心并单击

输入选项[内接于圆（I）/外切于圆（C）]<I>：I↙

指定圆的半径：：30↙

命令：POLYGON↙

输入边的数目<4>：6↙

指定正多边形的中心点或[边（E）]：(用鼠标拾取圆心并单击)

输入选项[内接于圆（I）/外切于圆（C）]<I>：C↙

指定圆的半径：30↙

完成图形 7-29 的绘制。

三、多段线的绘制

多段线是由相连的直线段、弧线段或两者的结合线段组成的；是作为单个对象创建的相互连接的序列线段，可以创建直线段、弧线段或两者的组合线段。多线段中的线条可以设置成不同的线宽以及不同的线型，具有很强的实用性。

（一）操作方法

（1）“菜单栏”/“绘图”/“多段线”。

（2）工具栏：。

（3）命令：“PLINE”。

（4）快捷键：“PL”。

（二）操作步骤

命令：PLINE↙

指定点：（输入点）

（当前线宽为 0.0000）

指定下一个点或 [圆弧（A）/关闭（C）/半宽（H）/长度（L）/放弃（U）/宽度（W）]：

各选项的含义：

圆弧（A）：将圆弧段添加到多段线中。

关闭（C）：从指定的最后一点到起点绘制直线段，从而创建闭合的多段线。必须至少指定两个点才能使用该选项。

半宽（H）：指定从宽多段线线段的中心到其一边的宽度。

长度（L）：在与上一线段相同的角度方向上绘制指定长度的直线段。如果上一线段是圆弧，程序将绘制与该圆弧段相切的新直线段。

放弃（U）：删除最近一次添加到多段线上的直线段。

宽度（W）：指定下一条直线段的宽度。

（三）应用提高

（1）利用多段线命令可以画出不同宽度的直线、圆和圆弧。但在实际工程绘图时，不利用这个命令画出具有不同宽度的图线，而是利用直线、圆弧等画出图形。

（2）多段线是否填充受“Fill”命令的控制。执行该命令，输入“OFF”，即可关闭填充。

（四）应用举例

绘制如图 7-30 所示方向的箭头。

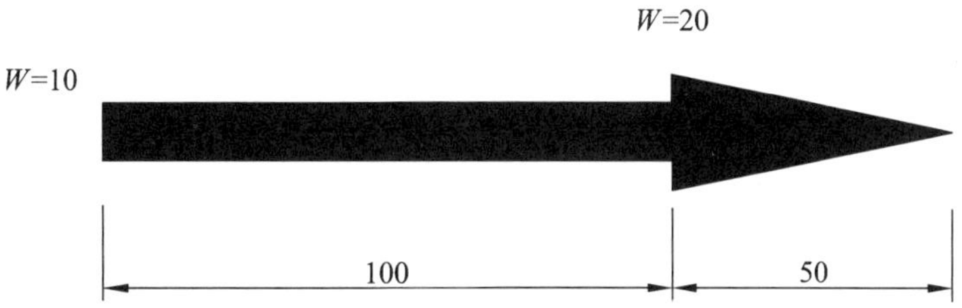

图 7-30　箭头的绘制

命令：PLINE↙

指定起点：提示下，在绘图窗口单击，确定多段线的起点。

指定下一个点或[圆弧（A）/关闭（C）/半宽（H）/长度（L）/放弃（U）/宽度（W）]w↙

指定起点宽度<0.0000>：（提示下输入多段线的起点宽度）10↙

指定端点宽度<0.0000>:（提示下输入多段线的起点宽度）10↙

指定下一个点或 [圆弧（A）/关闭（C）/半宽（H）/长度（L）/放弃（U）/宽度（W）]:（提示下输入）100↙

指定下一个点或 [圆弧（A）/关闭（C）/半宽（H）/长度（L）/放弃（U）/宽度（W）]W↙

指定起点宽度<0.0000>:（提示下输入多段线的起点宽度）20↙

指定端点宽度<0.0000>:（提示下输入多段线的起点宽度）0↙

指定下一个点或[圆弧（A）/关闭（C）/半宽（H）/长度（L）/放弃（U）/宽度（W）]:（提示下输入）50↙

（5）按“Enter”键，完成绘图。

四、技能训练

（一）实训任务

运用 AutoCAD 绘制如图 7-31 所示的图形。

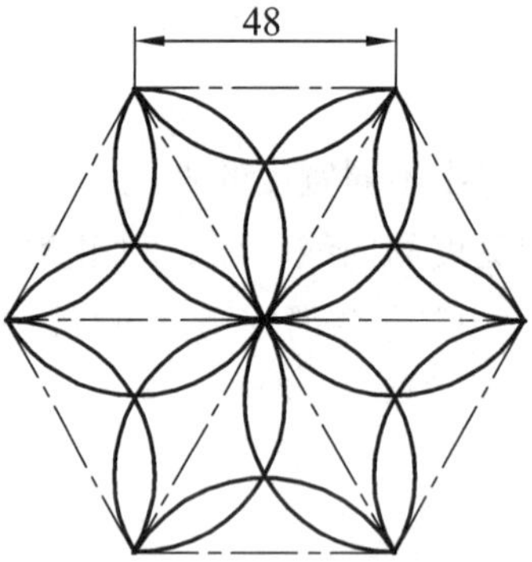

图 7-31

（二）实训要求

（1）按照图示尺寸进行绘制。

（2）设置虚线层和实线层。

能力训练

1. 单项选择题

（1）矩形的快捷命令是（　　）。

A. POL　　B. REC　　C. PL　　D. C

（2）运用矩形命令可以绘制哪些矩形（　　）。

A. 直角矩形　　B. 圆角矩形　　C. 倒角矩形　　D. 以上都是

（3）系统默认设置下，是使用（　　）方式绘制矩形的。

A. 面积　　B. 尺寸

C. 对角点　　D. 中心点

（4）下面哪些命令可以绘制矩形（　　）。

A. 正多边形　　B. 直线

C. 多段线　　D. 以上都是

（5）运用“正多边形”命令绘制的正多边形可以看作是一条（　　）。

A. 样条曲线　　B. 直线

C. 多段线　　D. 以上都是

（6）绘制正多边形过程中，不能够作为正确的方法有（　　）。

A. 内接法　　B. 长度测量

C. 外切法　　D. 由边长确定

（7）绘制多段线的命令是（　　）。

A. LINE　　B. PLINE　　C. XLINE　　D. MLINE

（8）多段线是由（　　）。

A. 连的直线段、弧线段或两者的结合线段组成

B. 相连的直线段、弧线段组成

C. 相连的直线段、弧线段的结合线段组成

D. 相连的直线段或弧线段

（9）既可以绘制直线，又可以绘制曲线的命令是（　　）。

A. LINE　　B. PLINE　　C. XLINE　　D. MLINE

（10）多段线中用来设置宽度的子命令是（　　）。

A. L　　B. M　　C. W　　D. H

2. 绘图练习

（1）按图 7-32 中所示尺寸用 AutoCAD 绘制图形。

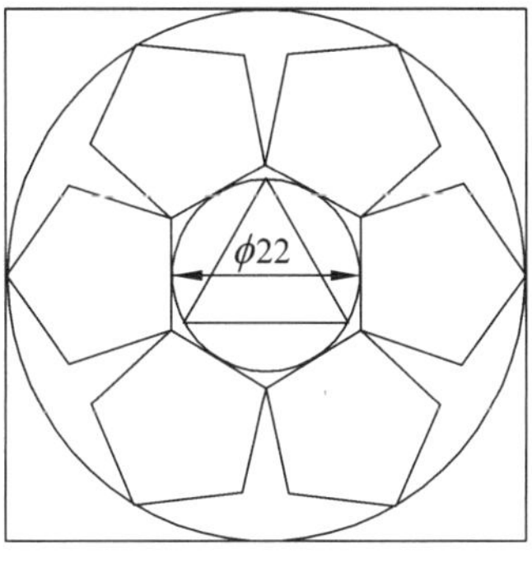

图 7-32

（2）绘制如图 7-33 中所示的长为 120，宽为 80 的矩形；宽度和倒角（右键圆角 10，右键宽度 2）；倒直角（倒角 10，宽度 2）。

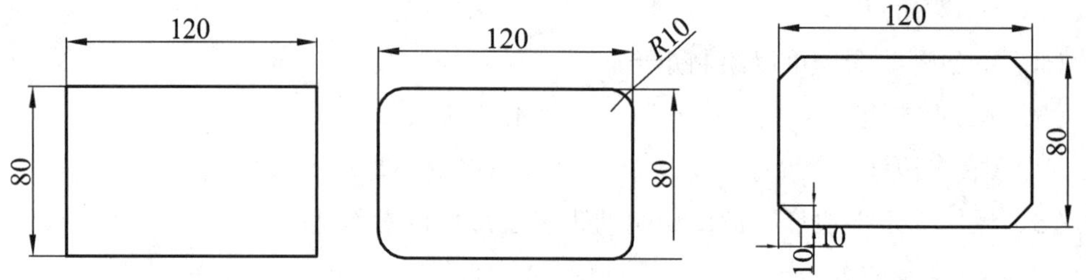

图 7-33

（3）运用多段线命令按图 7-34 中所示尺寸用 AutoCAD 绘制下列图形。

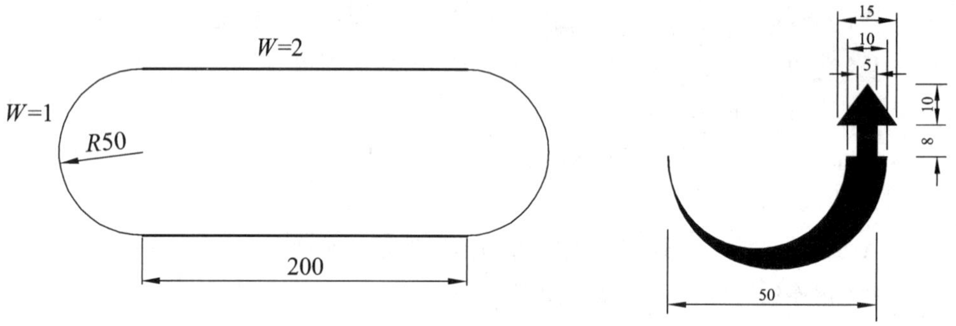

（a）跑道　　（b）

图 7-34

（4）运用所学命令绘制如图 7-35 所示的轨道交通车站布置图，尺寸和线宽自定。

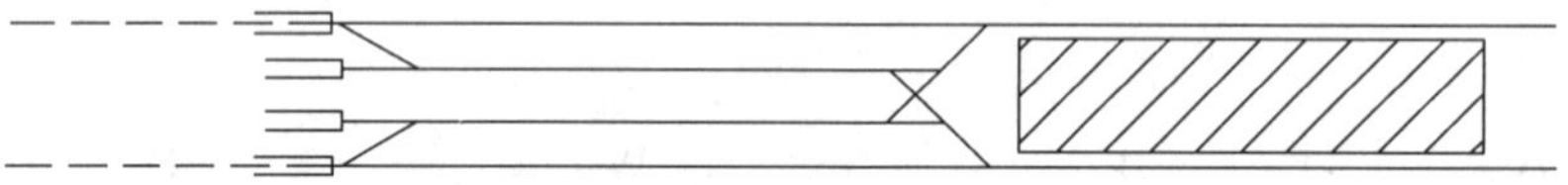

（a）

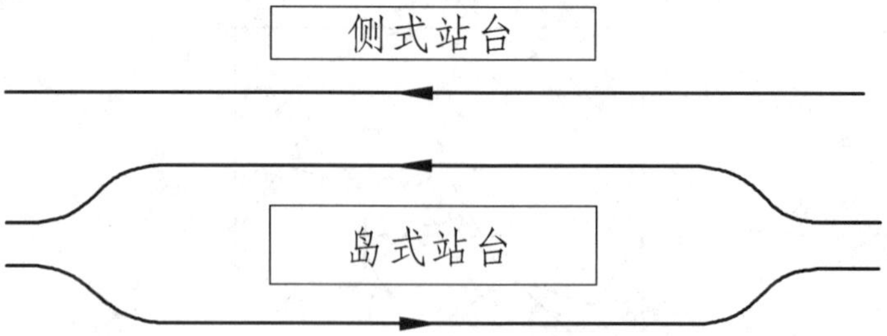

（b）

图 7-35

任务四 面域和图案高级填充

一、面 域

面域是封闭区域所形成的二维实体对象，可将它看成一个平面实心区域。尽管AutoCAD 2008 中有许多命令可以生成封闭形状（如圆、多边形），但所有这些都只包含边的信息而没有面，它们和面域有本质区别。

（一）操作方法

（1）“菜单栏” / “绘图” / “面域”。

（2）工具栏：。

（3）命令：“REGION”。

面域和图案高级填充

（二）操作步骤

命令：REGLON↙

执行命令后，软件提示用户选择想转换为面域的对象，如选取有效，则系统将该有效选取转换为面域。但选取面域时要注意：

（1）自相交或端点不连接的对象不能转换为面域。

（2）缺省情况下进行面域转换时，“REGION”命令将用面域对象取代原来的对象并删除原对象。但是如果想保留原对象，则可通过设置系统变量“DELOBJ”为零来达到这一目的。

二、图案填充

在建筑制图中，剖面图用来表达各种建筑材料的类型、地基轮廓面、房屋顶的结构特征以及墙体的剖面等。AutoCAD 软件为用户提供了图案填充功能。图案填充操作，用户需要明确三个内容：一是填充的区域，二是填充的图案，三是填充的方式。

（一）操作方法

（1）“菜单栏” / “绘图” / “图案填充”。

（2）工具栏：。

（3）命令：“HATCH/BHATCH”。

（4）快捷键：“H/BH”

（二）操作步骤

命令：HATCH↙

打开“图案填充和渐变色”对话框，如图 7-36 所示。

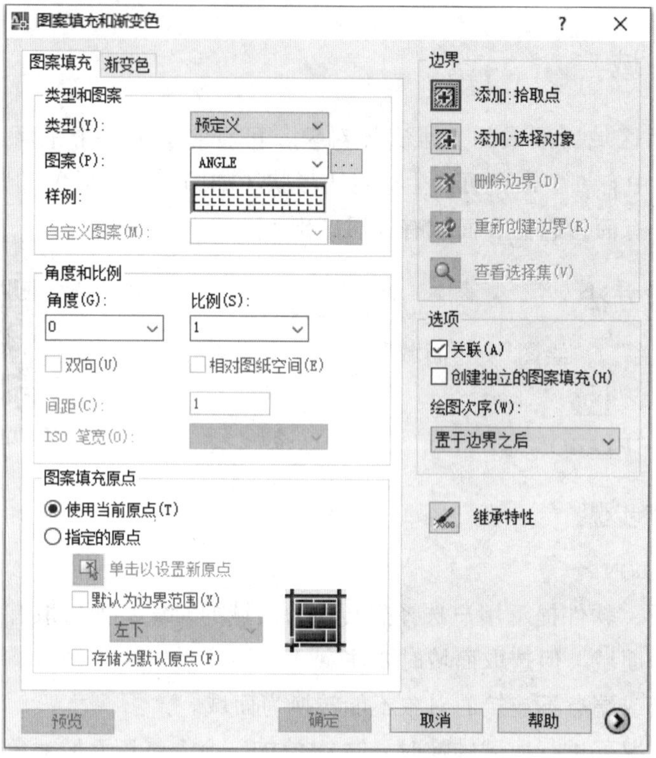

图 7-36

使用“图案填充”对话框中的“图案填充”选项卡，定义图案填充和渐变填充对象的边界、图案类型、图案特性和其他特性。可以快速设置图案填充，各选项的含义和功能如下：

“图案填充和渐变色”对话框包括以下内容：“图案填充”选项卡；“渐变色”选项卡；其他选项区域；添加：拾取点；添加：选择对象；重新创建边界；删除边界；查看选择集；选择边界对象；选项；继承特性；预览。

1.“图案填充”选项卡（“图案填充和渐变色”对话框）

（1）类型和图案。

该选项指定图案填充的类型和图案。

① 类型。

设置图案类型。用户定义的图案基于图形中的当前线型。自定义图案是在任何自定义“PAT”文件中定义的图案，这些文件已添加到搜索路径中。可以控制任何图案的角度和比例。预定义图案存储在随产品提供的“acaD. pat”或“acadiso.pat”文件中。

② 图案。

列出可用的预定义图案。最近使用的六个用户预定义图案出现在列表顶部。“HATCH”将选定的图案存储在系统变量“HPNAME”中。只有将“类型”设置为“预定义”，该“图案”选项才可用。

③ 图案后面的“...”按钮。

显示“填充图案选项板”对话框，从中可以同时查看所有预定义图案的预览图像，这将有助于用户做出选择。

④ 样例。

显示选定图案的预览图像。可以单击“样例”以显示“填充图案选项板”对话框。选择“SOLID”图案时，可以单击右箭头以显示颜色列表或“选择颜色”对话框。

⑤ 自定义图案。

列出可用的自定义图案。六个最近使用的自定义图案将出现在列表顶部。选定图案的名称存储在系统变量“HPNAME”中。只有在“类型”中选择了“自定义”，此选项才可用。

⑥ 自定义图案后面的“...”按钮。

显示“填充图案选项板”对话框，从中可以同时查看所有自定义图案的预览图像，这将有助于用户做出选择。

（2）角度和比例。

指定选定填充图案的角度和比例。

① 角度。

指定填充图案的角度（相对当前 UCS 坐标系的 x 轴）。“HATCH”将角度存储在系统变量“ HPANG ”中。

② 比例。

放大或缩小预定义或自定义图案。“HATCH”将比例存储在系统变量“HPSCALE”中。只有将“类型”设置为“预定义”或“自定义”，此选项才可用。

③ 双向。

对于用户定义的图案，将绘制第二组直线，这些直线与原来的直线成 90°，从而构成交叉线。只有在“图案填充”选项卡上将“类型”设置为“用户定义”时，此选项才可用（“HPDOUBLE”系统变量）。

④ 相对图纸空间。

相对于图纸空间单位缩放填充图案。使用此选项，可以很容易地做到以适合布局的比例显示填充图案。该选项仅适用于布局。

⑤ 间距。

指定用户定义图案中的直线间距。“HATCH”将间距存储在系统变量“HPSPACE”中。只有将“类型”设置为“用户定义”，此选项才可用。

⑥ ISO 笔宽。

基于选定笔宽缩放 ISO 预定义图案。只有将“类型”设置为“预定义”，并将“图案”设置为可用的 ISO 图案的一种，此选项才可用。

（3）图案填充原点。

制填充图案生成的起始位置。某些图案填充（如砖块图案）需要与图案填充边界上的一点对齐。默认情况下，所有图案填充原点都对应于当前的 UCS 原点。

① 使用当前原点。

使用存储在系统变量“HPORIGINMODE”中的设置。默认情况下，原点设置为（0，0）。

② 指定的原点。

指定新的图案填充原点。单击此选项可使以下选项可用。

③ 单击以设置新原点。

直接指定新的图案填充原点。

④ 默认为边界范围。

根据图案填充对象边界的矩形范围计算新原点。可以选择该范围的四个角点及其中心。（“HPORIGINMODE ”系统变量）

⑤ 存储为默认原点。

将新图案填充原点的值存储在系统变量“HPORIGIN”中。

⑥ 原点预览。

显示原点的当前位置。

2.“渐变色”选项卡（“图案填充和渐变色”对话框）

该选项卡定义要应用的渐变填充的外观。

（1）颜色。

① 单色。

指定使用从较深着色到较浅色调平滑过渡的单色填充。选择“单色”时，“HATCH”将显示带有“浏览”按钮和“着色”和“染色”滑块的颜色样本。

② 双色。

指定在两种颜色之间平滑过渡的双色渐变填充。选择“双色”时，“HATCH”将显示颜色 1 和颜色 2 的带有“浏览”按钮的颜色样本。

③ 颜色样本。

指定渐变填充的颜色。单击浏览按钮“...”以显示“选择颜色”对话框，从中可以选择 AutoCAD 颜色索引（ACI）颜色、真彩色或配色系统颜色。显示的默认颜色为图形的当前颜色。

④“着色”和“渐浅”滑块。

指定一种颜色的渐浅（选定颜色与白色的混合）或着色（选定颜色与黑色的混合），

用于渐变填充。

（2）渐变图案。

显示用于渐变填充的九种固定图案，这些图案包括线性扫掠状、球状和抛物面状图案。

（3）方向。

指定渐变色的角度以及其是否对称。

① 居中。

指定对称的渐变配置。如果没有选定此选项，渐变填充将朝左上方变化，创建光源在对象左边的图案。

② 角度。

指定渐变填充的角度。相对当前 UCS 指定角度。此选项与指定给图案填充的角度互不影响。

3. 添加：拾取点

根据围绕指定点构成封闭区域的现有对象确定边界。对话框将暂时关闭，系统将会提示拾取一个点。

4. 添加：选择对象

根据构成封闭区域的选定对象确定边界。对话框将暂时关闭，系统将会提示选择对象。

5. 重新创建边界

围绕选定的图案填充或填充对象创建多段线或面域，并使其与图案填充对象相关联（可选）。单击“重新创建边界”时，对话框将暂时关闭，并显示一个命令提示。

6. 删除边界

从边界定义中删除之前添加的任何对象。单击“删除边界”后，对话框将暂时关闭，并显示一个命令提示。

7. 查看选择集

暂时关闭“图案填充和渐变色”对话框，并使用当前的图案填充或填充设置显示当前定义的边界。如果未定义边界，则此选项不可用。

8. 选择边界对象

显示选定图案填充的边界夹点控件，并关闭“图案填充和渐变色”对话框。如果尚未为现有图案填充定义任何边界，则此选项不可用。

9. 选　项

控制几个常用的图案填充或填充选项。

10. **继承特性**

使用选定图案填充对象的图案填充或填充特性对指定的边界进行图案填充或填充。“HPINHERIT ”将控制是由“HPORIGIN”还是由源对象来决定生成的图案填充的图案填充原点。在选定图案填充要继承其特性的图案填充对象之后，可以在绘图区域中单击鼠标右键，并使用快捷菜单在“选择对象”和“拾取内部点”选项之间进行切换以创建边界。单击“继承特性”后，对话框将暂时关闭，并显示一个命令提示。

11. **预 览**

关闭对话框，并使用当前图案填充设置显示当前定义的边界。单击图形或按“Esc”键返回对话框。单击鼠标右键或按“Enter”键接受图案填充或填充。如果没有指定用于定义边界的点，或没有选择用于定义边界的对象，则此选项不可用。

12. **其他选项**

展开对话框以显示其他选项。

（三）特别说明

在填充区域内的对象成为孤岛，如封闭的图形、文字串的外框等。它影响了填充图案时的内部边界，因此对孤岛的处理方式不同而形成了三种填充方式，如图 7-37 所示。

1. **普 通**

从外部边界向内填充。如“HATCH”遇到内部孤岛，将关闭图案填充，直到遇到该孤岛内的另一个孤岛。也可以通过在系统变量“HPNAME”的图案名称中添加，“N”将填充方式设置为“普通”样式。

2. **外 部**

从外部边界向内填充。如果“HATCH”遇到内部孤岛，将关闭图案填充。此选项只对结构的最外层进行图案填充或填充，而结构内部保留空白。也可以通过在系统变量“IIPNAME”的图案名称中添加，“O ”将填充方式设置为“外部”样式。

3. **忽 略**

忽略所有内部的对象，填充图案时将通过这些对象。也可以通过在系统变量“ HPNAME” 的图案名称中添加，“I” 将填充方式设置为“忽略”样式。

图 7-37 分别为普通、外部和忽略模式

用户可以在边界内拾取点或选择边界对象时（即点击“拾取点”或点击“选取对象”后），在图形区单击鼠标右键，从弹出的快捷菜单中选择三种样式之一，如图 7-38 所示。

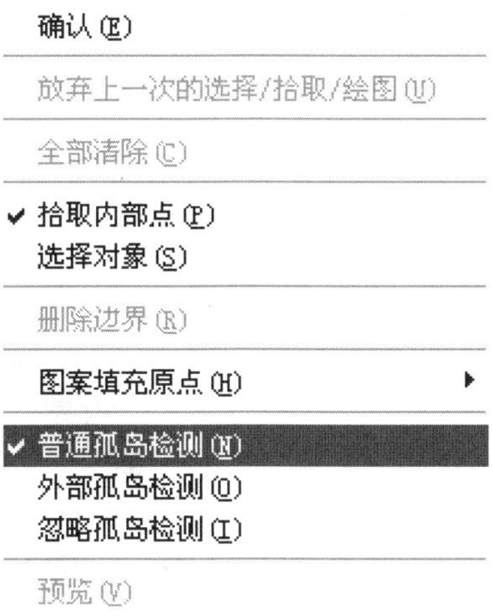

图 7-38　填充的三种模式

（四）应用举例

图 7-39 是用相同图案采用不同比例进行图案填充的示例，图 7-39（a）的比例为 0.5，图 7-39（b）的比例为 1，图 7-39（c）的比例为 2。

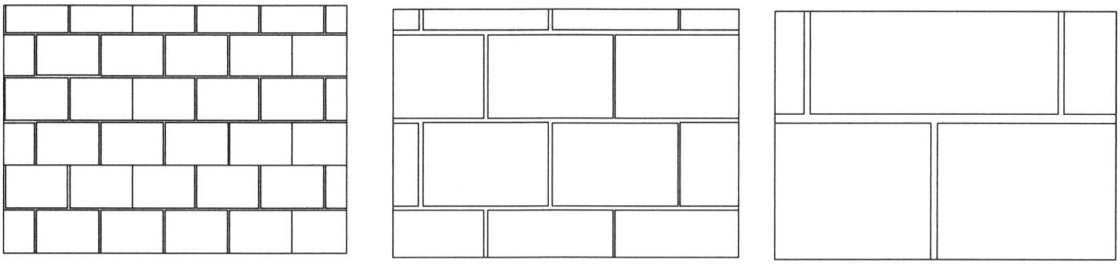

（a）比例=0.5　（b）比例=1　（c）比例=2

图 7-39　不同比例的图案填充

点取图案填充按钮，弹出“图案填充和渐变色”对话框，如图 7-36 所示。

点击“类型”下拉菜单，选择“预定义”。

点击“图案”下拉菜单，选择需要填充的图案。

在“比例”框内分别输入 0.5，1 和 2。

点取拾取点对话框，命令行提示：选择内部点。

在图形轮廓线内部单击鼠标左键，此时图线以高亮显示。

回车结束填充区域的选择。

点取“确定”按钮，完成图案填充。

三、技能训练

（一）实训任务

运用 AutoCAD 绘制如图 7-40（a）所示的图形，并对其进行填充，填充效果如图 7-40（b）所示。

（二）实训要求

（1）按照图示尺寸进行绘制。

（2）按图示颜色进行填充。

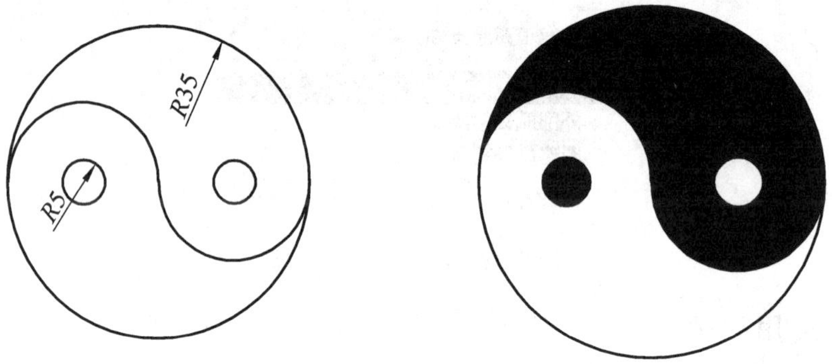

（a）　　（b）

图 7-40

任务五　图　块

一、定义块属性

（一）操作方法

（1）“菜单栏”/“绘图”/“块”/“定义属性”。

（2）命令：“ATTDEF”。

图块

（二）操作步骤

“菜单栏”/“绘图”/“块”/“定义属性”。弹出图 7-41 所示对话框。

用户可以更改对话框的设置，其中“标记”“提示”“默认”文本框的设置值与实际输入的标高值无关，只是起到提示作用；在样式中选择合适的文字样式。

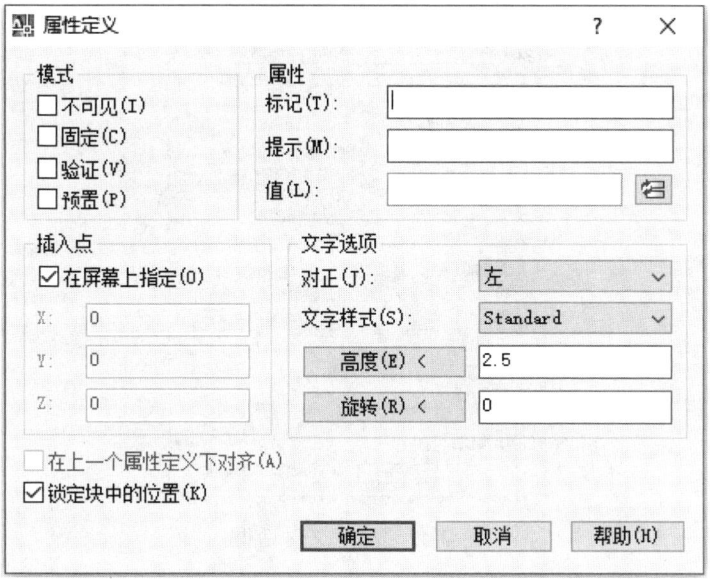

图 7-41 定义块属性

二、创建块

创建块其实就是定义一个块，创建的块存储在图形数据库中，同一块可根据需要多次被插入到图形中。

块可以包含有一个或多个对象。创建块的第一步就是创建一个块定义。在此之前，进行块定义的对象必须已经被画出并能够用创建选择集的方式选择，之后在使用创建块定义时才能选择它们。

创建块时，组成块的对象所处的图层会对对象的特性有所影响。如对象处在 0 层，则该块插入到哪个图层，它就取得哪个图层的颜色和线型，而处在非 0 层上的对象将仍然保持它原来所在的层的特性，即使是块被插入到另外的层上也是如此。

（一）操作方法

（1）“菜单栏”/“绘图”/“块”。

（2）工具栏：。

（3）命令：“BLOCK”。

（4）快捷键：“B”。

（二）操作步骤

命令：BLOCK↙

弹出如图 7-42 所示对话框。

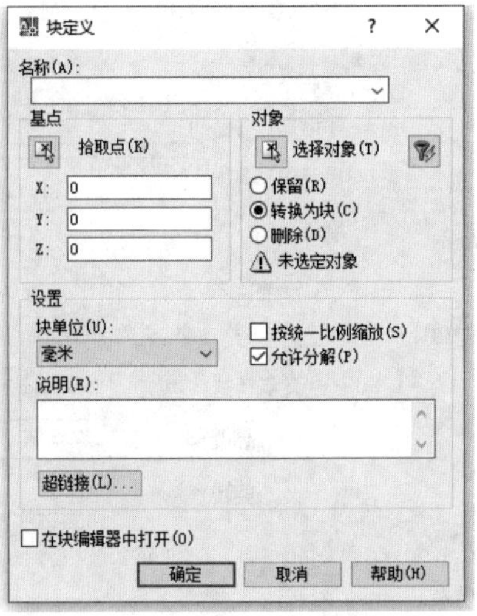

图 7-42　块定义对话框

用户可以更改对话框的设置，各参数的含义：

（1）“名称”：需要定义的图形进行命名的名称。

（2）“基点”：对图块进行插入的基准点。

（3）“对象”：需要变成块的图形。

（4）“设置”：根据需要进行。

（三）应用举例

如图 7-43 所示图形，将其变成块。

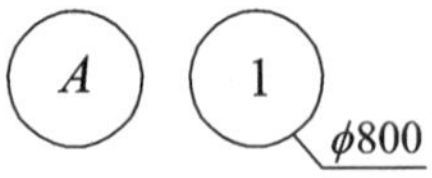

图 7-43　轴线符号

命令：BLOCK↙

弹出如图 7-42 所示对话框。

在名称中输入“轴线符号”。

单击拾取点按钮，在屏幕中图形上拾取一个点作为基点。

单击选择对象按钮，将屏幕中已经绘制好的轴线符号图形进行全部选择。

单击确定完成块的操作。

三、插入块

（一）操作方法

（1）“菜单栏”/“绘图”/“块”。

（2）工具栏：。

（3）命令：“INSERT”。

（4）快捷键：“I”。

（二）操作步骤

命令：INSERT↙

弹出如图 7-44 所示对话框。

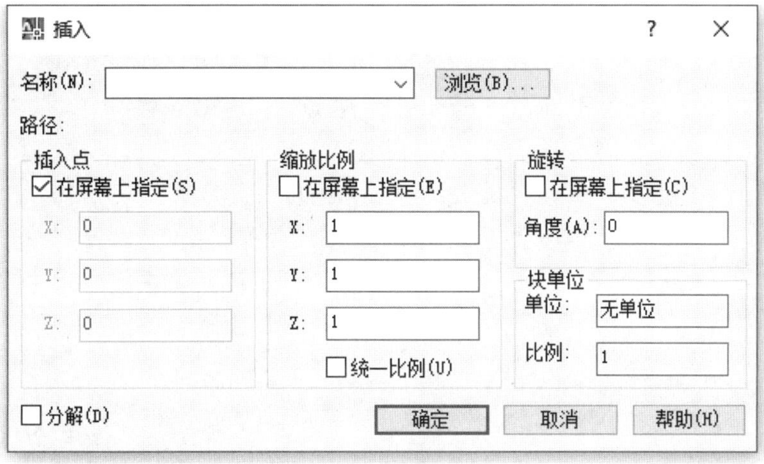

图 7-44　插入块

插入块的时候可以根据实际需要对原创建的块从 X、Y、Z 三个方向进行不同比例的缩放，也可设定插入块时原块的旋转角度。

插入块时还可以使用“MINSERT”命令，通过确定行数、列数及行间距和列间距，以矩阵形式插入多个图块。

AutoCAD 中，还可以使用拖放的方式插入图块。操作步骤：鼠标拾取 AutoCAD 文件，按住鼠标左键将文件拖到打开的 AutoCAD 图形窗口中，松开鼠标左键，根据提示指定插入点和缩放比例，即可将所选择的文件按指定参数插入到当前文件中的指定位置。

三、技能训练

（一）实训任务

运用 AutoCAD 绘制如图 7-45 所示的图形，并将其创建为块。

（二）实训要求

（1）按照图示尺寸进行绘制图形。

（2）将其创建为快，名称为“标高符号”。

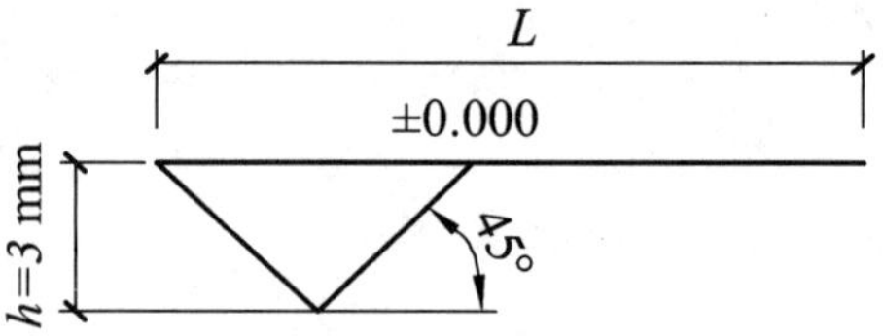

图 7-45　标高符号

项目八

二维编辑命令

知识目标

- 1. 掌握复制命令、镜像命令、偏移命令和阵列命令的使用。
- 2. 掌握移动命令和旋转命令的使用。
- 3. 掌握缩放命令、拉伸命令、倒角命令、圆角命令的使用。
- 4. 掌握修改及延伸点命令的绘制方法。

技能目标

- 1. 能够熟练修改菜单栏下面常用命令。
- 2. 能够运用二维编辑命令绘制复杂图形。
- 3. 能够综合利用各种命令绘制简单的交通类的工程图，并养成良好的绘图习惯。

课程导入

前面的任务我们已经了解了 AutoCAD 的基本知识，本章学习 AutoCAD 2008 基本绘图方法，灵活运用样条线、多线等绘图工具，掌握对象的偏移、图形的复制与旋转等相关修改工具的运用。灵活运用所学知识于平面图绘制中，达到从技能训练中巩固已有知识、拓展知识的目的，寻求学习新知识的方法。

任务一 复制类对象的编辑

本任务主要介绍复制类对象的编辑，包括复制命令、镜像命令、偏移命令、阵列命令和旋转命令的使用。

一、复　制

复制命令指的是在指定位置按指定距离进行复制对象。

复制

（一）操作方法

（1）“菜单”/“修改”/“复制”。

（2）工具栏：。

（3）命令：“COPY”。

（4）快捷键：“C”。

（二）操作步骤

命令：COPY↙

选择对象：（用鼠标选择需要复制的对象，然后按↙。）

选择基点或[位移（D）]<位移>：（用鼠标在屏幕中选择一点作为基点或者直接输入位移大小。）

选择基点或[位移（D）]<位移>：指定第二个点或<使用第一个点作为位移>：（用鼠标在屏幕中选择一点作为复制的对象所在位置。）

（三）应用举例

利用圆和复制命令，完成如图 8-1 所示五连环的绘制。

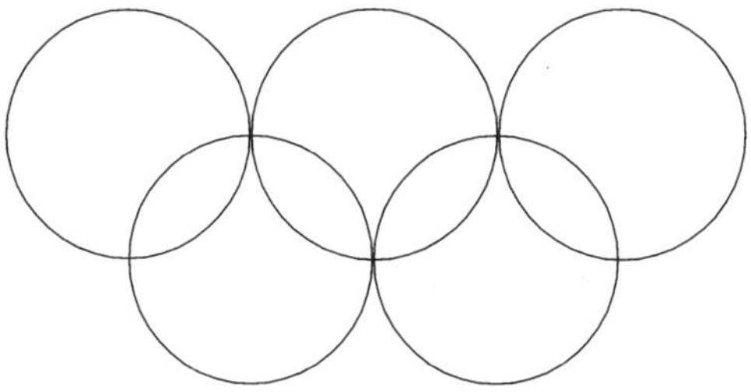

图 8-1　五连环的绘制

采用“动态输入”命令窗口的键盘操作如下：

先用圆命令在屏幕上绘制一个圆。

命令：COPY↙

选择对象：（用鼠标选择所绘制的圆↙。）

选择基点或[位移（D）]<位移>:（用鼠标在屏幕中选择圆的水平直径上的左端点。）

选择基点或[位移（D）]<位移>：指定第二个点或<使用第一个点作为位移>:（用鼠标在屏幕中选择圆的水平直径上的右端点。）

指定第二个点或[退出（E）/放弃（U）]<退出>:（用鼠标在屏幕中选择刚才复制的圆的水平直径上的右端点。）

按↙确认。

命令：COPY↙

选择对象：（用鼠标选择所绘制的圆↙。）

选择基点或[位移（D）]<位移>:（用鼠标在屏幕中选择圆的垂直直径上的上端点。）

选择基点或[位移（D）]<位移>：指定第二个点或<使用第一个点作为位移>:（用鼠标在屏幕中选择第一个圆和第二个圆的交点。）

指定第二个点或[退出（E）/放弃（U）]<退出>:（用鼠标在屏幕中选择第二个圆和第三个圆的交点。）

按↙确认；即完成图 8-1 所示五连环的绘制。

二、镜　像

创建选定对象的镜像图形，可以创建表示半个图形的对象，选择这些对象并按照指定的线进行镜像创建另一半。它可以帮助用户完成具有对称性或部分对称性图样的绘制，将指定的对象按给定的镜像线（通常通过指定两点来指定对称轴线）镜像处理。对称线可以是任意方向的，镜像后用户可根据需要选择是否删除原对象。

（一）操作方法

（1）“菜单”/“修改”/“镜像”。

（2）工具栏：。

（3）命令：“MIRROR”。

（4）快捷键：“MI”。

（二）操作步骤

单击"修改"/"镜像"。

选择对象：（用鼠标选择需要镜像的对象↙）

指定镜像第一点：（用鼠标在屏幕中选择作为镜像线的一点。）

指定镜像第一点：指定镜像第二点：（用鼠标在屏幕中选择作为镜像线的另一点。）

要删除源对象吗？[是（Y）/否（N）<N>:（输入你需要的选择。）
按↙确认。

（三）应用举例

利用直线和镜像命令，完成如图 8-2 所示简易飞机模型的绘制。

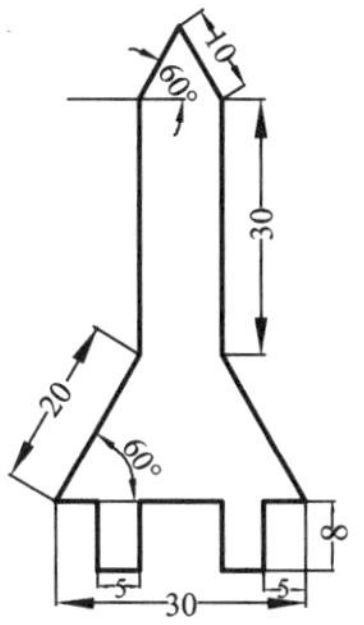

图 8-2　简易飞机模型

首先将模型的一半绘制出来，如图 8-3 所示（此处操作省略）。

图 8-3

单击"修改"/"镜像"。
选择对象:（用鼠标选择图 8-3 所示图形对象↙）
指定镜像第一点: [用鼠标在屏幕中选择作为镜像线的一点（图 8-3 中 *A* 点）。]
指定镜像第一点:指定镜像第二点:[用鼠标在屏幕中选择作为镜像线的另一点(图 8-3 中 *B* 点)。]
要删除源对象吗？[是（Y）/否（N）<N>: N]
按↙确认。
即完成 8-2 所示图形。

三、偏　移

利用偏移命令对直线、圆或矩形等对象进行偏移，可以绘制一组平行线、同心圆或同心矩形等图形。当等距偏移一个对象时，需指定等距偏移的距离和偏移方向，也可以指定一个偏移对象通过的点。

（一）操作方法

（1）“菜单”/“修改”/“偏移”。

（2）工具栏：。

（3）命令：“OFFEST”。

（4）快捷键：“O”。

（二）操作步骤

命令：OFFEST↙

指定偏移距离或[通过（T）/删除（E）/图层（L）]<通过>:（指定距离或输入其他选项。）

选择要偏移的对象，或[退出（E）/放弃（U）]<通过>:

指定要偏移那一侧上的点，或[退出（E）/多个（M）/放弃（U）]:

↙确认。

（三）应用举例

利用圆和偏移命令，完成图 8-4 的绘制。

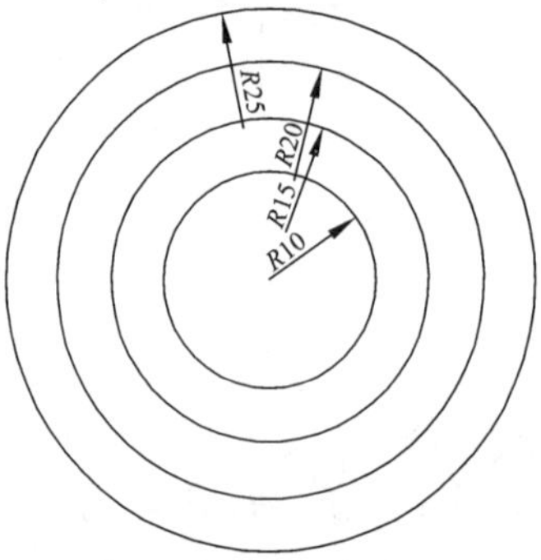

图 8-4

命令窗口的键盘操作如下：

首先绘制一个半径为 10 的圆。

命令：OFFEST↙

指定偏移距离或[通过（T）/删除（E）/图层（L）]<通过>: 5↙

选择要偏移的对象，或[退出（E）/放弃（U）]<通过>:（选择半径为 10 的圆。）

指定要偏移那一侧上的点，或[退出（E）/多个（M）/放弃（U）]:（在半径为 10 的圆外部单击一点。）

选择要偏移的对象，或[退出（E）/放弃（U）]<通过>:（选择半径为 15 的圆。）

指定要偏移那一侧上的点，或[退出（E）/多个（M）/放弃（U）]:（在半径为

15 的圆外部单击一点。)

选择要偏移的对象，或[退出（E）/放弃（U）]<通过>:（选择半径为 20 的圆。)

指定要偏移那一侧上的点，或[退出（E）/多个（M）/放弃（U）]:（在半径为 210 的圆外部单击一点。)

↙确认。

即完成 8-4 所示图形。

四、阵　列

阵列分为矩形阵列和环形阵列。矩形阵列是指对所有对象排成矩形方阵，环形阵列是指所有对象绕某个圆心排成环状。

（一）操作方法

（1）“菜单”/“修改”/“阵列”。

（2）工具栏：。

（3）命令：“ARRAY”。

（4）快捷键：“AR”。

阵列

（二）操作步骤

命令：ARRAY↙

弹出如图 8-5 所示对话框。

点击选择矩形阵列或环形阵列；如图 8-5（b）所示。

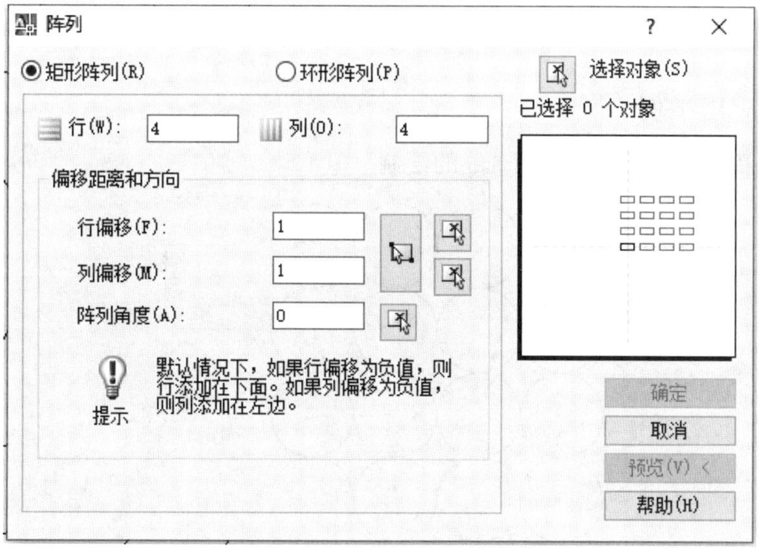

（a）

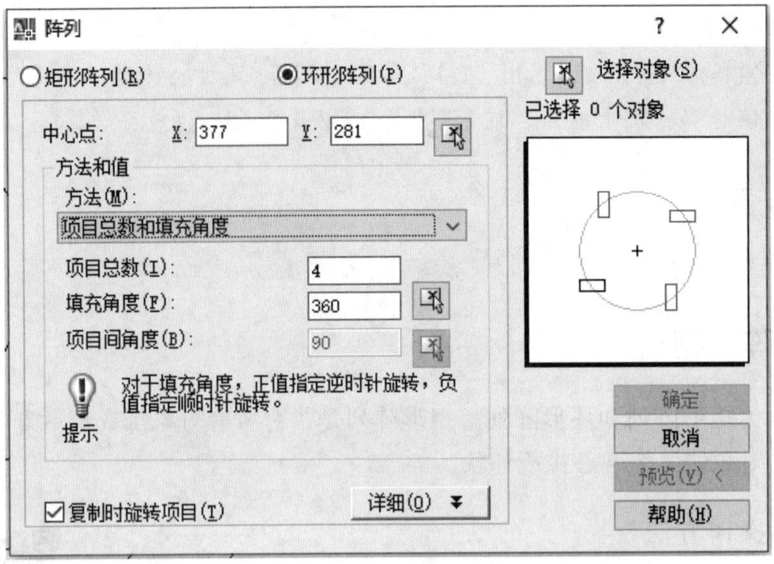

（b）

图 8-5　阵列对话框

在“行”“列”选项区域，确定几行几列。

在“行偏移”“列偏移”“阵列角度”选项区域，确定具体数值或用鼠标拾取长度和角度值。

点击“选择对象”按钮可以选择需要阵列的对象。

在“中心点”选项区域，确定具体数值或用鼠标拾取具体的点的位置。

在“方法”选项区域，确定环形阵列所采取的方式，共有三种。

在“项目总数”“填充角度”“项目间角度”选项区域，确定具体数值或用鼠标拾取长度和角度值。

（三）应用举例

利用圆和阵列命令，完成图 8-6 的绘制。

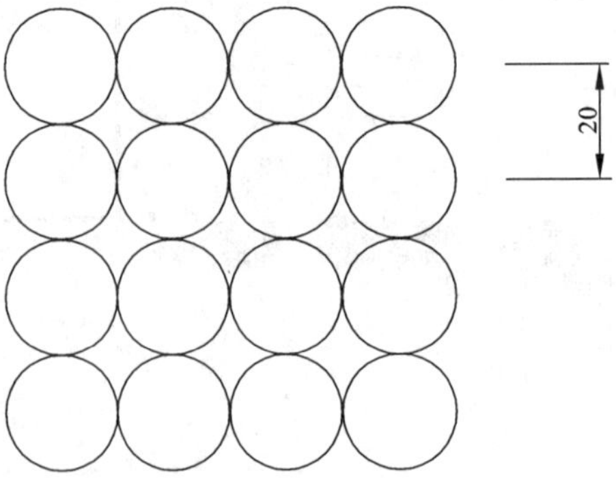

图 8-6　矩形阵列

先绘制一个半径为 10 的圆。

命令：ARRAY↙

弹出如图 8-5（a）所示对话框。

单击选择矩形阵列。

在“行”“列”选项区域，均输入“2”。

在“行偏移”“列偏移”“阵列角度”选项区域，分别输入“20”“20”“0”。

单击“选择对象”按钮，选择半径为“10”的圆。

单击“确定”按钮，完成图 8-6 的绘制。

利用圆和阵列命令，完成图 8-7 的绘制。

先绘制一个半径为 25 的圆；然后从圆心垂直向上绘制 40 长度的直线，在直线顶端绘制半径为 10 的圆（此步具体操作省略）。

命令：ARRAY↙

弹出如图 8-5（a）所示对话框。

单击选择环形阵列，如图 8-5（b）所示。

在“中心点”选项区域，单击后方按钮，然后确定鼠标拾取大圆圆心点的位置。

在“项目总数”“填充角度”、选项区域，分别输入 8、360。

单击“选择对象”按钮，选择半径为 10 的圆↙。

单击“确定”按钮，完成图 8-7 的绘制。

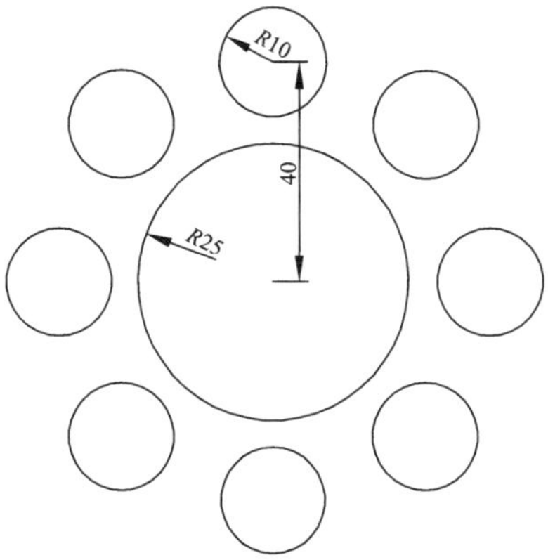

图 8-7　环形阵列

五、旋　转

旋转是指将对象按指定角度进行旋转（可将对象按某个中心点进行旋转）。

（一）操作方法

（1）“菜单”/“修改”/“旋转”。

（2）工具栏：。

（3）命令：“ROTATE”。

（4）快捷键：“RO”。

（二）操作步骤

命令：ROTATE↙

选择对象：（用鼠标选择你需要旋转的对象，然后按↙。）

指定基点：（用鼠标在屏幕中选择一点作为围绕其旋转的中心点。）

指定旋转角度或[复制（C）/参照（R）]<0>：（输入角度值↙，或者输入所需选项。）

（三）应用举例

将图 8-8（a）变成图 8-8（b）所示的图形。

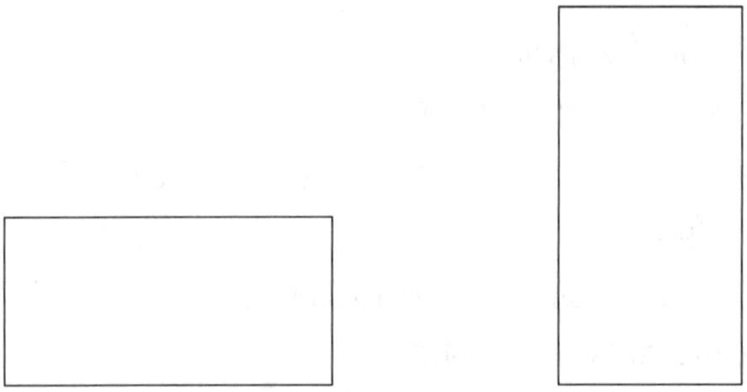

（a）　　（b）

图 8-8　旋转

操作方法如下：

命令：ROTATE↙

选择对象：[用鼠标选择 8-8（a）所示的对象，然后按↙。]

指定基点：[用鼠标在屏幕中选择 8-8（a）所示对象的左下角作为基点。]

指定旋转角度或[复制（C）/参照（R）]<0>：90↙

即完成 8-8（b）所示图形。

六、技能训练

复制类对象的编辑基本操作

复制类对象的编辑技能训练

（一）实训任务一

1. 实训任务

运用 AutoCAD 绘制如图 8-9 所示的图形。

2. 实训要求

（1）按规定的尺寸完成图形的绘制。

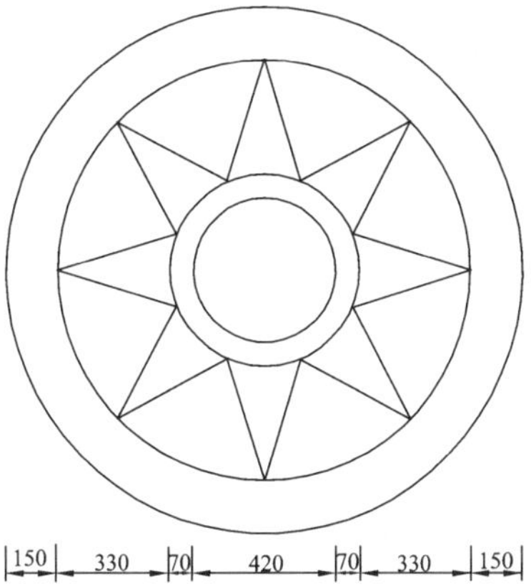

图 8-9

（二）实训任务二

1. 实训任务

运用 AutoCAD 绘制如图 8-10 所示的图形。

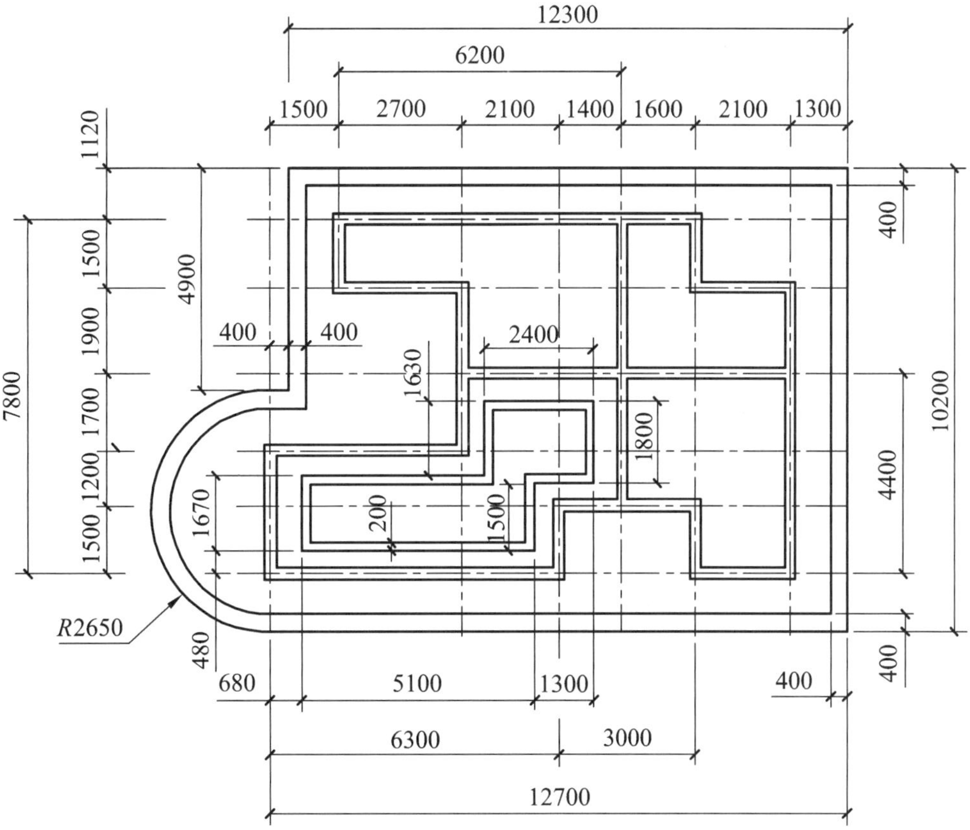

图 8-10

2. **实训要求**

（1）设置至少两个图层，一层为辅助线层，线型“HIDDEN”，颜色为红色；一层为实线层，线型“CONTINUES”，颜色黑色，线宽 0.5。

（2）按规定的尺寸完成图形的绘制。

能力训练

1. 单项选择题

（1）复制的快捷命令是（　　）。

A. M　　B. O　　C. MI　　D. CO

（2）镜像操作时，先指定要镜像的对象，再指定（　　）的位置即可。

A. 起点　　B. 垂足　　C. 镜像线　　D. 中点

（3）在 AutoCAD 中为一条直线制作相同间距的平行线用（　　）命令。

A. 移动　　B. 镜像　　C. 偏移　　D. 复制

（4）（　　）是阵列命令。

A. 矩形阵列　　B. 多边形阵列

C. 三角阵列　　D. 样条阵列

（5）下列命令中没有复制功能的是（　　）。

A. 移动　　B. 镜像　　C. 偏移　　D. 复制

2. 绘图练习

（1）运用复制命令按图 8-11 中所示尺寸用 AutoCAD 绘制下列图形。

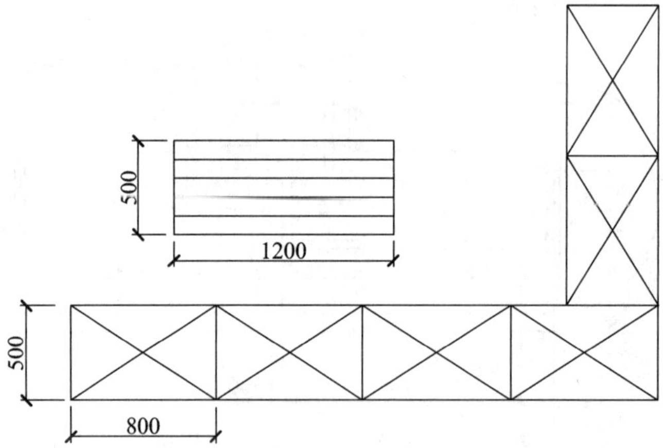

图 8-11

（2）运用镜像命令按图 8-12 中所示尺寸用 AutoCAD 绘制下列图形。其中，图（a）尺寸自定。

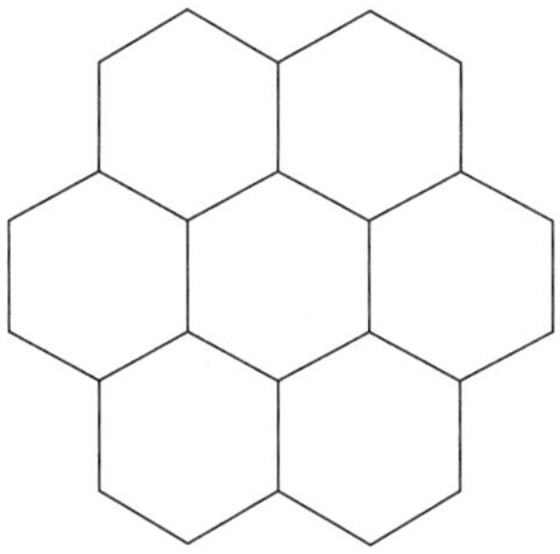

（a）蜂窝图

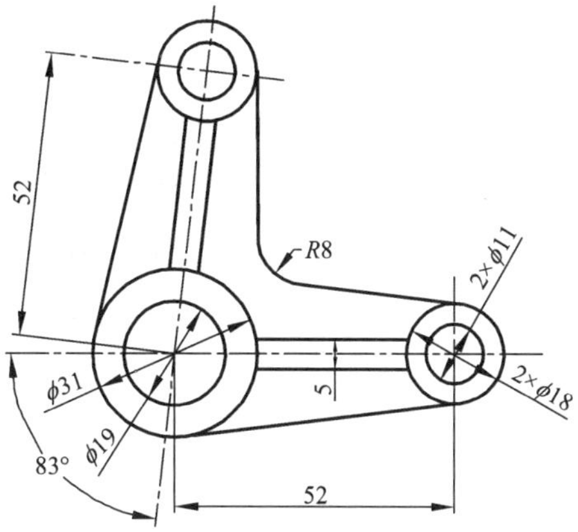

（b）

图 8-12

（3）运用偏移命令按图 8-13 中所示尺寸用 AutoCAD 绘制下列图形。

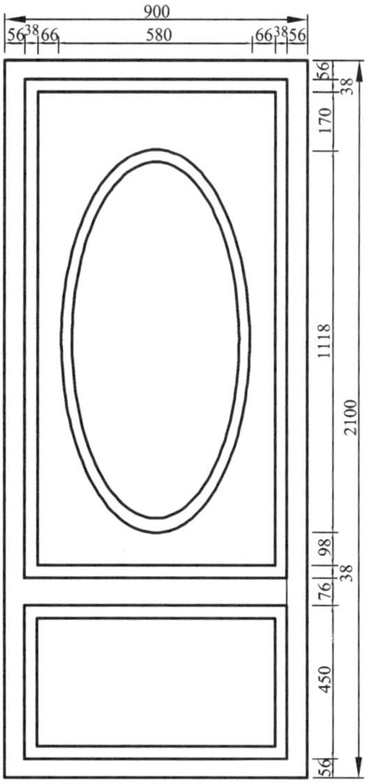

图 8-13　门的绘制

（4）运用阵列命令按图 8-14 中所示尺寸用 AutoCAD 绘制下列图形。

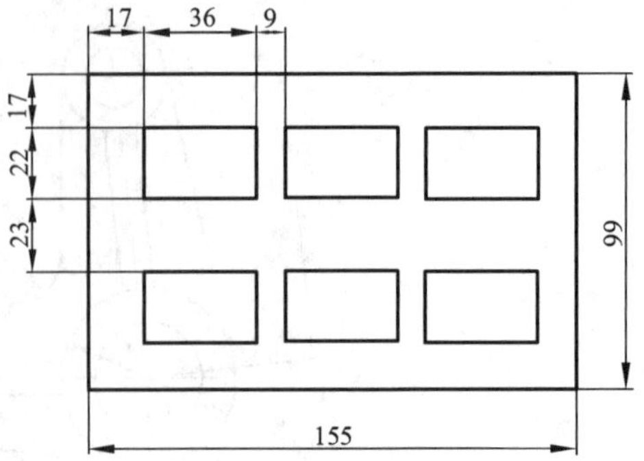

（a）

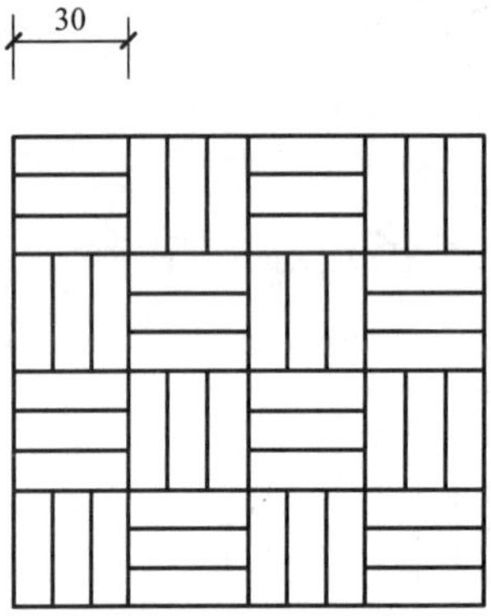

（b）

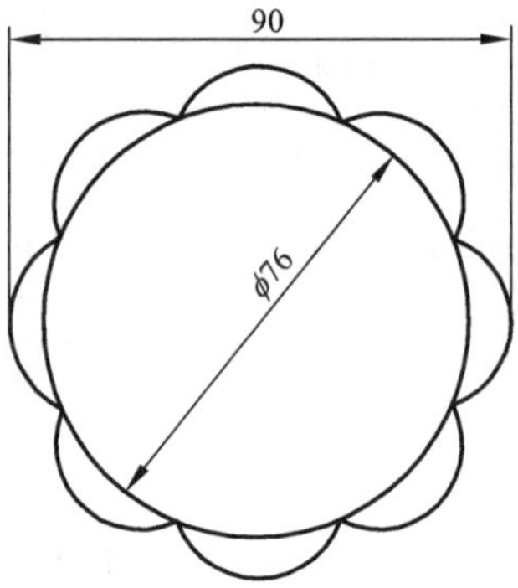

（c）

图 8-14

任务二 改变位置及几何特性类对象的编辑

本任务主要介绍改变位置及几何特性类对象的编辑，包括移动命令、缩放命令、拉伸命令、倒角命令和圆角命令的使用。

一、移　动

在指定方向上按指定距离移动对象。使用坐标、栅格捕捉、对象捕捉和其他工具可以精确移动对象。

改变位置及几何特性类对象的编辑

（一）操作方法

（1）“菜单”/“修改”/“移动”。

（2）工具栏：。

（3）命令：“MOVE”。

（4）快捷键：“M”。

（二）操作步骤

命令：MOVE↙

选择对象：(用鼠标选择你需要移动的对象，然后按↙。)

选择基点或[位移（D）]<位移>：(用鼠标在屏幕中选择一点作为基点或者直接输入位移大小。)

选择基点或[位移（D）]<位移>：指定第二个点或<使用第一个点作为位移>：(用鼠标在屏幕中选择一点作为移动的对象所在位置。)

（三）应用举例

将图 8-15（a）变成图 8-15（b）所示图形。

（a）　　　　（b）

图 8-15　移动

操作方法如下：

命令：MOVE↙

选择对象：[用鼠标选择 8-14（a）所示的对象，然后按↙。]

选择基点或[位移（D）]<位移>：[用鼠标在屏幕中选择 8-14（a）所示的直线左端点作为基点。]

选择基点或[位移（D）]<位移>：指定第二个点或<使用第一个点作为位移>：(用鼠标在屏幕中选择 8-15（a）所示的直线右端点作为移动后所在基点。)

即完成 8-15（b）所示图形。

二、缩　放

缩放命令就是放大或缩小，可以成倍数缩放，也可以随意参照对象大小缩放。它是一个非常有用且节省绘图时间的编辑命令。

（一）操作方法

（1）“菜单” / “修改” / “缩放”。

（2）工具栏：。

缩放

（3）命令：“SCALE”。

（4）快捷键：“SC”。

（二）操作步骤

命令：SCALE↙

选择对象：（用鼠标选择需要缩放的对象，然后按↙。）

指定基点：（用鼠标在屏幕中要缩放的对象上的某一点或屏幕中任一点。）

指定比例因子或[复制（C）/参照（R）]<1.0000>：（输入要缩放的比例↙，或者输入选项。）

（三）应用举例

将图 8-15（a）的图形放大两倍变成图 8-15（b）所示图形。

操作方法如下：

SCALE↙

选择对象：[用鼠标选择 8-16（a）所示的正方形对象，然后按↙。]

指定基点：[用鼠标在屏幕中选择 8-16（a）所示正方形的左下角。]

指定比例因子或[复制（C）/参照（R）]<1.0000>：2↙

即完成 8-16（b）所示图形。

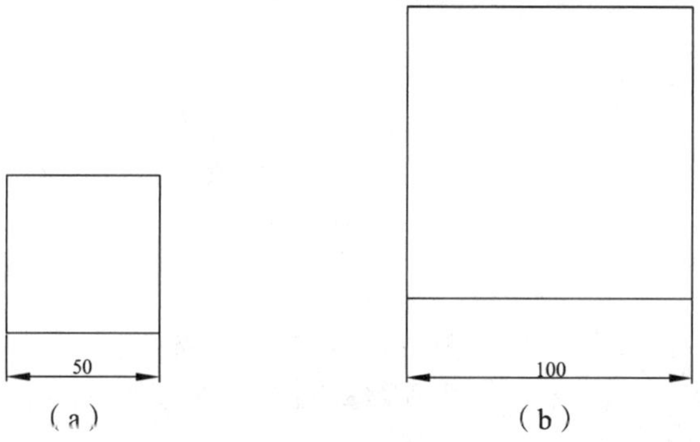

图 8-16　缩放

三、拉　伸

拉伸命令可以在任意一个方向上按用户所确定的尺寸拉伸和移动以交叉窗口选定的图形。

（一）操作方法

（1）“菜单”/“修改”/“拉伸”。

（2）工具栏：。

（3）命令：“STRETCH”。

（4）快捷键：“S”。

（二）操作步骤

命令：STRETCH↙

以交叉窗口或交叉多边形选择要拉伸的对象。

选择对象：（用鼠标选择需要拉伸的对象，然后按↙。）

指定基点或［位移（D）］<位移>：（用鼠标在屏幕中要缩放的对象上的某一点或屏幕中任一点。）

指定第二个点或<使用第一个点作为位移>：（用鼠标在屏幕中单击要拉伸到的位置。）

（三）应用举例

将图 8-17（a）所示的图形拉伸变成图 8-17（b）所示图形。

操作方法如下：

SCALE↙

以交叉窗口或交叉多边形选择要拉伸的对象。

选择对象：（用鼠标以交叉窗口形式选择 8-16（a）所示矩形的右下角，然后按↙。）

指定基点或［位移（D）］<位移>：（用鼠标在屏幕中选择 8-17（a）所示矩形的右下角作为拉伸点。）

指定第二个点或<使用第一个点作为位移>：（用鼠标在屏幕中单击要拉伸到的位置。）

即完成 8-17（b）所示图形。

（a）　　　　　　（b）

图 8-17　拉伸

注意：

（1）选取对象时，若整个实体都在选取窗口内，则执行的结果等同于执行“移动”命令。

（2）要拉伸的对象必须以交叉窗口或圈交的方式进行。

四、倒　角

在 AutoCAD 中，常常会遇到各种折线，这些折线可以直接用命令绘制，但实际工作中常用倒角命令来实现。倒角的方法有两种，一种是设定两个倒角距离，一种是设定一个倒角距离和倒角角度。

（一）操作方法

（1）“菜单栏”/“修改”/“倒角”。

（2）工具栏：。

（3）命令：“CHAMFER”。

（4）快捷键：“CHA”。

（二）操作步骤

命令：SPLINE↙

（"修剪"模式）当前倒角距离 1=0.0000，距离 2=0.0000

选择第一条直线或 [放弃（U）/多段线（P）/距离（D）/角度（A）/修剪（T）/方式（E）/多个（M）]：

各选项的含义：

（1）放弃（U）：即放弃当前操作。

（2）多段线（P）：即对多段线进行倒圆角。

（3）距离（D）：输入需要倒角的直线距离。

（4）角度（A）：按指定的角度进行倒角。

（5）修剪（T）：倒圆角后是否需要修剪源对象。

（6）多个（M）：即可一次命令下进行多次倒圆角操作。

（三）应用举例

将图 8-18（a）所示的图形进行倒角变成图 8-18（b）所示图形。

操作方法如下：

SCALE↙

（"修剪"模式）当前倒角距离 1=0.0000，距离 2=0.0000

选择第一条直线或[放弃（U）/多段线（P）/距离（D）/角度（A）/修剪（T）/方式（E）/多个（M）]：D↙

指定第一个倒角距离<0.0000>：10↙

指定第一个倒角距离<10.0000>：15↙

选择第一条直线或[放弃（U）/多段线（P）/距离（D）/角度（A）/修剪（T）/方式（E）/多个（M）]：(用鼠标选择竖向直线。)

选择第二条直线，或按住 Shift 键选择要应用角点的直线：(用鼠标选择横向直线。)

即完成 8-18（b）所示图形。

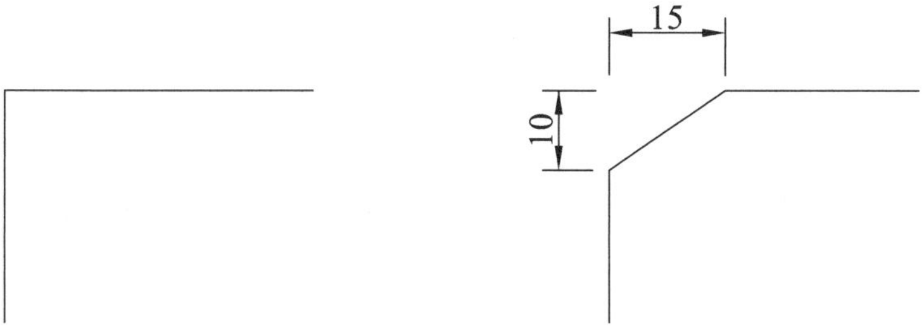

（a）　　　　　　　　　　　　　（b）

图 8-18　倒角

五、圆　角

在实际工作中，有很多建筑为了不留直角或尖角而需要进行圆角，如泄洪渠道的转弯处、道路的转弯处等。可以用 AutoCAD 中的圆角命令来实现圆角操作，它能把两个线性对象用圆弧光滑地连接起来。

（一）操作方法

（1）“菜单栏”/“修改”/“圆角”。

（2）工具栏：。

（3）命令：“FILLET”。

（4）快捷键：“F”。

（二）操作步骤

命令：FILLET↙

当前设置：模式=修剪，半径=0.0000

选择第一个对象或[放弃（U）/多段线（P）/半径（R）/修剪（T）/多个（M）]：

各选项的含义：

（1）放弃（U）：放弃当前操作。

（2）多段线（P）：对多段线进行倒圆角。

（3）半径（R）：输入需要倒圆角的对象的半径。

（4）修剪（T）：倒圆角后是否需要修剪源对象。

（5）多个（M）：可一次命令下进行多次倒圆角操作。

（三）应用举例

将图 8-19（a）所示图形进行圆角变成图 8-19（b）所示图形。

操作方法如下：

FILLET↙

当前设置：模式=修剪，半径=0.0000

选择第一个对象或[放弃（U）/多段线（P）/半径（*R*）/修剪（T）/多个（M）]：R↙

指定圆角半径<0.0000>：15↙

选择第一个对象或[放弃（U）/多段线（P）/半径（*R*）/修剪（T）/多个（M）]：（用鼠标选择竖向直线。）

选择第二个对象，或按住 Shift 键选择要应用角点的对象：（用鼠标选择横向直线。）

即完成 8-19（b）所示图形。

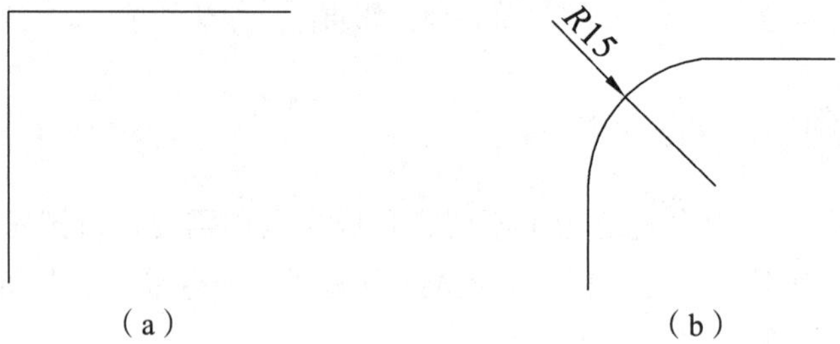

图 8-19　圆角

六、技能训练

（一）实训任务

运用 AutoCAD 绘制如图 8-20 所示的图形。

（二）实训要求

按照图示尺寸进行绘制。

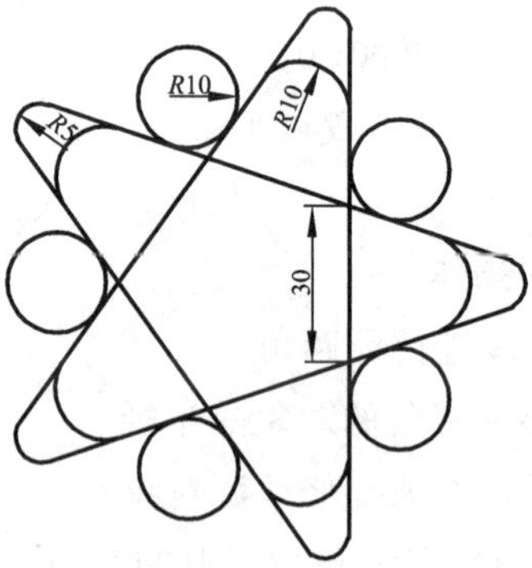

图 8-20

能力训练

1. 单项选择题

（1）在执行拉伸命令时，如果将对象全部选中，将执行（　　）操作。

A. 拉伸　　B. 移动　　C. 缩放　　D. 旋转

（2）执行缩放操作时，将对象按指定的（　　）相对于基点进行尺寸缩放。

A. 起点　　B. 中点　　C. 比例因子　　D. 大小

（3）拉伸命令的快捷键是（　　）。

A. S　　B. EX　　C. LEN　　D. BR

（4）用缩放命令“SCALE”缩放对象时，如果指定的比例因子大于 1 表明（　　）。

A. 没有变化　　B. 缩小对象　　C. 放大对象　　D. 局部放大

（5）用旋转命令“ROTATE”旋转对象时，要先指定（　　）。

A. 角度　　B. 基点　　C. 位移　　D. 参照

（6）进行拉伸操作时，用（　　）选择对象。

A. 点选　　B. 框选　　C. 全选　　D. 栏选

2. 绘图练习

（1）结合所学命令，按图 8-21 中所示尺寸用 AutoCAD 绘制下列图形。

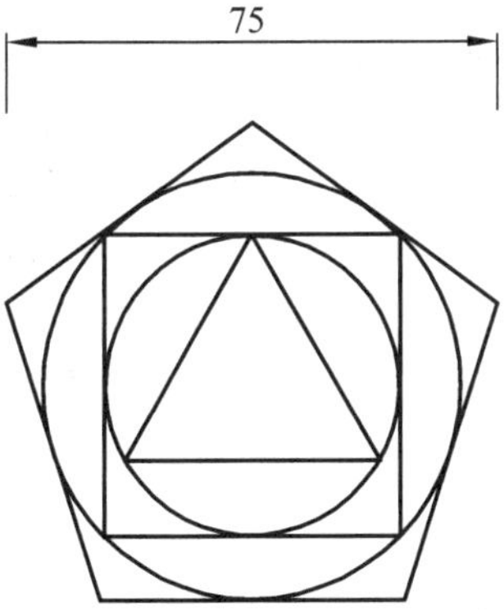

（a）

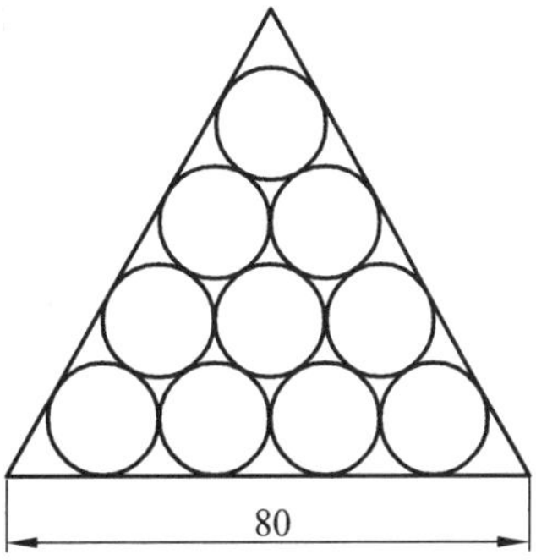

（b）

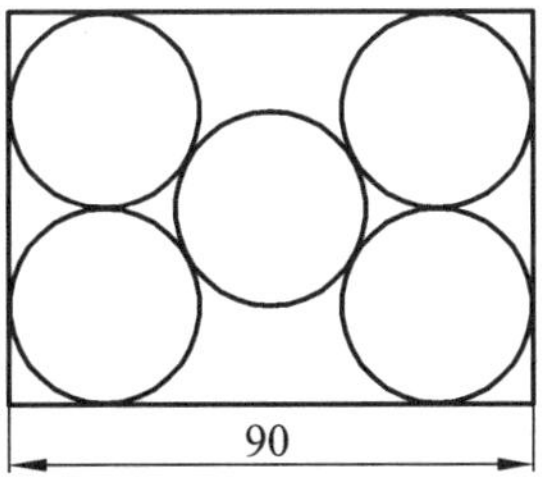

（c）

图 8-21

（2）运用倒角和圆角命令，按图 8-22 中所示尺寸用 AutoCAD 绘制图形。

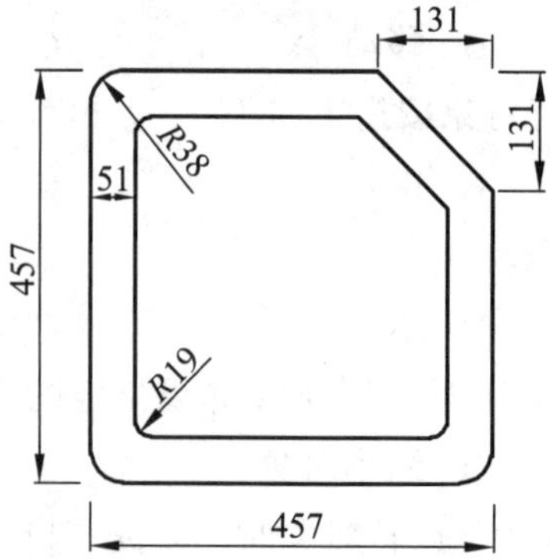

图 8-22

任务三 其他编辑命令

本任务主要介绍修剪命令、延伸命令、打断命令、合并命令和分解命令的使用。

一、修　剪

其他编辑命令

修剪命令可以准确地剪切掉选定对象超出指定边界的部分，这个边界称为剪切边。当对象一部分多余，可以用修剪命令进行修剪。需要注意的是，修剪命令只能去掉对象的一部分而不是全部。

（一）操作方法

（1）“菜单”/“修改”/“修剪”。

（2）工具栏：。

（3）命令：“TRIM”。

（4）快捷键：“TR”。

（二）操作步骤

命令：TRIM↙

选择剪切边...

选择对象或 <全部选择>:（选择剪切边）↙

选择要修剪的对象，或按住 Shift 键选择要延伸的对象，或 [栏选（F）/窗交（C）/投影（P）/边（E）/删除（R）/放弃（U）]:（选择需要剪掉的对象）↙

（三）应用举例

将图 8-23（a）所示图形进行修剪，变成图 8-23（b）所示图形。

操作方法如下：

命令：TRIM↙

选择剪切边...

选择对象或 <全部选择>：(选择斜直线作为剪切边) ↙

选择要修剪的对象，或按住 Shift 键选择要延伸的对象，或[栏选(F)/窗交(C)/投影(P)/边(E)/删除(R)/放弃(U)]：(选择水平直线作为剪掉的对象) ↙

即完成 8-23（b）所示图形。

（a）　　　　　　　　（b）

图 8-23　修剪

二、延　伸

延伸命令可延长线性对象的长度到指定位置。此命令和修剪命令的效果刚好相反。其实际操作是可以互换的。

（一）操作方法

（1）“菜单”/“修改”/“延伸”。

（2）工具栏：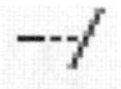。

（3）命令：“EXTEND”。

（4）快捷键：“EX”。

（二）操作步骤

命令：EXTEND↙

选择边界的边...

选择对象或 <全部选择>：(选择被延伸的对象) ↙

选择要延伸的对象，或按住 Shift 键选择要修剪的对象，或[栏选(F)/窗交(C)/投影(P)/边(E)/放弃(U)]：(选择需要延伸的对象) ↙

（三）应用举例

将图 8-24（a）所示图形进行延伸，变成图 8-24（b）所示图形。

操作方法如下：

命令：EXTEND↙

选择边界的边...

选择对象或 <全部选择>：（选择斜直线作为被延伸的边）↙

选择要修剪的对象，或按住 Shift 键选择要修剪的对象，或[栏选（F）/窗交（C）/投影（P）/边（E）/删除（R）/放弃（U）]：（选择水平直线作为延伸的对象）↙

即完成 8-24（b）所示图形。

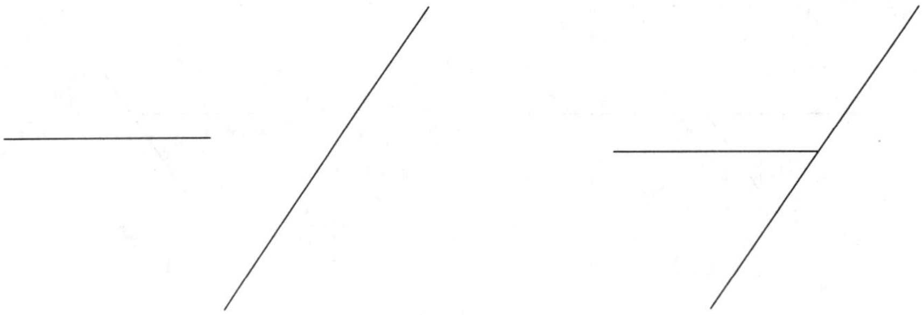

（a）　　　　（b）

图 8-24　延伸

三、打　断

打断命令可以把对象中的一部分在选定的某点处或两点处断开，进而删除或者把被选择的对象分割成两个部分。

（一）操作方法

（1）“菜单栏” / “修改” / “打断”。

（2）工具栏：□ 或 □。

（3）命令：“BREAK”。

（4）快捷键：“BR”。

（二）操作步骤

命令：BREAK↙

选择对象：

指定第二个打断点或[第一点（F）]：

指定第二个打断点：

（三）应用举例

将图 8-25（a）所示图形进行打断，变成图 8-25（b）所示图形。

操作方法如下：
命令：BREAK↙
选择对象：选择图 8-25（a）所示的正方形
指定第二个打断点或[第一点（F）]：f↙
指定第一个打断点：（选择正方形的左下角点）。
指定第二个打断点：（选择正方形的右下角点）。
即完成 8-25（b）所示图形。

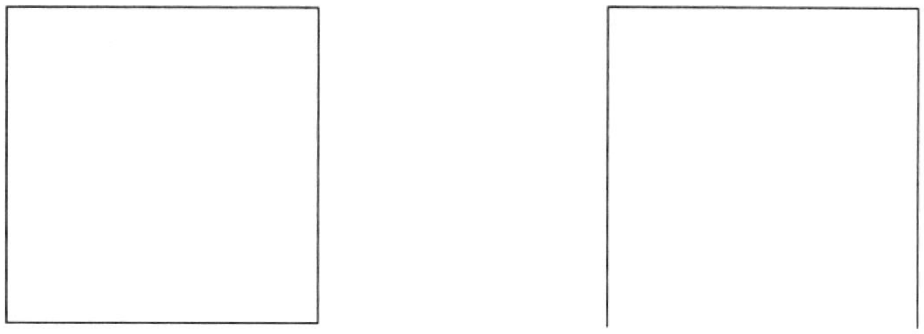

（a）　　　　（b）

图 8-25　打断

四、合　并

合并可以把两个或多个对象合并成一个完整的对象。

（一）操作方法

（1）“菜单栏”/“修改”/“合并”。
（2）工具栏：。
（3）命令：“JOIN”。
（4）快捷键：“J”。

（二）操作步骤

命令：JOIN↙
选择源对象：
选择要合并到源的直线：
选择圆弧，以合并到源或进行 [闭合（L）]：

（三）应用举例

将图 8-26（a）所示图形进行合并，变成图 8-26（b）所示图形。
操作方法如下：
命令：JOIN↙

选择源对象：（选择图 8-26（a）所示的圆弧。）
选择圆弧，以合并到源或进行[闭合（L）]：L↙
即完成 8-26（b）所示图形。

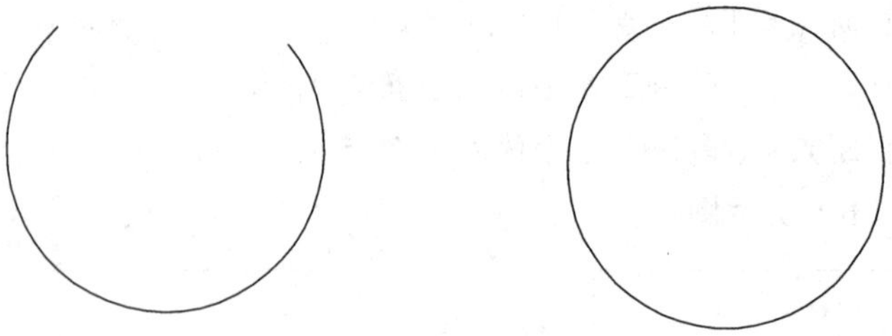

（a）　　　　　　　　（b）

图 8-26　合并

五、分　解

分解就是将一个整体对象变成若干个单独个体对象，可用于将图块对象、多段线对象、尺寸标注对象等分解为个体对象。

（一）操作方法

（1）“菜单栏”/“修改”/“分解”。
（2）工具栏：。
（3）命令：“EXPLODE”。
（4）快捷键：“X”。

（二）操作步骤

命令：EXPLODE↙
选择对象：（选择要分解的对象）
↙确认

六、技能训练

（一）实训任务

运用 AutoCAD 绘制如图 8-27 所示的图形。

（二）实训要求

按照图示尺寸进行绘制。

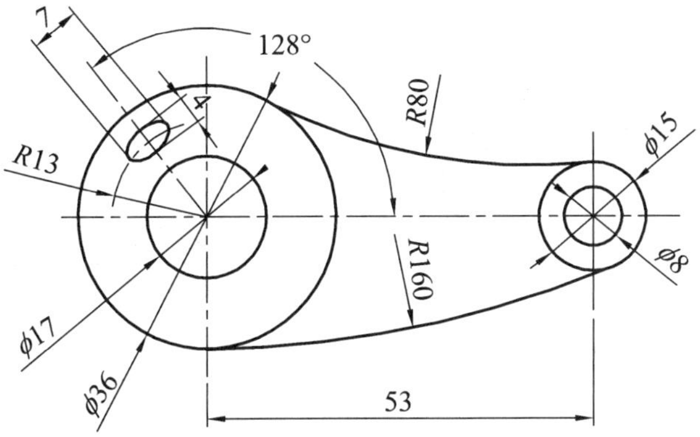

图 8-27

能力训练

1. 单项选择题

（1）修剪命令“TRIM”可以修剪很多对象，但下面的（　　）选项不行。

A. 圆弧、圆、椭圆弧　　B. 直线、开放的二维和三维多段线

C. 多线　　D. 射线、构造线和样条曲线

（2）下列不可以用分解命令炸开的图形是（　　）。

A. 圆　　B. 多线　　C. 多段线　　D. 块

（3）能应用修剪命令“TRIM”进行修剪的对象是（　　）。

A. 圆　　B. 圆弧　　C. 直线　　D. 文字

（4）以下关于打断命令说法错误的是（　　）。

A. 打断命令可以将图形分成两个相等部分

B. 打断命令可以部分删除图元

C. 打断命令可以利用键盘输入“BR”启动

D. 打断命令可以将一条直线分成两段相连部分

（5）在下列命令中，可以改变已经画出的对象的长度的命令是（　　）。

A. 延伸　　B. 打断

C. 移动　　D. 复制

（6）在执行修剪命令时，按住（　　）可以切换为延伸命令。

A. Ctrl 键　　B. Alt 键

C. Shift 键　　D. Enter 键

2. 绘图练习

（1）运用所学命令，按图 8-28 中所示尺寸用 AutoCAD 绘制下列图形。

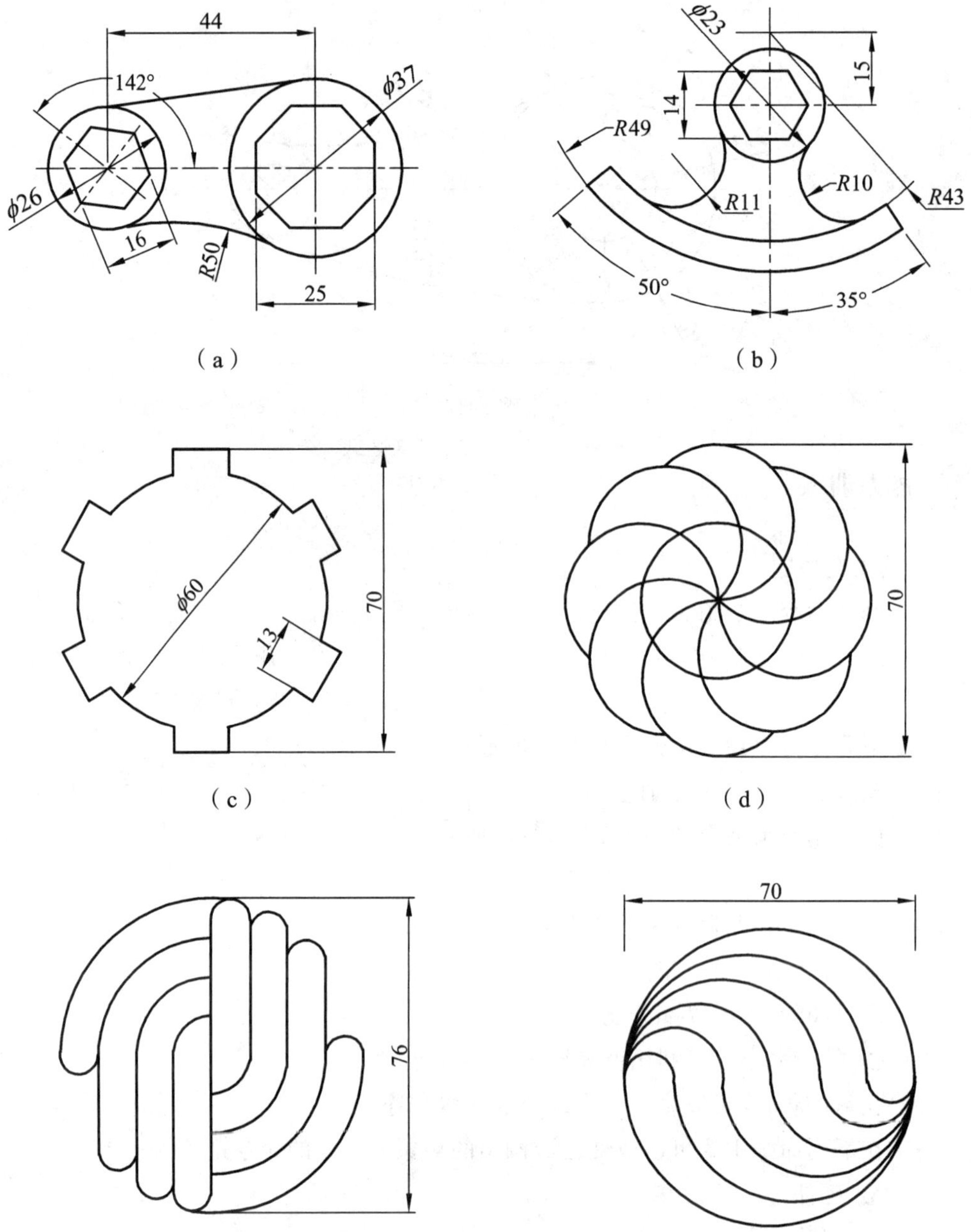

（a） （b） （c） （d） （e） （f）

图 8-28

（2）绘制图 8-29 中所示图形，（a）、（b）尺寸自定。

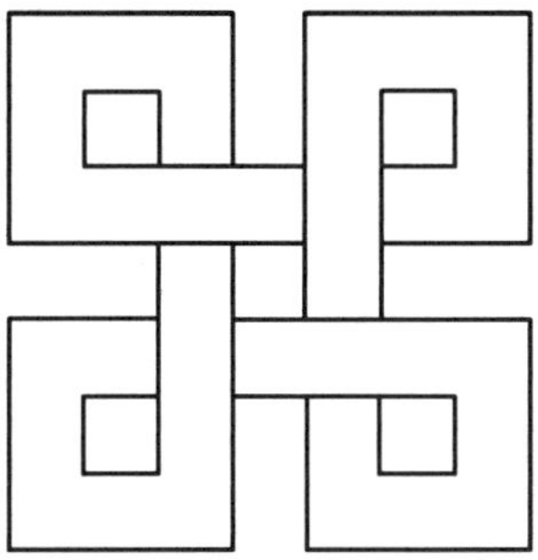

（a）

（b）

（c）

图 8-29

（3）按图 8-30 中所示道路立交桥的尺寸绘制该图形。

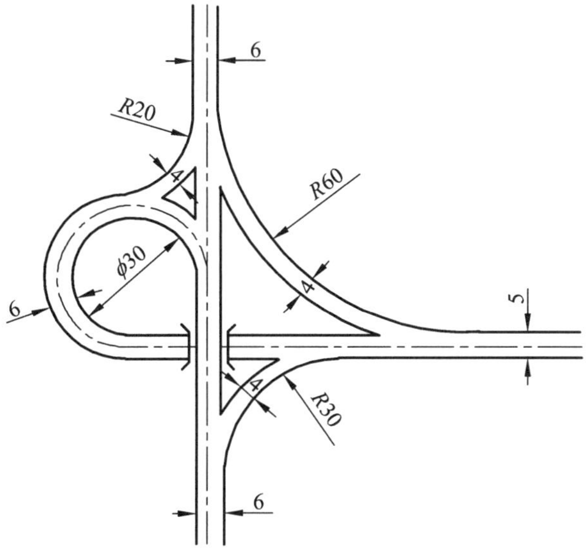

图 8-30

项目九

文字与尺寸标注

知识目标

- 1. 掌握设置和修改文字样式的方法。
- 2. 掌握单行文字和多行文字的使用。
- 3. 掌握尺寸标注的设置方法。
- 4. 掌握线性、对齐、基线、连续标注的使用。
- 5. 掌握半径、直径、弧长、角度、引线等标注的使用。
- 6. 掌握尺寸标注编辑的方法。

技能目标

- 1. 能熟练使用单行文字和多行文字。
- 2. 能熟练使用尺寸标注对图形对象进行图形的标注。
- 3. 能综合利用各种命令绘制和标注简单的交通类工程图，并养成良好的绘图习惯。

课程导入

在图形设计完成以后，要对其进行尺寸标注与必要的文字说明，然后按图形标注的尺寸建造工程实体。因此，文字与尺寸标注是绘图设计工作中的一个重要环节，图形中各个对象的真实大小和相互位置只有经过尺寸标注后才能确定。AutoCAD 2008 包含了一套完整的尺寸标注命令和实用程序，可以轻松完成图纸中要求的尺寸标注。

任务一 文字注写

工程图纸中除了图形外，还有大量的尺寸标注和文字注写。尺寸标注样式（简称标注样式）用于设置尺寸标注的具体格式，如尺寸文字采用的样式，尺寸线、尺寸界线以及尺寸箭头的标注设置等，以满足不同行业或不同国家的尺寸标注要求。

文字注写

在 AutoCAD 2008 中，使用标注样式可以控制标注的格式和外观，建立强制执行的绘图标准，并有利于对标注格式及用途进行修改。本节主要介绍文字样式的设置、创建多行文字、创建单行文字和文字编辑操作。

一、文字样式设置

文字在注写前应该对其样式进行设置，包括字体、字高、宽度比例等主要内容。只有将文字样式设置规范才能注写出规范的文字对象。

（一）操作方法

（1）“菜单”/“格式”/“文字样式”。

（2）工具栏：A。

（3）命令：“STYLE”。

（4）快捷键：“ST”。

执行以上任一操作后会弹出如图 9-1 所示“文字样式”对话框，用户可以设置文字的相关参数。现对其中具体内容进行详细介绍。

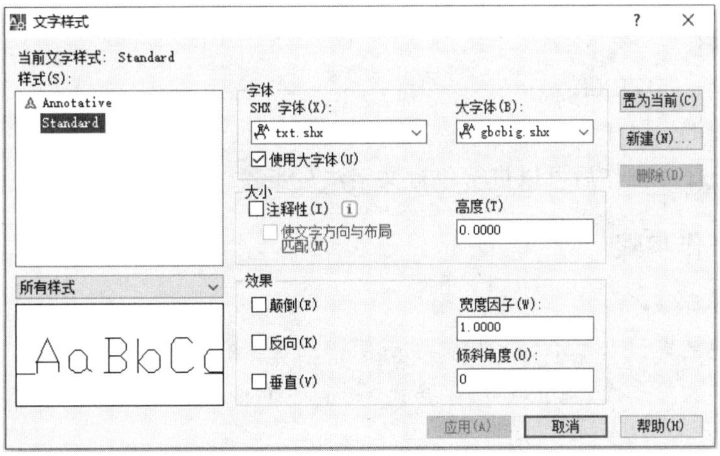

图 9-1 “文字样式”对话框

（二）各选项含义

样式：显示该图形文件中创建的所有文字样式名称或正在使用的文字样式名称，默认显示当前使用的文字样式名称“Standard”。

所有样式：可以通过箭头下拉列表选择“所有样式”或“正在使用的样式”选择。

预览框：左下部位为文字效果预览框，可以查看当前设置状态下的文字效果。

字体：用于设定文字的字体、大小和是否使用大字体。

效果：可以在该部分设置文字是否颠倒、是否反向，也可以设置是水平排列文字还是竖直排列文字，实际工作中，这些用得不多。

新建：单击“新建”按钮会弹出如图 9-2 所示的“新建文字样式”对话框，可设置新的文字样式。

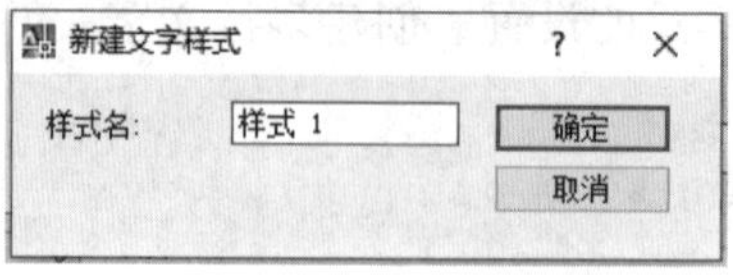

图 9-2 “新建文字样式”对话框

删除：可以删除不需要的字体样式。需要注意的是，当前样式、系统默认的样式和正在使用的样式不能被删除。

二、单行文字

单行文字的特点在于一次命令下如果创建若干行文字则每一行文字是一个文字对象，而不是一个整体。

（一）操作方法

（1）“绘图”/“文字”/“单行文字”。

（2）工具栏：。

（3）命令：“DTEXT”。

（4）快捷键：“DT”。

执行以上任一操作后可以进行单行文字注写步骤。

（二）操作步骤

命令：DTEXT↙

当前文字样式："Standard"文字高度：2.5　注释性：否。

指定文字的起点或[对正（J）/样式（S）]:（移动鼠标在屏幕上需要注写文字的地方单击。）

指定高度<2.5000>：（输入文字高度）↙
指定文字的旋转角度 <0>：（输入文字旋转角度）↙
输入要书写的文字，按两次↙确认即可。

三、多行文字

多行文字的特点在于一次命令下创建若干行文字是一个文字对象，它是一个整体。

（一）操作方法

（1）“绘图”/“文字”/“多行文字”。
（2）工具栏：A。
（3）命令：“MTEXT”。
（4）快捷键：“MT”。
执行以上任一操作后可以进行多行文字注写步骤。

（二）操作步骤

命令：MTEXT↙
当前文字样式："Standard"文字高度：2.5　注释性：否
指定第一角点：（移动鼠标在屏幕上需要注写文字的范围单击一点作为左上角点。）
指定对角点或［高度（H）/对正（J）/行距（L）/旋转（R）/样式（S）/宽度（W）/栏（C）］：（移动鼠标在屏幕上需要注写文字的范围单击一点作为右下角点。）
此时会弹出一个书写文字的书写框，如图 9-3 所示。

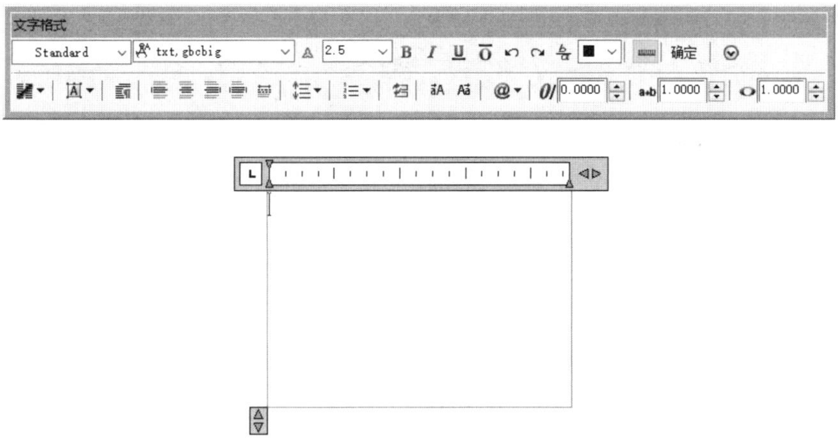

图 9-3　“多行文字”书写框

此时可以设置文字的样式、字体、高度等相关参数。
输入要书写的文字，按“确认”键即可。

四、编辑文字

当文字已经创建成功后，却发现需要对其进行内容或样式的更改时，可以通过编辑文字操作或“特性”面板来实现。

（一）操作方法

（1）“菜单”/“修改”/“对象”/“文字”/“编辑”。

（2）工具栏：。

（3）命令：“DDEDIT”。

（4）快捷键：“ED”。

（5）双击需要编辑的文字。

执行以上任一操作后可以进行编辑文字的操作步骤。

（二）操作步骤

命令：DDEDIT↙

选择注释对象或[放弃（U）]：（移动鼠标在屏幕上点击需要编辑的文字。）

此时会弹出“文字格式”的对话框，如图 9-4 所示。

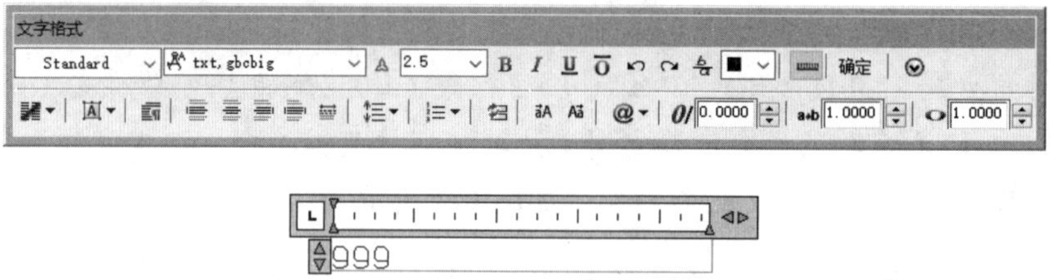

图 9-4　编辑文字

三、技能训练

（一）实训任务

运用 AutoCAD 绘制如图 9-5 所示的图框，标题栏尺寸参照图 1-9。

（二）实训要求

（1）按照 A3 图框的要求分图层设置各类图线。

（2）图框内汉字大小分别为 3.5 和 7 号字。

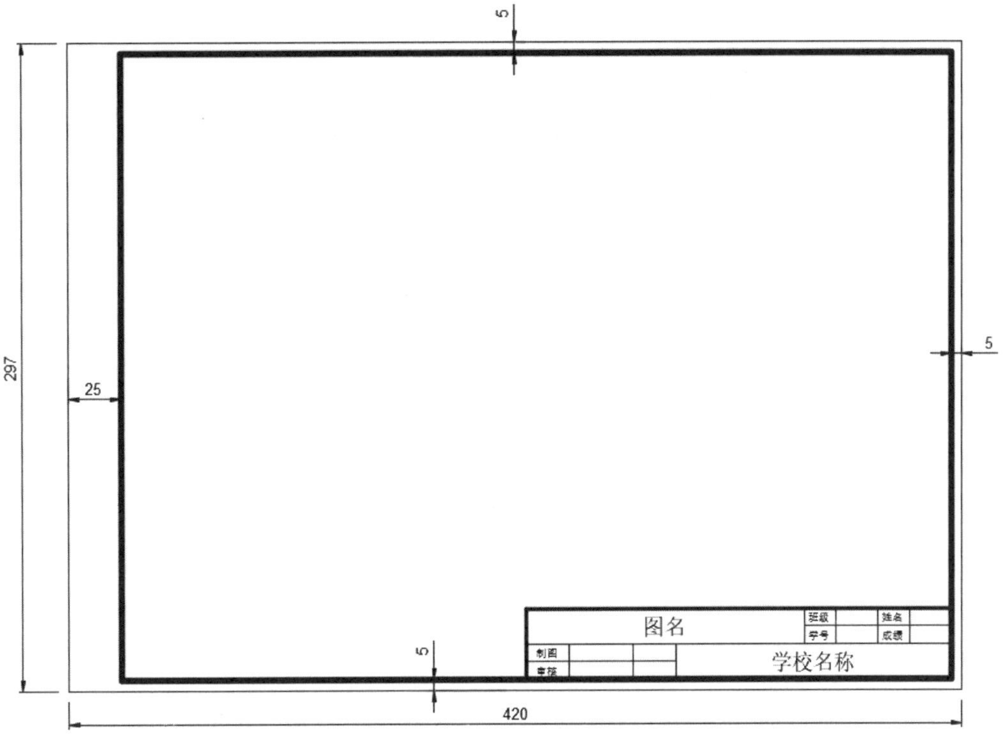

图 9-5　图框绘制

能力训练

1. 单项选择题

（1）绘制单行文字的命令是（　　）。

A. DTEXT　　B. DDEDIT　　C. MTEXT　　D. STYLE

（2）绘制多行文字的命令是（　　）。

A. DTEXT　　B. DDEDIT　　C. MTEXT　　D. STYLE

（3）编辑文字的命令是（　　）。

A. DTEXT　　B. DDEDIT　　C. MTEXT　　D. STYLE

（4）更改文字样式的命令是（　　）。

A. DTEXT　　B. DDEDIT　　C. MTEXT　　D. STYLE

2. 绘图练习

（1）用 AutoCAD 绘制图 9-6，并运用单行文字命令书写图中所示文字。字体为仿宋字体，尺寸及文字大小自定。

（2）运用多行文字命令书写图 9-7 中所示文字。标题为 7 号字，正文 3.5 号字，字体为宋体。

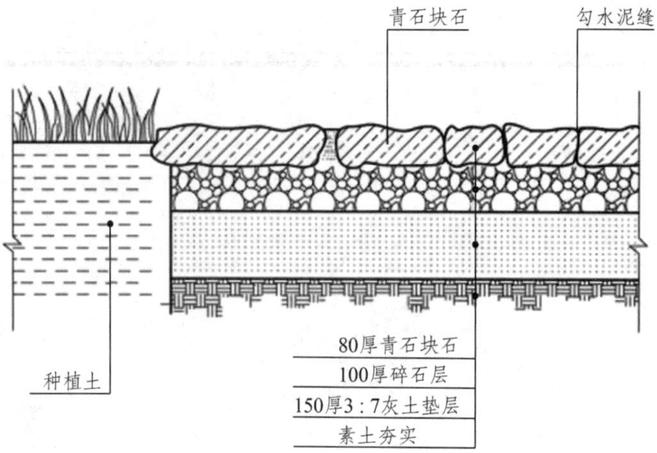

图 9-6

图线的画法（注意事项）

(1)同一图样中，同类图线的宽度应基本一致。虚线、点画线及双点画线的线段长度和间隔应各自大致相等。

(2)相互平行的图线，其间隙不宜小于其中粗线的宽度，且不小于0.7 mm。

(3)绘制图形的对称中心线、轴线时，其点画线应超出图线轮廓线外3 ~ 5 mm，且点画线的首末两端是长划，而不是短划；用点画线绘制圆的中心对称线时，圆心应为线段的交点。

(4)在较小的图线上绘制点画线、双点画线有困难时，可用细实线代替。

(5)虚线、点画线、双点画线自身相交或与其他任何图线相交时，都应是线、线相交，而不应在空隙处或短划线处相交，但虚线如果是实线的延长线时，则在连接虚线断处留有空隙。

(6)图线不得与文字、数字或符号重叠、混淆，当不可避免时，应首先保证文字等的清晰。

图 9-7

任务二 尺寸标注

尺寸标注样式（简称标注样式）用于设置尺寸标注的具体格式，如尺寸文字采用的样式；尺寸线、尺寸界线以及尺寸箭头的标注设置等，以满足不同行业或不同国家的尺寸标注要求。

在 AutoCAD 2008 中，使用标注样式可以控制标注的格式和外观，建立强制执行的绘图标准，并有利于对标注格式及用途进行修改，本任务将着重介绍“标注样式管理器”对话框创建标注样式的方法。

尺寸标注

一、尺寸标注样式的设置

尺寸标注样式的创建，是由一组尺寸变量的合理设置来实现的。

（一）操作方法

（1）“菜单”/“格式”/“标注样式”。

（2）工具栏：。

（3）命令：“DIMSTYLE”。

（4）快捷键：“D”。

执行以上操作，会弹出“标注样式管理器”对话框，可对标注样式进行设置和修改，如图 9-8 所示。

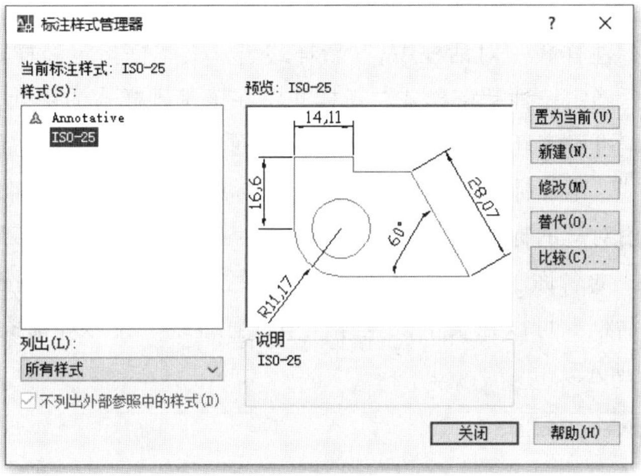

图 9-8 “标注样式管理器”对话框

各选项含义：

置为当前：用于把“样式”列表中的样式设置为当前样式。

新建：用于定义一个新的尺寸样式。

修改：用于修改已经存在的标注样式。

替代：用于创建当前标注样式的替代样式。它只对指定的尺寸标注起作用，不影响尺寸变量的设置。

比较：用于比较两个尺寸标注样式在参数上的区别或者浏览一个尺寸标注样式的参数设置。

（二）新建标注样式

系统默认的标注样式是 ISO-25，但是绘图时经常需要设置新的标注样式，往往一个图中不止一个标注样式，因此用户需要掌握新建标注样式的方法。

操作方法如下：

单击“新建”按钮，将弹出“创建新标注样式”对话框，如图 9-9 所示。

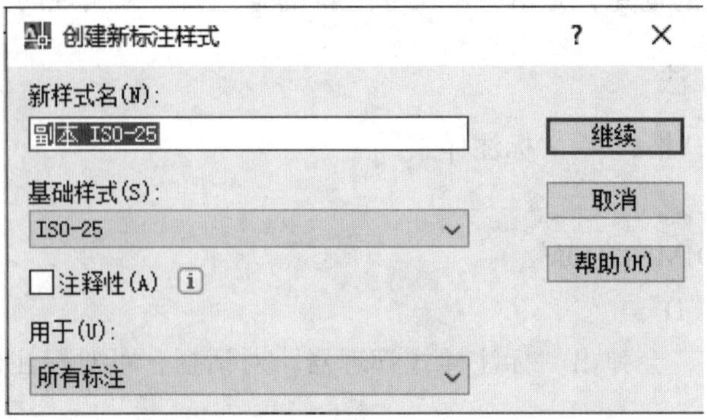

图 9-9　“创建新标注样式”对话框

在“创建新标注样式”对话框中，“新样式名”文本框指定新样式的名称；“基础样式”下拉列表框确定一种基础样式，新样式将在该基础样式的基础上进行修改；“用于”下拉列表框，可确定新建标注样式的适用范围。下拉列表中有“所有标注”“线性标注”“角度标注”“半径标注”“直径标注”“坐标标注”和“引线和公差”等选择项，分别使新样式适用对应的标注。

设置了新样式的名称、基础样式和适用范围后，单击“继续”按钮，将弹出“新建标注样式”对话框，可以在其中设置标注中设置直线、符号和箭头、文字、单位等内容，如图 9-10 所示。

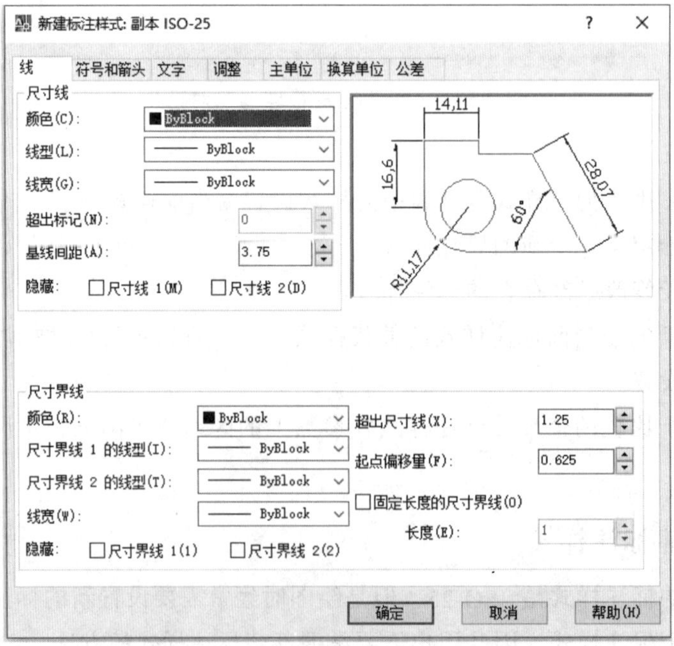

图 9-10　“新建新标注样式”对话框

（三）设置标注样式

在“新建标注样式”对话框中，有“线”“符号和箭头”“文字”“调整”“主单位”“换算单位”和“公差”7个选项卡，下面分别介绍。

1.“线”选项卡

“线”选项卡，可以设置尺寸线和尺寸界线的格式与属性。图9-10为与“线”选项卡对应的对话框。

（1）“尺寸线”选项组用于设置尺寸线的样式，可以设置尺寸线的颜色、线宽、超出标记、基线间距等属性。

（2）“尺寸界线”选项组用于设置尺寸界线的样式，可以设置延伸线的颜色、线宽、超出尺寸线的长度和起点偏移量等属性。

（3）预览窗口可根据当前的样式设置显示出对应的标注效果示例。

2.“符号和箭头”选项卡

使用“符号和箭头”选项卡，可以设置尺寸箭头、圆心标记、弧长符号以及半径标注折弯等方面的格式与位置，如图9-11所示。

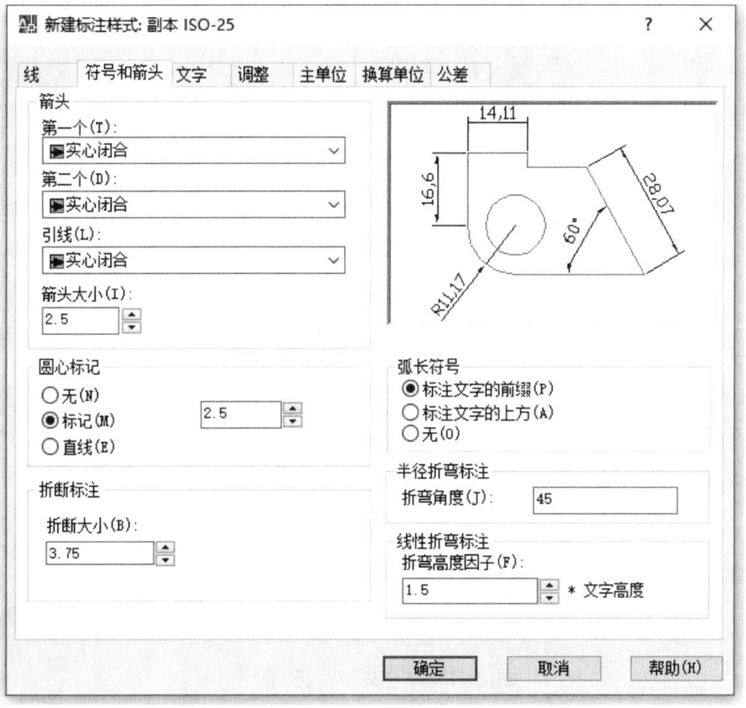

图9-11 “符号和箭头”选项卡

（1）在“箭头”选项组中，可以设置尺寸线和引线箭头的类型及尺寸大小等。

（2）在“圆心标记”选项组中，可以设置圆或圆弧的圆心标记类型。选择“无”

选项，则没有任何标记；选择“标记”选项，可以对圆或圆弧绘制圆心标记；选择“直线”选项，可以对圆或圆弧设置中心线。当选择“标记”或“直线”选项时，可以在“大小”文本框中设置圆心标记或中心线的大小。

（3）在“折断大小”文本框中，可以设置用于折断标注的间距大小。

（4）在“弧长符号”选项组中，可以设置弧长符号的显示位置。“标注文字的前缀”选项是将弧长符号放在标注文字之前；“标注文字的上方”选项是将弧长符号放在标注文字的上方；“无”选项是不显示弧长符号。

（5）在“半径折弯标注”文本框中，可以确定折弯半径标注中，尺寸线的横向线段的角度。

（6）在“折弯高度因子”文本框中，可以确定折弯标注打断时折弯线的高度大小。

3.“文字”选项卡

使用“文字”选项卡，可以设置尺寸文字的外观、位置以及对齐方式等，如图 9-12 所示。

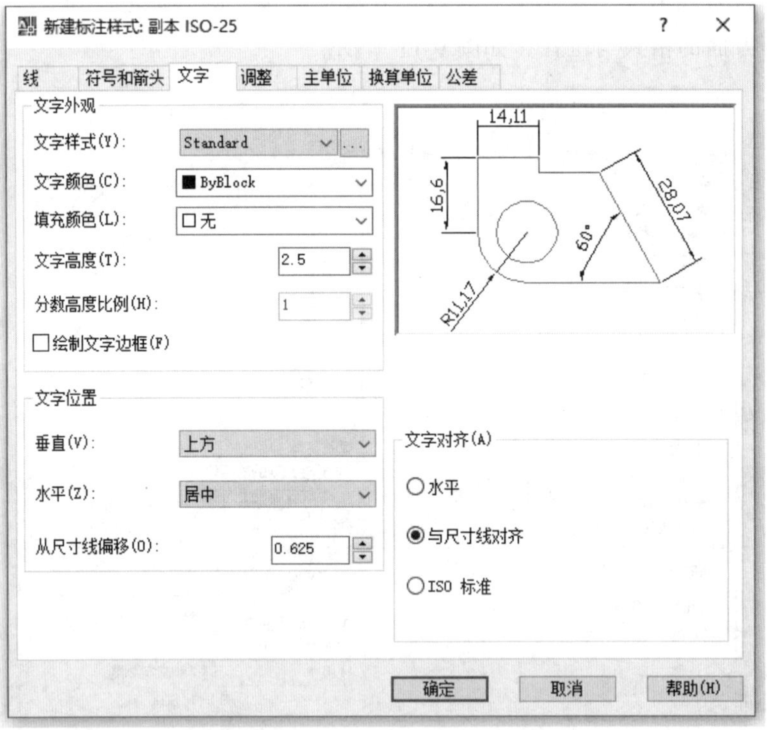

图 9-12 “文字”选项卡

（1）在“文字外观”选项组中，可以设置标注文字的格式和大小。可以在“文字样式”下拉列表中选择文字样式，也可以点击“文字样式”后方省略号，将打开文字样式对话框，可以选择文字样式或新建文字样式，如图 9-13 所示。

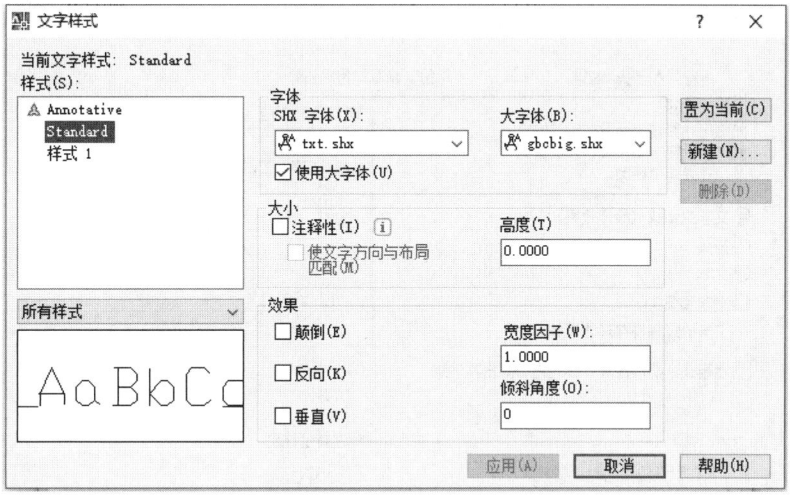

图 9-13 “文字样式”对话框

“文字颜色”用于设置标注文字的颜色。如果单击“选择颜色”，将显示“选择颜色”对话框，也可以输入颜色名或颜色号。

“填充颜色”用于设置标注中文字背景的颜色。如果单击“选择颜色”，将显示“选择颜色”对话框，也可以输入颜色名或颜色号。

“文字高度”用于设置当前标注文字样式的高度。

“分数高度比例”用于设置标注文字中的分数相对于其他标注文字的比例，此比例值与标注文字高度的乘积作为分数的高度。

“绘制文字边框”选项用于设置是否给标注文字加边框。

（2）在“文字位置”选项组中，可以设置标注文字的位置。“垂直”用于设置标注文字相对尺寸线的垂直方向的位置。“水平”用于设置标注文字在尺寸线上相对于延伸线的水平方向的位置。“观察方向”用于设置标注文字的观察方向。“从尺寸线偏移”用于设置标注文字与尺寸线之间的距离。如果标注文字位于尺寸线的中间，则表示断开出尺寸线端点与尺寸文字的间距。如果标注文字带有边框，则可以控制文字边框与其中文字的距离。

（3）在“文字对齐”选项组中，可以设置标注文字的方向。“水平”选项是使标注文字按水平线放置；“与尺寸线”对齐是使标注文字沿尺寸线方向放置；“ISO 标准”是使文字标注按 ISO 标准放置，当文字在延伸线内时，文字与尺寸线对齐，当文字在延伸线外时，文字水平排列。

4.“调整”选项卡

使用“调整”选项卡，可以设置尺寸文字、尺寸线以及尺寸箭头等的位置和其他一些特征，如图 9-14 所示。

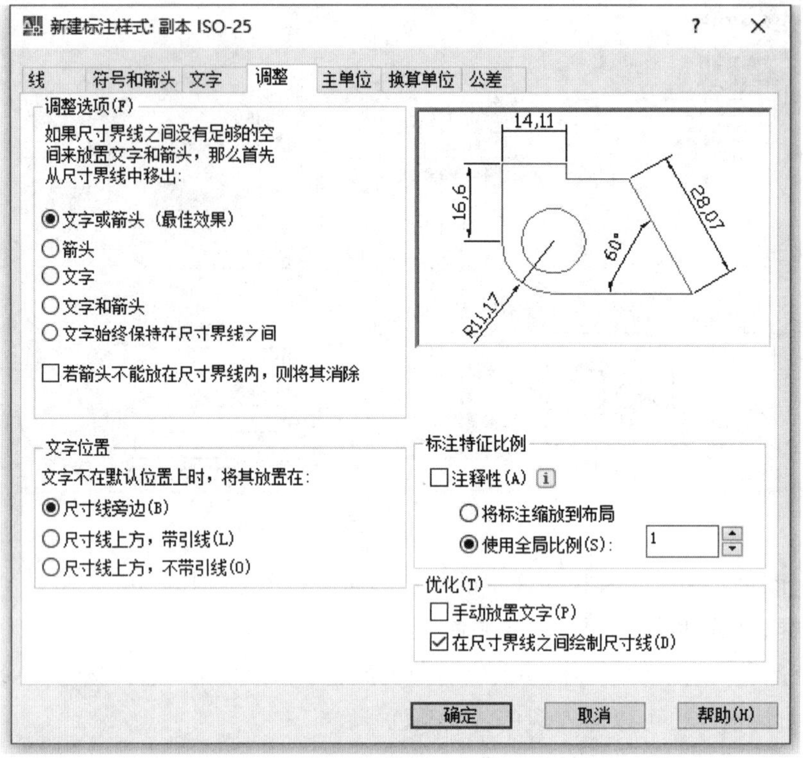

图 9-14　“调整”选项卡

（1）调整选项。

在“调整选项”选项组中，可以设置标注文字、尺寸线、尺寸箭头的位置。当尺寸界线之间没有足够的空间同时放置尺寸文字和箭头时，应首先从尺寸界线之间移出尺寸文字和箭头的哪一部分，用户可通过该选项组中的各选项进行选择。

“文字或箭头”选项是按照最佳效果将文字或箭头移到延伸线之外。

“箭头”选项是先将箭头移到延伸线以外，然后移动文字。

“文字和箭头”选项是将箭头和文字都移到延伸线以外。

“文字始终保持在尺寸界线之间”选项是始终将文字放置在延伸线之间。

“若箭头不能放在尺寸界线内，则将其消除”选项延伸线内空间不足时，则不显示箭头。

（2）文字位置。

在“文字位置”选项组中，可以设置当文字不在默认位置时的位置。

“尺寸线旁边”选项，选定该选项后，只要移动标注文字尺寸线就会随之移动。

“尺寸线上方，带引线”选项，选定该选项后，可以将文本放在尺寸线的上方，并带上引线。

“尺寸线上方，不带引线”选项，选定该选项后，可以将文本放在尺寸线的上方，但不带引线。

（3）标注特征比例。

在“标注特征比例”选项组中，可以设置当文字不在默认位置时的位置。

“注释性”选项，选定该选项后，可以将标注定义为可注释性对象。

“将标注缩放到布局”选项，选定该选项后，可以根据当前空间模型视图和图纸空间之间的比例确定比例因子。

“使用全局比例”选项，选定该选项后，可以对全部尺寸标注设置缩放比例，该比例不改变尺寸的测量值。

（4）优化。

“手动放置文字”选项，选定该选项后，则忽略标注文字的水平对正设置，并把文字放在“尺寸线位置”提示下指定的位置。

“在尺寸界线之间绘制尺寸线”选项，选定该选项后，即使箭头放在测量点之外，也在测量点之间绘制尺寸线。

5.“主单位”选项卡

使用“主单位”选项卡，可以设置主单位的格式、精度以及尺寸文字的前缀和后缀，如图 9-15 所示。

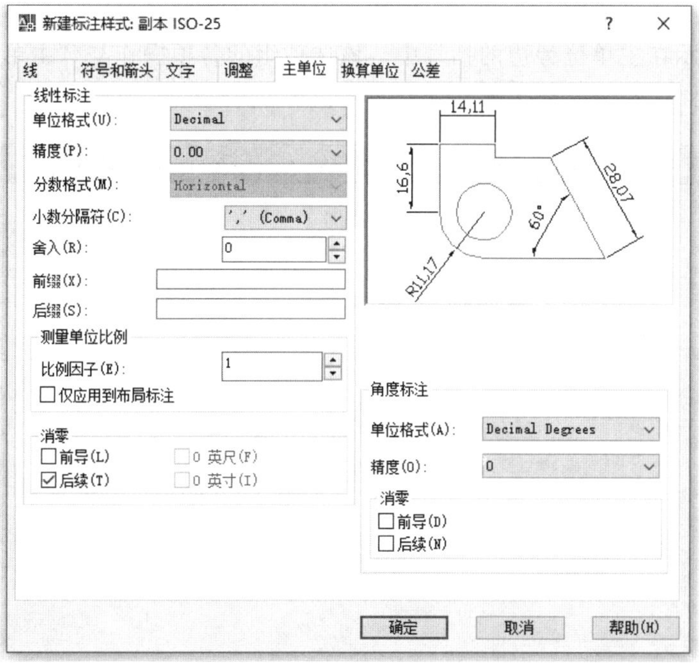

图 9-15　“主单位”选项卡

（1）线性标注。

在“线性标注”选项组中，可以设置线性标注的单位格式与精度。“单位格式”用于设置除角度标注之外的所有标注类型的单位格式，包括：“科学”“小数”“工程”“建筑”及“分数”等选项。“精度”用于设置标注文字中的小数位数。“分数格式”用于设置分数的格式。“小数分隔符”用于设置小数的分隔符。“舍入”用于设置除角度标注之外的尺寸测量值的舍入规则。“前缀”和“后缀”用于设置标注文字的前缀和后缀，在相应的文本框中输入字符即可。

（2）测量单位比例。

使用“比例因子”文本框可以设置测量尺寸的缩放比例。选定“仅应用到布局标注”选项，可以设置该比例关系仅使用于布局。

（3）消零。

该选项组可以设置是否显示尺寸标注中的“前导”和“后续”零。

（4）角度标注。

在“角度标注”选项组中，“单位格式”下拉列表框可以设置标注角度的单位；“精度”下拉列表框可以设置标注角度的尺寸精度；“消零”选项可以设置是否消除角度尺寸的前导和后续零。

6. “换算单位”选项卡

使用“换算单位”选项卡，用来设置换算尺寸单位的格式和精度，如图 9-16 所示。

选定“显示换算单位”选项后，该选项组的其他选项才可用，在标注文字中，换算标注单位显示在主单位旁边的括号中。该选项组的各项操作与“主单位”选项卡的同类项基本相同，在此不再详述。

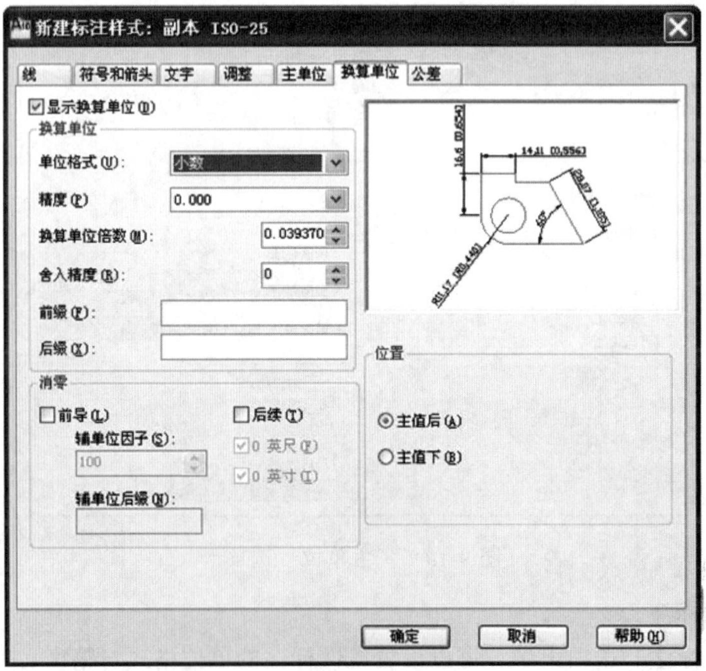

图 9-16　“换算单位”选项卡

7.**“公差”选项卡**

使用“公差”选项卡，用于确定是否标注公差，如果标注公差，以何种方式进行标注，如图 9-17 所示。

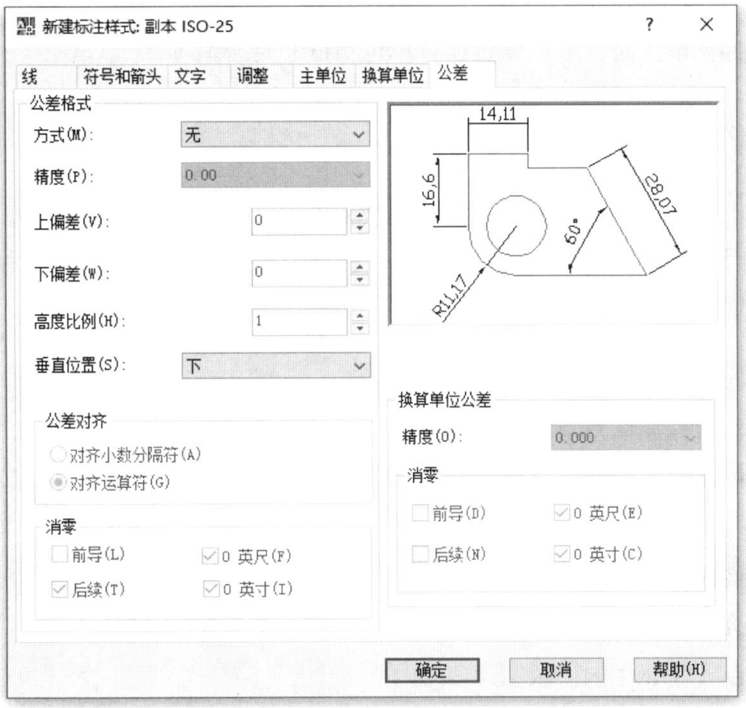

图 9-17 “公差”选项卡

（1）公差格式。

在“公差格式”选项组中，可以设置公差的标注格式。

“方式”用于设置公差的标注格式，包括：“无”“对称”“极限偏差”“极限尺寸”及“基本尺寸”5 个选项。“无”选项表示无公差标注。“对称”选项表示添加公差的正/负表达式，其中一个偏差量的值应用于标注测量值，标注后面将显示加号或减号（在“上偏差”中输入公差值）。“极限偏差”选项表示添加正 / 负公差表达式。不同的正公差和负公差值将应用于标注测量值，将在“上偏差”中输入的公差值前面显示正号（+）；在“下偏差”中输入的公差值前面显示负号（-）。“极限尺寸”选项表示创建极限标注。在此类标注中，将显示一个最大值和一个最小值，一个在上，另一个在下。最大值等于标注值加上在“上偏差”中输入的值。最小值等于标注值减去在“下偏差”中输入的值。“基本尺寸”选项表示在尺寸数字上加一矩形框。

“精度”用于设置公差值小数点后保留的位数。

“上偏差”和“下偏差”用于设置尺寸的上偏差、下偏差。

“高度比例”用于设置相对于标注文字的分数比例。比例确定后，将该比例因子与尺寸文字高度之积作为公差文字的高度。

“垂直位置”用于设置公差文字相对于尺寸文字的位置，包括“上”“中”“下”三种方式。

（2）“换算单位公差。

当标注换算单位时，可以设置换算单位精度和是否消零。

二、常用尺寸标注命令

当工程图纸中的图形绘制完成后，需要对其各个部分进行尺寸标注，以方便读图人员掌握其具体的尺寸信息。根据实际工作需要，AutoCAD 中给出了多种尺寸标注的类型，以方便用户标注不同部位的尺寸。

（一）线性标注

线性标注指标注图形对象在水平方向、垂直方向或指定方向的尺寸，又分为水平标注、垂直标注和旋转标注三种类型，如图 9-18 水平边标注所示。

1. 操作方法

（1）“菜单”/“标注”/“线性”。

（2）工具栏：。

（3）命令：“DIMLINEAR”。

（4）快捷键：“DLI”。

2. 操作步骤

单击“标注”工具栏上的“线性”按钮，即执行线性标注命令。

指定第一条尺寸界线原点或 <选择对象>：（在此提示下用户有两种选择，即确定一点作为第一条尺寸界线的起始点或直接按 Enter 键选择对象。）

如果在“指定第一条尺寸界线原点或 <选择对象>：”提示下指定第一条尺寸界线的起始点，AutoCAD 提示：

指定第二条尺寸界线原点：（提示下指定第一条尺寸界线的另一点。）

指定尺寸线位置或[多行文字（M）/文字（T）/角度（A）/水平（H）/垂直（V）/旋转（R）]："指定尺寸线位置"选项用于确定尺寸线的位置。通过拖动鼠标的方式确定尺寸线的位置后，单击拾取键。

各选项的含义：

多行文字：选项用于根据文字编辑器输入尺寸文字。

文字：选项用于输入尺寸文字。“角度”选项用于确定尺寸文字的旋转角度。

水平：选项用于标注水平尺寸，即沿水平方向的尺寸。

垂直：选项用于标注垂直尺寸，即沿垂直方向的尺寸。

旋转：选项用于旋转标注，即标注沿指定方向的尺寸。

（二）对齐标注

对齐标注是线性标注尺寸的一种特殊形式，是指所标注尺寸的尺寸线与两条尺寸界线起始点间的连线平行。在对直线段进行标注时，如果该直线的倾斜角度未知，那么使用线性标注将无法得到准确的测量结果，这时可以使用对齐标注，标注斜线、斜面的尺寸。如图 9-18 斜边标注所示。

1. 操作方法

（1）“菜单”/“标注”/“对齐”。

（2）工具栏：。

（3）命令：“DIMALIGNED”。

（4）快捷键：“DAL”。

2. 操作步骤

单击“标注”工具栏上的“对齐”按钮，即执行对齐标注命令。

指定第一条尺寸界线原点：（在此提示下确定一点作为第一条尺寸界线的起始点。）

指定第二条尺寸界线原点：（提示下指定第一条尺寸界线的另一点。）

指定尺寸线位置或[多行文字（M）/文字（T）/角度（A）/水平（H）/垂直（V）/旋转（R）: "指定尺寸线位置"选项用于确定尺寸线的位置。通过拖动鼠标的方式确定尺寸线的位置后，单击拾取键。

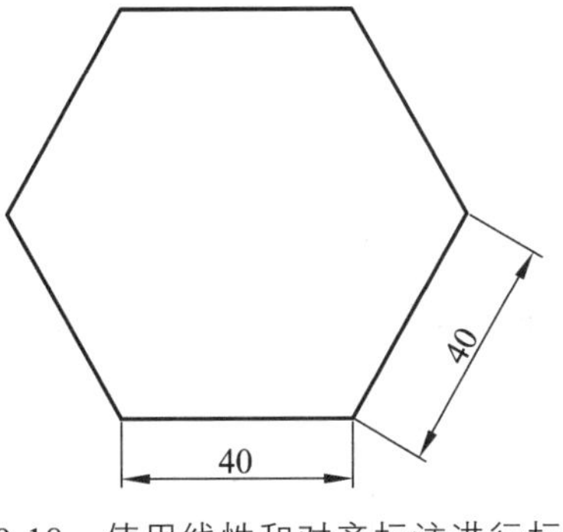

图 9-18　使用线性和对齐标注进行标注

（三）基线标注

基线标注指各尺寸线从同一条尺寸界线处引出。它可以创建一系列由相同的的标注原点测量出来的标注。基线标注可以满足在绘图时，需要以某一面为基准，其他尺寸都按该基准进行定位的要求。与其他标注方法不同的是，在进行基线标注之前必须先创建一个线性、坐标或角度标注作为基准书标注，然后再用基线标注命令标注其他的尺寸。标注效果如图 9-19 所示。

1. 操作方法

（1）“菜单” / “标注” / “基线”。

（2）工具栏：。

（3）命令：“DIMBASELINE”。

（4）快捷键：“DBA”。

2. 操作步骤

单击“标注”工具栏上的“基线”按钮，即执行基线标注命令。

指定第二条尺寸界线原点或[放弃（U）/选择（S）]<选择>:（在此提示下确定一点作为基线的另一个端点。）

命令执行完毕，按↙确认。

各选项的含义：

（1）指定第二条尺寸界线原点。

确定下一个尺寸的第二条尺寸界线的起始点。确定后 AutoCAD 按基线标注方式标注出尺寸，而后继续提示：

指定第二条尺寸界线原点或[放弃（U）/选择（S）]<选择>:

此时可再确定下一个尺寸的第二条尺寸界线起点位置。用此方式标注出全部尺寸后，在同样的提示下按 Enter 键或 Space 键，结束命令的执行。

（2）选择（S）。

该选项用于指定基线标注时作为基线的尺寸界线。执行该选项，AutoCAD 提示：

选择基准标注：

在该提示下选择尺寸界线后，AutoCAD 继续提示：

指定第二条尺寸界线原点或 [放弃（U）/选择（S）]<选择>:

在该提示下标注出的各尺寸均从指定的基线引出。执行基线尺寸标注时，有时需要先执行“选择（S）”选项来指定引出基线尺寸的尺寸界线。

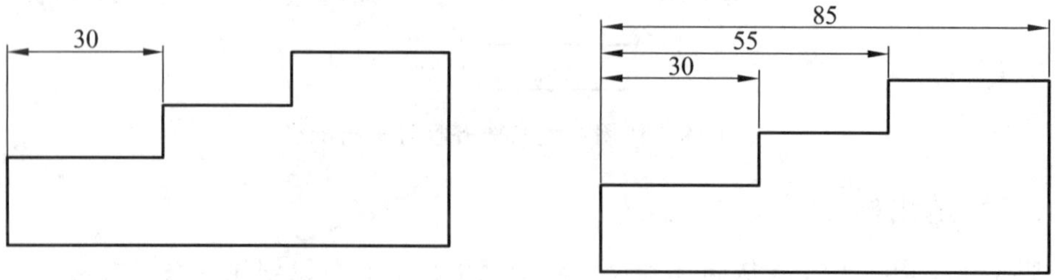

（a）创建水平线性标注　　　　（b）完成基线标注

图 9-19　基线标注

（四）连续标注

连续标注指在标注出的尺寸中，相邻两尺寸线共用同一条尺寸界线，可以创建一系列端对端放置的线性、角度或坐标标注，每个连续标注都要从前一个标注的第二个延伸线处开始。与基线标注一样，在进行连续标注之前，必须先创建一个线性、角度或坐标标注作为基准标注，以确定连续标注所需要的前一个尺寸标注的延伸线。标注效果如图 9-20 所示。

1. 操作方法

（1）“菜单”/“标注”/“连续”。

（2）工具栏：。

（3）命令：“DIMCONTINUE”。

（4）快捷键：“DCO”。

2. 操作步骤

单击“标注”工具栏上的“连续”按钮，即执行连续标注命令。

指定第二条尺寸界线原点或 [放弃（U）/选择（S）] <选择>:（在此提示下确定一点作为基线的另一个端点。）

命令执行完毕，按↙确认。

各选项的含义：

（1）指定第二条尺寸界线原点。

确定下一个尺寸的第二条尺寸界线的起始点。用户响应后，AutoCAD 按连续标注方式标注出尺寸，即把上一个尺寸的第二条尺寸界线作为新尺寸标注的第一条尺寸界线标注尺寸，而后 AutoCAD 继续提示：

指定第二条尺寸界线原点或[放弃（U）/选择（S）]<选择>:

此时可再确定下一个尺寸的第二条尺寸界线的起点位置。当用此方式标注出全部尺寸后，在上述同样的提示下按 Enter 键或 Space 键，结束命令的执行。

（2）选择（S）。

该选项用于指定连续标注将从哪一个尺寸的尺寸界线引出。执行该选项，AutoCAD 提示：

选择连续标注：

在该提示下选择尺寸界线后，AutoCAD 会继续提示：

指定第二条尺寸界线原点或[放弃（U）/选择（S）]<选择>:

在该提示下标注出的下一个尺寸会以指定的尺寸界线作为其第一条尺寸界线。执行连续尺寸标注时，有时需要先执行“选择（S）”选项来指定引出连续尺寸的尺寸界线。

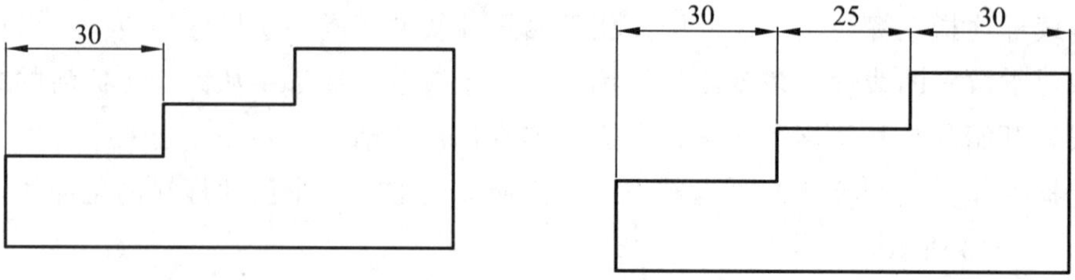

（a）创建水平线性标注　　（b）完成连续标注

图 9-20　连续标注

（五）半径标注

半径标注可以标注圆或圆弧的半径，如图 9-21 所示。

1. 操作方法

（1）“菜单”/“标注”/“半径”。

（2）工具栏：。

（3）命令：“DIMRADIUS”。

（4）快捷键：“DRA”。

2. 操作步骤

单击“标注”工具栏上的“半径”按钮，即执行半径标注命令。

选择圆弧或圆：（在此提示下选择要标注的圆或圆弧。）

标注文字=20

指定尺寸线位置或[多行文字（M）/文字（T）/角度（A）]：（鼠标单击指定标注要放置的位置。）

命令执行完毕。

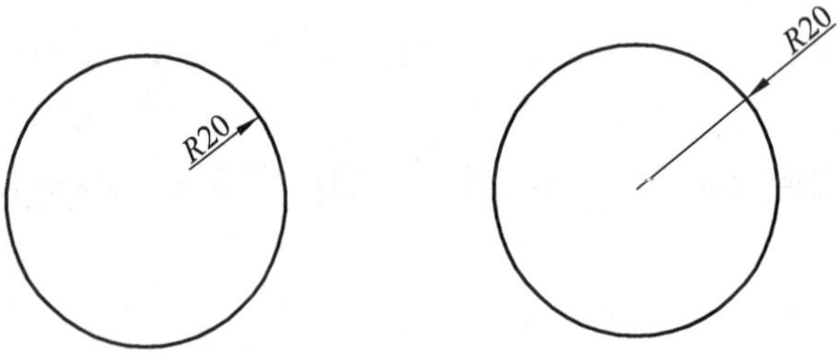

图 9-21　半径标注示例

（六）直径标注

直径标注可以为圆或圆弧标注直径尺寸。如图 9-22 所示。

1. 操作方法

（1）“菜单”/“标注”/“直径”。

（2）工具栏：。
（3）命令：“DIMDIAMETER”。
（4）快捷键：“DDI”。

2. **操作步骤**

单击“标注”工具栏上的“直径”按钮，即执行直径标注命令。

选择圆弧或圆：（在此提示下选择要标注的圆或圆弧。）

标注文字=40

指定尺寸线位置或[多行文字（M）/文字（T）/角度（A）]：（鼠标单击指定标注要放置的位置。）

命令执行完毕。

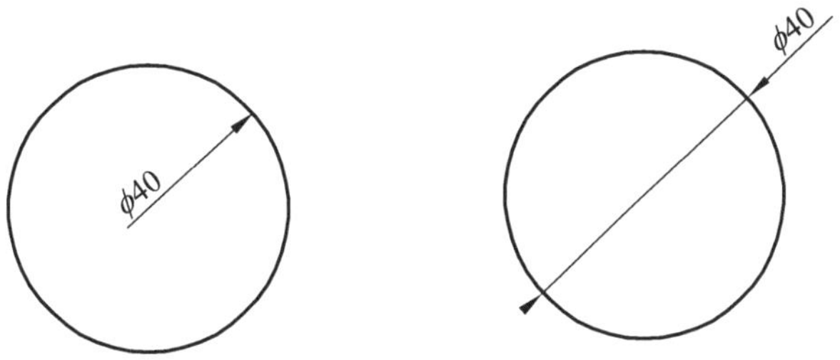

图 9-22　直径标注示例

（七）弧长标注

弧长标注用于标注圆弧或多段线弧线段上的尺寸。默认情况下，弧长标注将显示一个圆弧符号，以便区分是线性标注还是弧长标注，如图 9-23 所示。

1. **操作方法**

（1）“菜单”/“标注”/“弧长”。
（2）工具栏：。
（3）命令：“DIMARC”。

2. **操作步骤**

单击“标注”工具栏上的“弧长”按钮，即执行弧长标注命令。

选择弧线段或多段线弧线段：（在此提示下选择要标注的多段线或圆弧。）

指定弧长标注位置或[多行文字(M)/文字(T)/角度(A)/部分(P)/引线(L)]：（鼠标单击指定标注要放置的位置。）

标注文字=46.36

命令执行完毕。

当指定了尺寸线的位置以后，系统将按实际测量值标注出圆弧的长度，也可以利用“多行文字（M）”“文字（T）”或“角度（A）”选项，确定尺寸文字或尺寸文字的旋转角度。另外，如果选择“部分（P）”选项，可以标注选定圆弧某一部分的弧长。标注效果如图 9-23 所示。

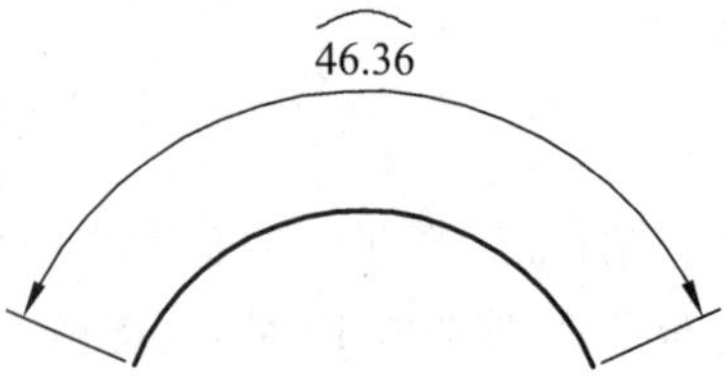

图 9-23　弧长标注示例

（八）角度标注

在 AutoCAD 2008 中，除了前面介绍的几种常用尺寸标注外，还可以使用角度标注，测量两条直线间的角度、圆和圆弧的角度或者三点之间的角度。

1. 操作方法

（1）“菜单” / “标注” / “角度”。

（2）工具栏：。

（3）命令：“DIMANGLAR”。

（4）快捷键：“DAN”。

2. 操作步骤

单击"标注"工具栏上的"角度"按钮，即执行角度标注命令；

选择圆弧、圆、直线或<指定顶点>：（在此提示下选择要标注的直线。）

选择第二条直线：（选择角度的另一条直线。）

指定标注弧线位置或[多行文字（M）/文字（T）/角度（A）/象限点（Q）]：（鼠标单击指定标注要放置的位置。）

标注文字=60

命令执行完毕。执行效果如图 9-24 所示。

此时，也可以使用[多行文字（M）/文字（T）/角度（A）]选项，设置尺寸文字和它的旋转角度。

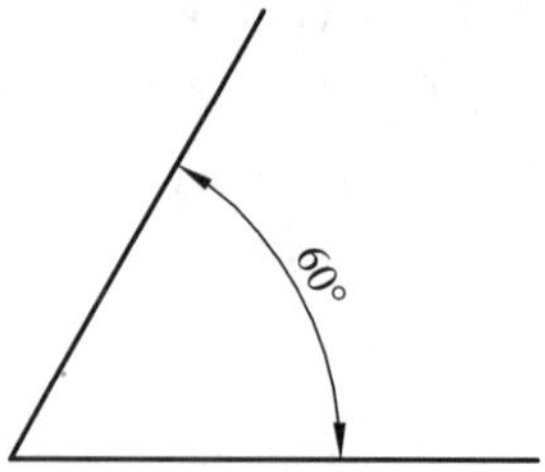

图 9-24　角度标注示例

（九）折弯标注

折弯标注可以为圆或圆弧创建折弯标注。该标注方式与半径标注方法基本相同，但需要指定一个位置代替圆或圆弧的圆心。

1. 操作方法

（1）“菜单”/“标注”/“折弯”。

（2）工具栏：。

（3）命令：“DIMJOGLINE”。

2. 操作步骤

单击"标注"工具栏上的"折弯"按钮，即执行折弯标注命令。

选择圆弧或圆：（在此提示下选择要标注的圆弧或圆。）

指定图示中心位置：（鼠标拾取圆心位置。）

标注文字=19

指定尺寸线位置或[多行文字（M）/文字（T）/角度（A）]：（鼠标单击指定标注要放置的位置。）

指定折弯位置：（鼠标单击指定标注折弯的位置。）

命令执行完毕。执行效果如图 9-25 所示。

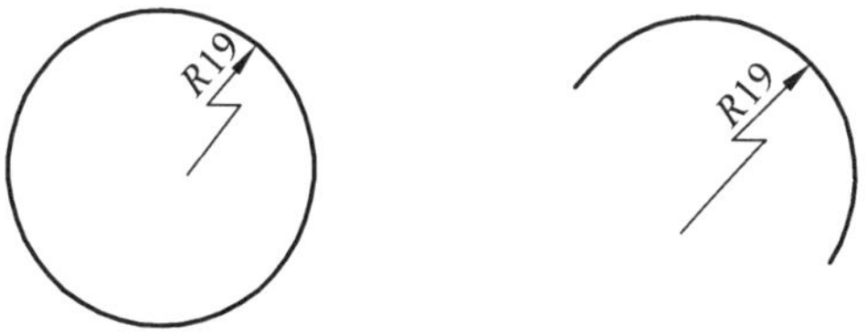

图 9-25　折弯标注示例

（十）多重引线标注

多重引线标注可以创建引线和注释以及设置引线和注释的样式。

1. 新建多重引线样式

用户可以设置多重引线的样式。

（1）操作方法。

① “菜单”/“格式”/“多重引线样式”。

② 工具栏：。

③ 命令：“MLEADERSTYLE”。

（2）操作步骤。

① 单击“多重引线”工具栏上的“多重引线样式”按钮，AutoCAD 打开“多重引线样式管理器”对话框，如图 9-26 所示。

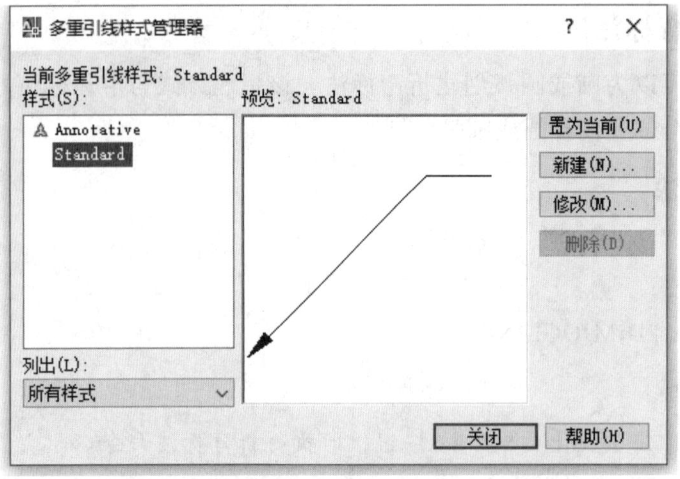

图 9-26 “多重引线样式管理器”对话框

对话框中，“当前多重引线样式”用于显示当前多重引线样式的名称。“样式”列表框用于列出已有的多重引线样式的名称。“列出”下拉列表框用于确定要在“样式”列表框中列出哪些多重引线样式。“预览”图像框用于预览在“样式”列表框中所选中的多重引线样式的标注效果。“置为当前”按钮用于将指定的多重引线样式设为当前样式。“新建”按钮用于创建新多重引线样式。

② 单击“新建”按钮，AutoCAD 打开如图 9-27 所示的“创建新多重引线样式”对话框。

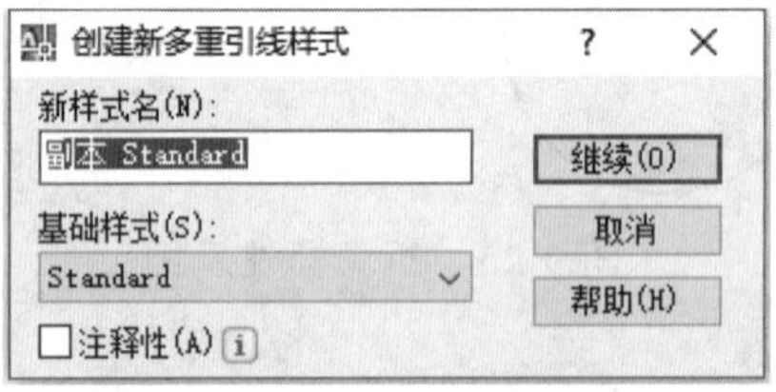

图 9-27 “创建新多重引线样式”对话框

用户可以通过对话框中的“新样式名”文本框指定新样式的名称；通过“基础样式”下拉列表框确定用于创建新样式的基础样式。

③ 确定新样式的名称和相关设置后，单击“继续”按钮，AutoCAD 打开对应的对话框，如图 9-28 所示。

在“修改多重引线样式”对话框中，有“引线格式”“引线结构”“内容”3 个选项卡。

a.“引线格式”选项卡。

“引线格式”选项卡用于设置引线的格式。“基本”选项组用于设置引线的外观；“箭头”选项组用于设置箭头的样式与大小；“引线打断”选项用于设置引线打断时的距离值。预览框用于预览对应的引线样式，如图 9-28 所示。

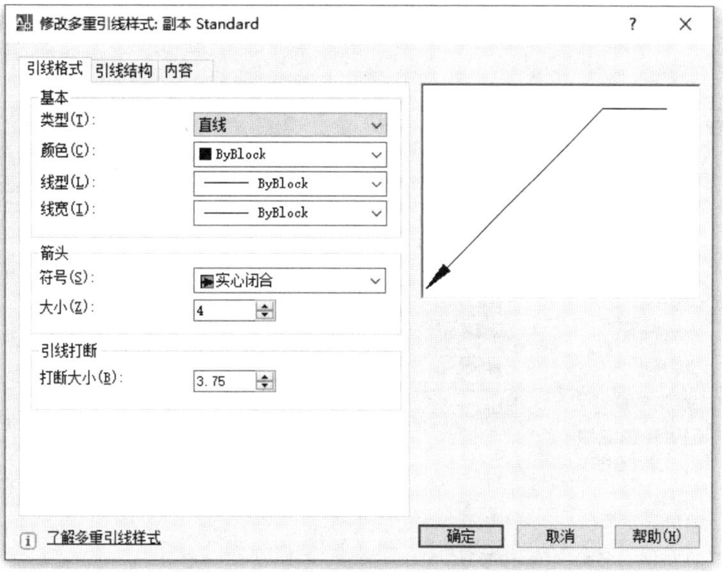

图 9-28 “修改新多重引线样式”对话框

b.“引线结构”选项卡。

“引线结构”选项卡用于设置引线的结构，如图 9-29 所示。“约束”选项组用于控制多重引线的结构；“基线设置”选项组用于设置多重引线中的基线；“比例”选项组用于设置多重引线标注的缩放关系。

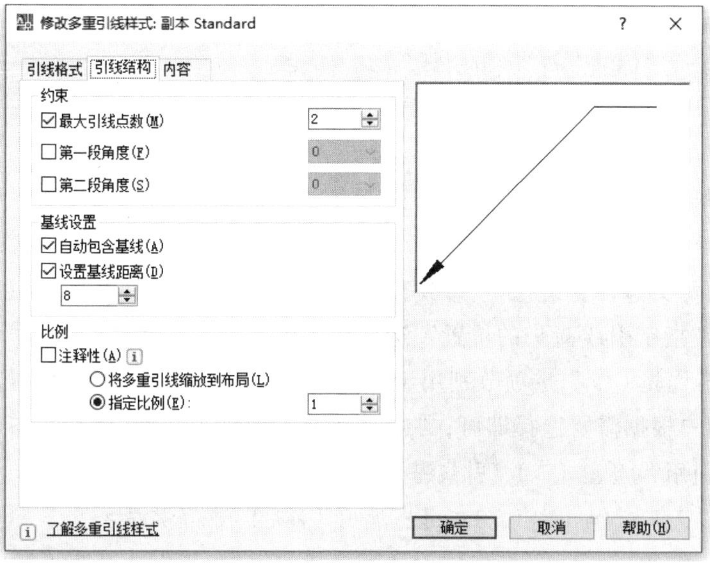

图 9-29 “引线结构”选项卡

c.“内容”选项卡

“内容”选项卡用于设置多重引线标注的内容，如图 9-30 所示。“多重引线类型”下拉列表框用于设置多重引线标注的类型。“文字选项”选项组用于设置多重引线标注的文字内容。“引线连接”选项组一般用于设置标注出的对象沿垂直方向相对于引线基线的位置。

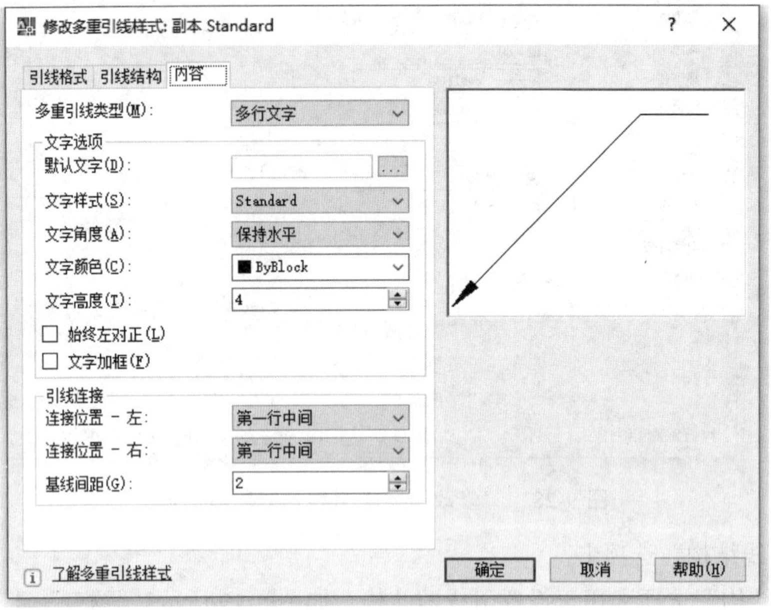

图 9-30 “内容”选项卡

2. **多重引线标注**

（1）操作方法

① “菜单” / “标注” / “多重引线”。

② 工具栏：。

③ 命令：“MLEADER”。

（2）操作步骤。

单击"多重引线"工具栏上的"多重引线"按钮，即执行多重引线标注命令。

指定引线箭头的位置或[引线基线优先（L）/内容优先（C）/选项（O）]<选项>:

提示中，“指定引线箭头的位置”选项用于确定引线的箭头位置；“引线基线优先（L）”和“内容优先（C）”选项分别用于确定将首先确定引线基线的位置还是首先确定标注内容，用户根据需要选择即可；“选项（O）”项用于多重引线标注的设置。

输入选项[引线类型（L）/引线基线（A）/内容类型（C）/最大节点数（M）/第一个角度（F）/第二个角度（S）/退出选项（X）]<内容类型>:

其中，“引线类型（L）”选项用于确定引线的类型；“引线基线（A）”选项用于确定是否使用基线；“内容类型（C）”选项用于确定多重引线标注的内容（多行文字、块或无）；“最大节点数（M）”选项用于确定引线端点的最大数量；“第一个角度（F）”和“第二个角度（S）”选项用于确定前两段引线的方向角度。

执行多重引线命令后，如果在“指定引线箭头的位置或 [引线基线优先（L）/内容优先（C）/选项（O）] <选项>:”提示下指定一点，即指定引线的箭头位置。

指定下一点或[端点（E）]<端点>:（指定点）

指定下一点或[端点（E）]<端点>:

在该提示下依次指定各点，然后按 Enter 键，AutoCAD 弹出文字编辑器示。

通过文字编辑器输入对应的多行文字后，单击“文字格式”工具栏上的“确定”按钮，即可完成引线标注。

三、编辑尺寸标注

尺寸标注的的标注包括对已标注的尺寸的标注位置、文字位置、文字内容及标注样式等内容进行修改。

（一）编辑标注

用户要对已存在的尺寸标注进行修改，可不必将需要修改的对象再进行重新标注，可以用一系列尺寸标注编辑命令进行修改。

1. 操作方法

（1）“菜单”/“标注”/“对齐文字”。

（2）工具栏：。

（3）命令：“DIMEDIT”。

2. 操作步骤

命令：DIMEDIT↙

输入标注编辑类型[默认（H）/新建（N）/旋转（R）/倾斜（O）]<默认>:

其中，“默认”选项会按默认位置和方向放置尺寸文字。“新建”选项用于修改尺寸文字。“旋转”选项可将尺寸文字旋转指定的角度。“倾斜”选项可使非角度标注的尺寸界线旋转一角度。

3. 应用举例

利用编辑标注命令，把图 9-31（a）所示的标注变成如图 9-31（b）所示的标注。

命令窗口的键盘操作如下：

命令：DIMEDIT↙

输入标注编辑类型[默认（H）/新建（N）/旋转（R）/倾斜（O）] <默认>: N↙

选择对象：（选择要更改的对象。）

在弹出的文字编辑对话框中删除蓝色显示字 O，输入“90×2=180”，点击确定。

然后按↙确认。

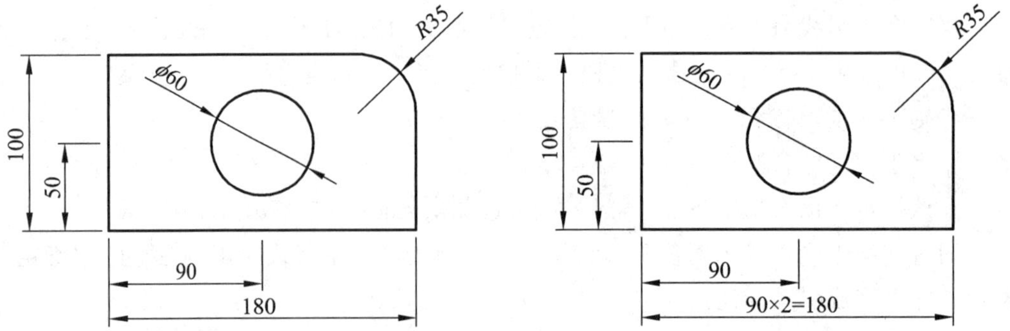

（a）　　　　（b）

图 9-31　编辑标注

（二）修改尺寸文字的位置

用于修改尺寸文字的位置。

1. 操作方法

（1）“菜单”/“标注”/“对齐文字”。

（2）工具栏：。

（3）命令：“DIMTEDIT”。

2. 操作步骤

命令：DIMTEDIT↙

选择标注：（选择要更改文字位置的标注。）

指定标注文字的新位置或[左（L）/右（R）/中心（C）/默认（H）/角度（A）]：（鼠标指定文字位置或输入选项指定文字位置。）

提示中，“指定标注文字的新位置”选项用于确定尺寸文字的新位置，通过鼠标将尺寸文字拖动到新位置后单击拾取键即可；“左（L）”和“右（R）”选项仅对非角度标注起作用，它们分别决定尺寸文字是沿尺寸线左对齐还是右对齐；“中心（C）”选项可将尺寸文字放在尺寸线的中间；“默认（H）”选项将按默认位置、方向放置尺寸文字；“角度（A）”选项可以使尺寸文字旋转指定的角度。

3. 应用举例

利用编辑标注命令，把图 9-32（a）所示的标注变成如图 9-32（b）所示的文字为左对齐的标注。

命令窗口的键盘操作如下：

命令：DIMTEDIT↙

选择标注：（选择数字为 95 的标注。）

指定标注文字的新位置或 [左（L）/右（R）/中心（C）/默认（H）/角度（A）]：L↙

即完成文字位置的改变，效果如图 9-32（b）所示。

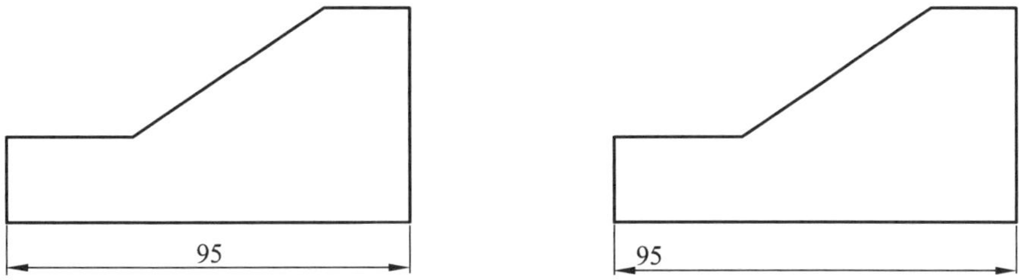

（a）　　（b）

图 9-32　改变标注文字位置

四、技能训练

（一）实训任务

运用 AutoCAD 绘制如图 9-33 所示图形，并对其进行标注。

（二）实训要求

（1）起点偏移量为 3 mm，超出尺寸线的距离为 2.5 mm。

（2）基线标注尺寸线间距为 20 mm。

（3）箭头大小为 10。

（4）标注文字的高度为 10 mm，文字与尺寸线对齐，文字从尺寸线偏移距离为 1。

（5）长度标注单位的精度为 0.0，角度标注单位使用十进制，精度为 0.0。

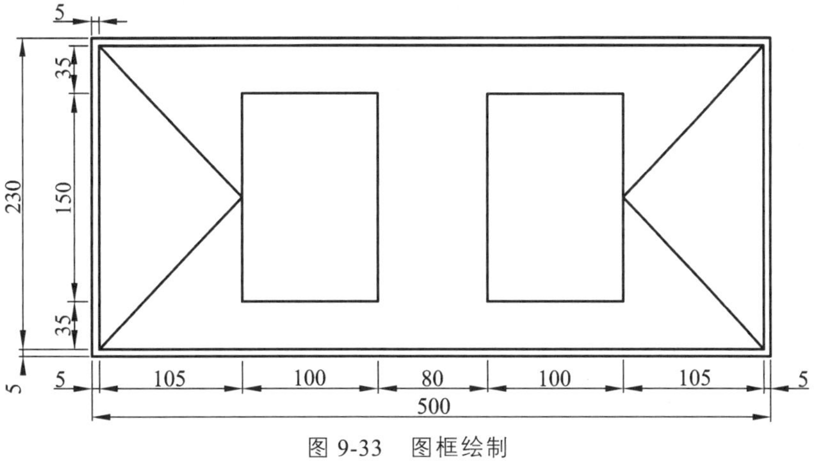

图 9-33　图框绘制

能力训练

1. 单项选择题

（1）如果要标注倾斜直线的长度，应该选用（　　）。

A. 线性标注　　B. 对齐标注　　C. 连续标注　　D. 基线标注

（2）下面（　　）尺寸标注用于在图形中以第一尺寸线为基准标注图形尺寸。

A. 对齐标注　　B. 基线标注　　C. 快速标注　　D. 引线标注

（3）执行（　　）命令，可打开“标注样式管理器”对话框，在其中可对标注样式进行设置。

A. 标注样式　　B. 编辑样式　　C. 连续标注　　D. 直径标注

（4）若将图形中的所有标注变为原来大小的两倍，应调整（　　）。

A. 文字高度　　B. 测量单位比例　　C. 全局比例　　D. 换算单位

（5）下面哪个尺寸标注用于创建一系列首尾相连的多个标注尺寸（　　）。

A. 线性标注　　B. 对齐标注　　C. 连续标注　　D. 基线标注

2. 判断题

（1）基线标注后的尺寸不同处一行。（　）

（2）线性标注可以标注倾斜线的真实尺寸。（　）

（3）连续标注的命令是 DIMBASELINE。（　）

（4）要创建基线标注，必须先创建一个基准标注。（　）

3. 绘图练习

（1）按照下列要求设置标注样式。

① 起点偏移量为 1 mm，超出尺寸线的距离为 2.5 mm；基线标注尺寸线间距为 10 mm。

② 箭头使用“建筑标记”形状，大小为 3.5。

③ 标注文字的高度为 3 mm，文字位于尺寸线的中间，文字从尺寸线偏移距离为 1，对齐方式为 ISO 标准。

④ 长度标注单位的精度为 0.0，角度标注单位使用十进制，精度为 0.0。

（2）绘制如图 9-34 所示图形，并进行标注。

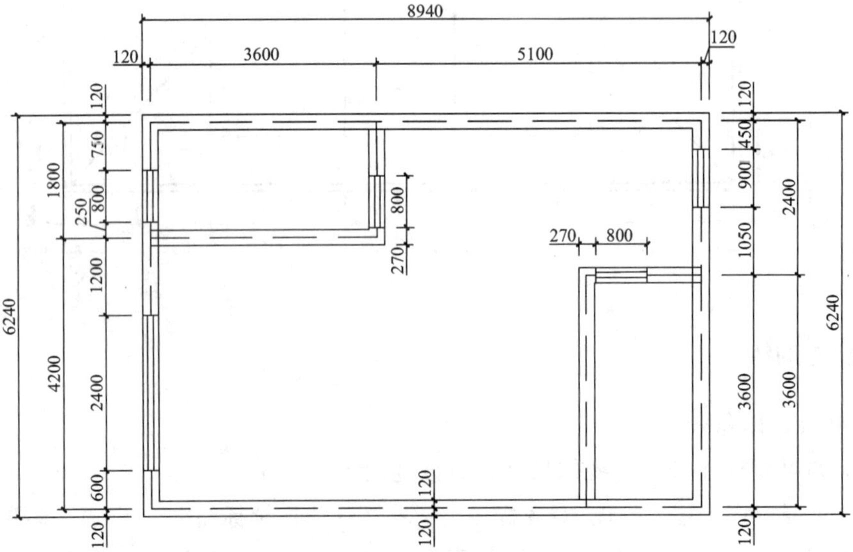

图 9-34　绘图练习

项目十

图形的打印与输出

知识目标

- 1. 掌握图形的输入与输出，布局的设置与使用。
- 2. 掌握图样打印比例设置和打印图形。
- 3. 了解图形输出格式转换方法。

技能目标

- 1. 熟悉和掌握打印图形的操作过程。
- 2. 掌握打印出图是如何设置页面大小、打印范围和输出比例。
- 3. 了解输出为其他格式文件的方法。

课程导入

图形输出是绘图工作的重要组成部分。本项目将详细简介图形打印的方法以及将绘制完成的图形输出为其他格式文件的方法。通过本项目的学习，掌握 AutoCAD 的图形打印、输出功能。

任务一 概 述

图形绘制完成后，就可以进行打印输出了，但如何输出一个满意的、符合要求的图形，就需要了解一些有关打印输出的基本知识和概念。

一、纸张的大小和方向

根据输出设备的不同，纸张的来源、大小、规格也不同，通常情况下使用标准规格的图纸，如 A1 纸的大小为 841 mm×594 mm，也可以根据图形情况自定义输出纸张大小，但定义的纸张大小受输出设备的最大打印纸张的限制，不能超过输出设备打印的最大宽度，但长度可以增加。

纸张设置完成后，纸张纵向和横向放置，应考虑与图形输出的方向相对应。

二、输出图形的范围和比例

图形绘制完成后，要将图形输出到图纸上，需要选定输出图形的范围，通常有图形界限、范围和窗口等方式。范围选好之后，涉及输出到多大的图纸上，就要设定绘图比例。绘图比例是指图纸上的单位尺寸与实际绘图尺寸之间的比例。例如，绘图比例 1∶1，出图比例 1∶100，则图纸上的 1 个单位长度代表 100 个实际单位长度。

计算机提供了按图纸空间自动比例缩放，选择一个设定的比例和自定义比例方式。

注意：首先可以使用自动比例，然后选用接近它的整数比例。

三、标题栏和图框设置

图纸大小确定后，可按图纸的大小绘制边框和标题栏，并作为图块写出成为一个独立的文件。

根据出图比例大小，将保存有边框和标题栏的文件插入到当前图形文件中，如果图形输出时比例缩小为 1/10，插入到当前文件的图块就放大 10 倍，并修改使所有输出的图形都包括在图框之内；如果图形输出时比例放大 10 倍，插入到当前文件的图块就缩小为 1/10，并修改使所有输出的图形都包括在图框之内，这样输出到图纸上的图框正好等于设置的图纸规格的图框大小。

也可以采用另外一种方法，按照输出的图纸大小规格绘制的边框、标题栏做成图块写成一个独立的文件后，1∶1 插入到当前图形文件中，将当前图形文件中的图形用比例缩放命令（SCALE）缩放，使之能够正好容在刚才插入到的图框之内。这样出图时绘图采用 1∶1 的比例，但图形上标注的尺寸数值会变化，需要调整。

注意：可以根据常用的图纸大小，分别绘制好标题栏、图框，存成独立的文件，方便调用。

任务二 打印与输出

本任务主要介绍打印图形的操作过程、页面大小设置、打印范围和输出比例以及输出为其他格式文件的方法等内容。通过本任务的学习，对图形输出的设置应有一个比较清楚的认识，并能够将所绘制的图形按照要求输出到图纸上。

一、图形打印

打印图形在实际应用中具有重要意义，通常在图形绘制完成后，需要将其打印于图纸上，这样方便工程师、设计师和施工工人参照。在打印图形的操作过程中，用户首先需要启用“打印”命令，然后选择或设置相应的选项即可打印图形。

（一）操作方法

（1）“菜单” / “文件” / “打印”。

（2）工具栏：。

（3）命令：“PLOT”。

（4）快捷键：“Ctrl” + “P”。

启用“打印”命令，弹出“打印-Model”对话框，如图 10-1 所示，从中用户需要选择打印设备、图纸尺寸、打印区域、打印比例等。

（二）选择打印设备

“打印机/绘图仪”选项组用于选择打印设备。

用户可在“名称”下拉列表中选择打印设备的名称，当用户选定打印设备后，系统将显示该设备的名称、连接方式、网络位置及打印相关的注释信息，同时其右侧“特性”按钮将变为可选状态。

单击“特性”按钮，弹出“绘图仪配置编辑器”对话框，如图 10-2 所示，用户可以设置打印介质、图形、自定义特性、自定义图纸尺寸等。

“打印机/绘图仪”选项组的右下部显示图形打印的预览图标，如图 10-3 所示，该预览图标显示了图纸的尺寸以及可打印的有效区域。

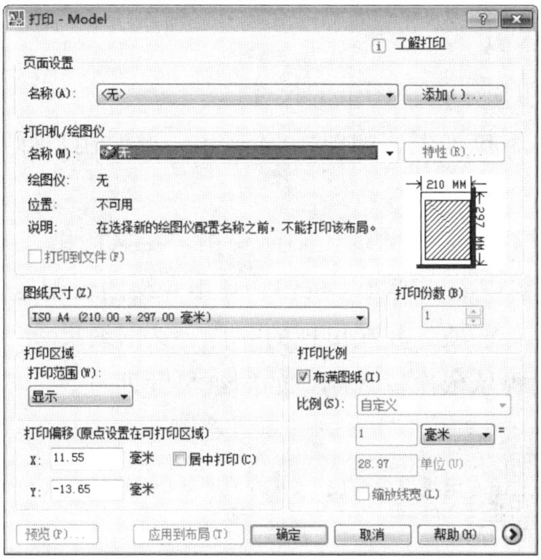

图 10-1　[打印-Model]对话框

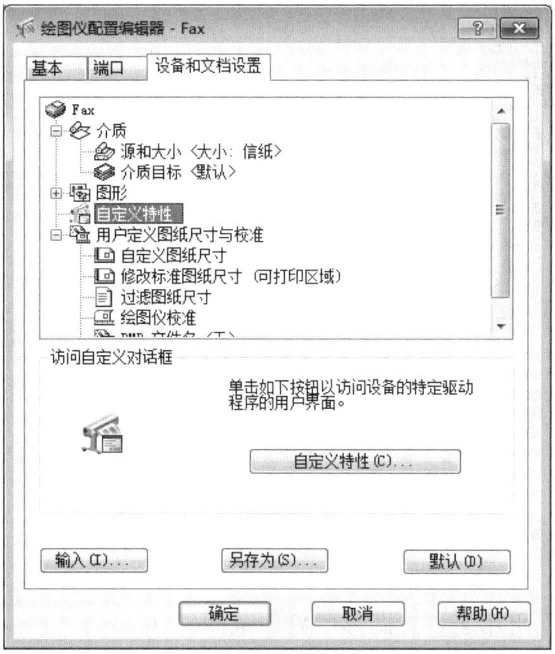

图 10-2　“绘图仪配置编辑器”对话框

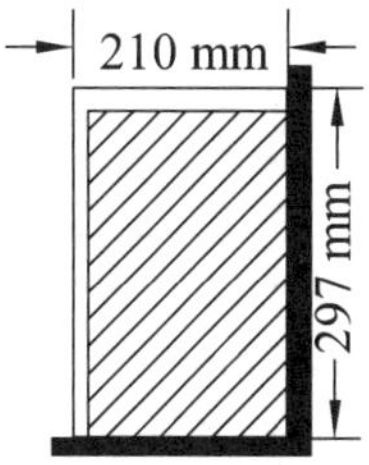

图 10-3　预览图标

（三）选择图纸尺寸

“图纸尺寸”选项组用于选择图纸的尺寸。

打开“图纸尺寸”下拉列表，如图 10-4 所示，此时用户即可根据打印的要求选择相应的图纸。

若该下拉列表中没有相应的图纸，则需要用户定义图纸尺寸，其操作方法是单击“打印机/绘图仪”选项组中的“特性”按钮，弹出“绘图仪配置编辑器”对话框，然后选择“自定义图纸尺寸”选项，并在出现的“自定义图纸尺寸”选项组中单击“添加”按钮，随后根据系统的提示依次输入响应的图纸尺寸即可。

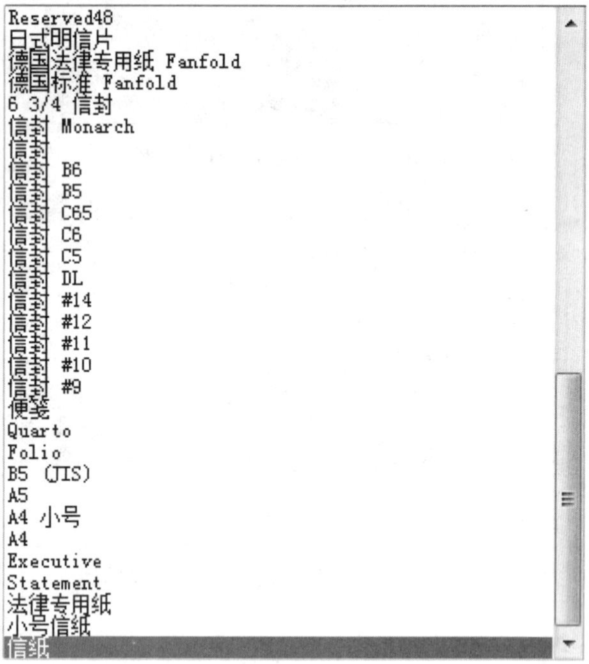

图 10-4　“图纸尺寸”列表框

（四）设置打印区域

“打印区域”选项组用于设置图形的打印范围。

打开“打印区域”选项组中的“打印范围”下拉列表，如图 10-5 所示，从中可选择要输出图形的范围。

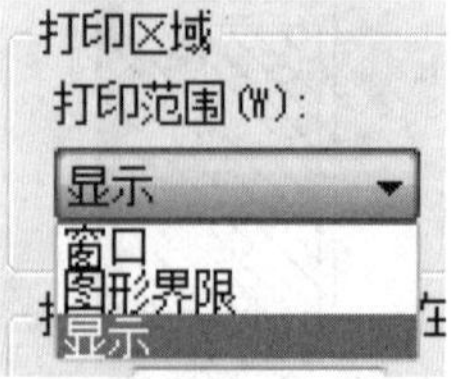

图 10-5　打印区域

“窗口”选项：当用户在“打印范围”下拉列表中选择“窗口”选项时，用户可以选择指定的打印区域。其操作方法是在“打印范围”下拉列表中选择“窗口”选项，此时用户即可在绘图窗口内制定打印的区域，其右侧将出现“窗口（0）<”按钮，如需更改窗口大小，单击“窗口（0）<”按钮，可重新选定窗口大小，点击打印预览，如图 10-6 所示。

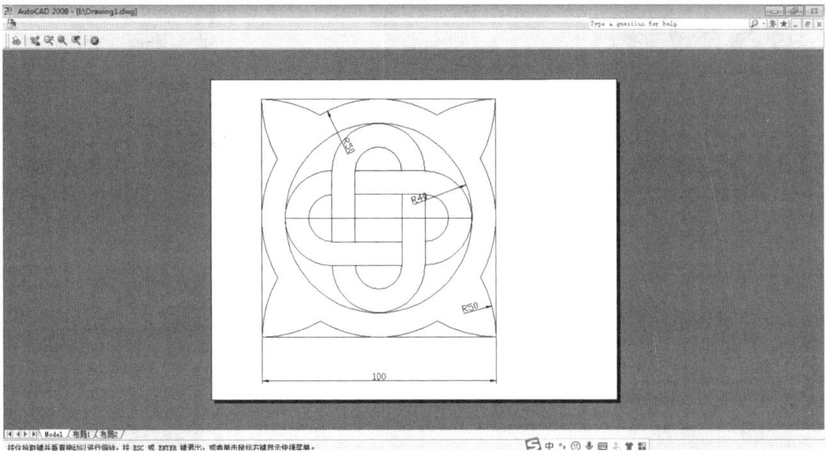

图 10-6　“窗口”打印范围预览

“范围”选项：当用户在“打印范围”下拉列表中选择“范围”选项时，系统可打印图形中所有的对象，打印预览效果如图 10-7 所示。

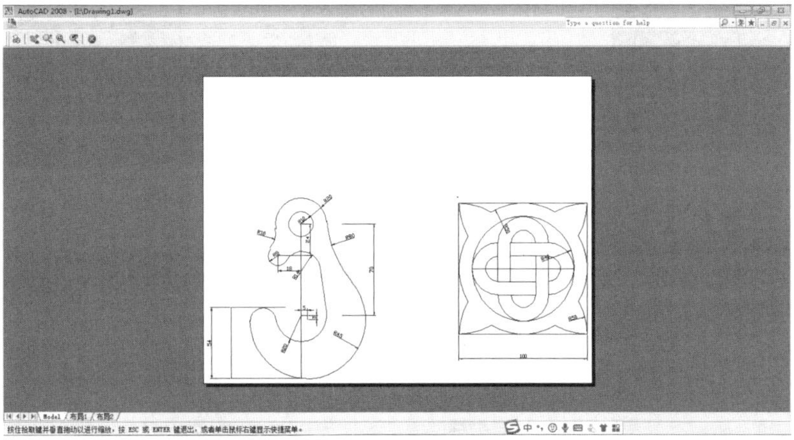

图 10-7　“范围”选项打印范围预览

“图形界限”选项：系统将按照用户设置的图形界限来打印图形，此时在图形界限范围内的图形对象将打印在图纸上，打印预览效果如图 10-8 所示。

“显示”选项：当用户在“打印范围”下拉列表中选择“显示”选项时，系统将打印绘图窗口内显示的图形对象，打印预览效果如图 10-9 所示

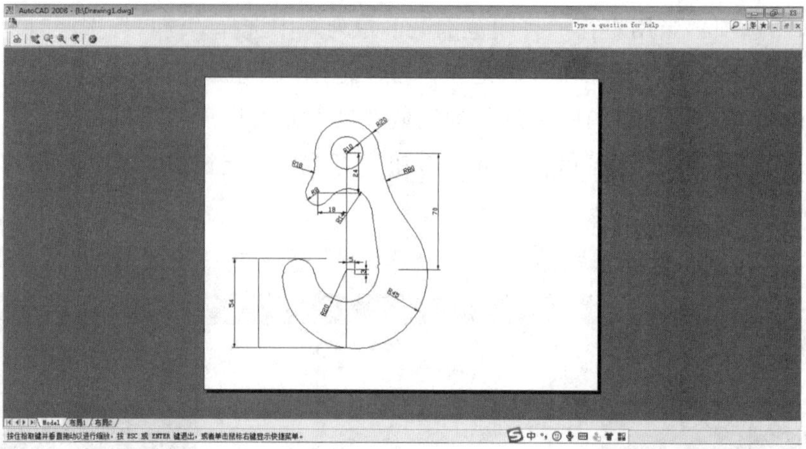

图 10-8　“图形界限”选择打印范围预览

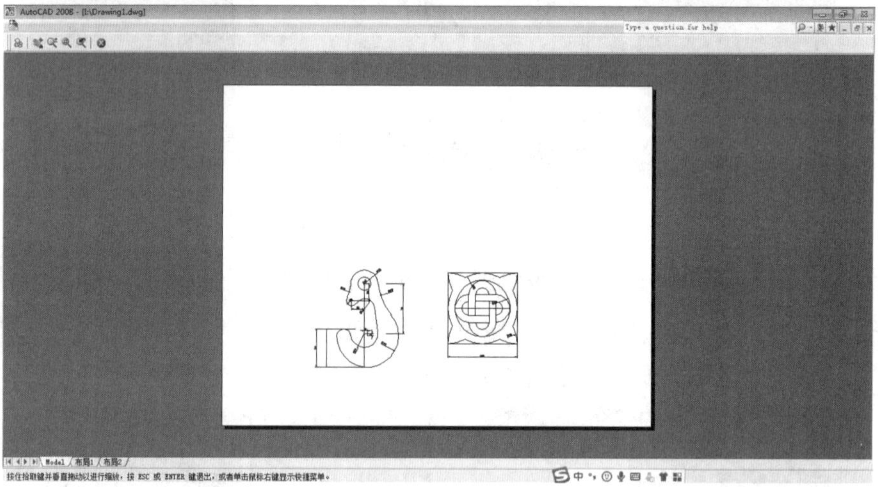

图 10-9　“显示”选择打印范围预览

（五）设置打印比例

“打印比例”选项组用于设置图形打印的比例，如图 10-10 所示。

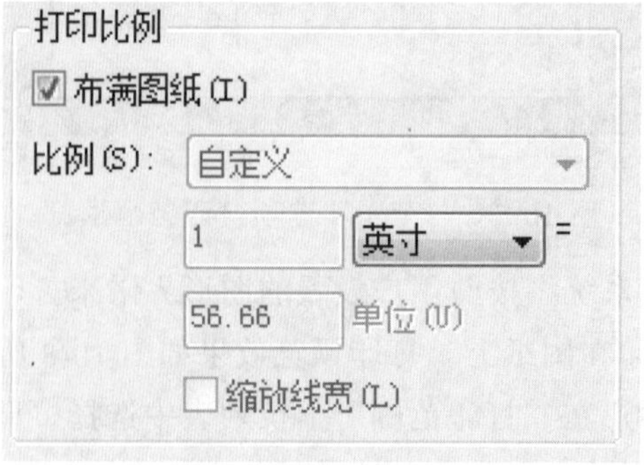

图 10-10　“打印比例”对话框

当用户选择“布满图纸”复选框时系统将自动按照图纸的大小适当缩放图形，使打印的图形布满整张图纸。选择“布满图纸”复选框后，“打印比例”选项组的其他选项变为不可选状态。

“比例”下拉列表用于选择图形的打印比例，如图 10-11 所示。当用户选择相应的比例选项后，系统将在下面的数值框中显示相应的比例数值，如图 10-12 所示。

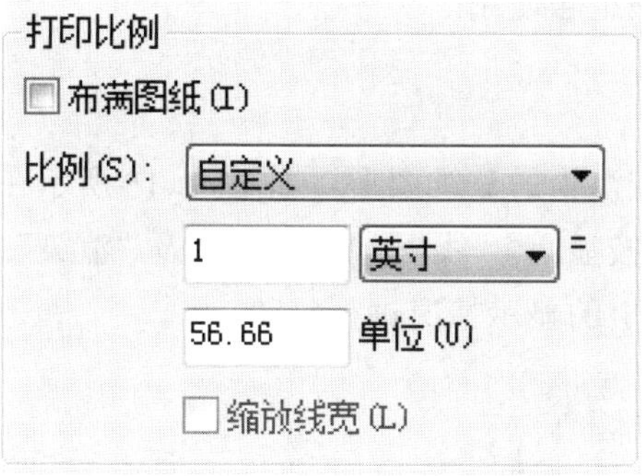

图 10-11　“打印比例”下拉列表框

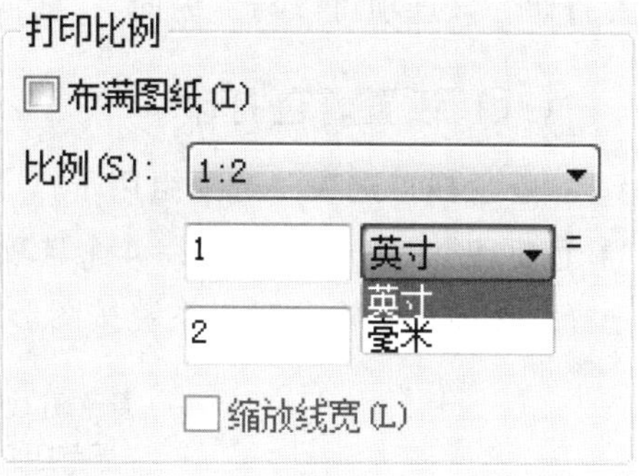

图 10-12　选定比例后的对话框

（六）设置打印的位置

“打印偏移”选项组用于设置图纸打印的位置，如图 10-13 所示。在缺省状态下，AutoCAD 将从图纸的左下角打印图形，其打印原点的坐标是（0，0）。若用户在“X”“Y”数值框中输入相应的数值，则可以设置图形打印的原点位置，此时图形将在图纸上沿 x 和 y 轴移动相应的位置。

若选择“居中打印”复选框，则系统将在图纸的中间打印图形。

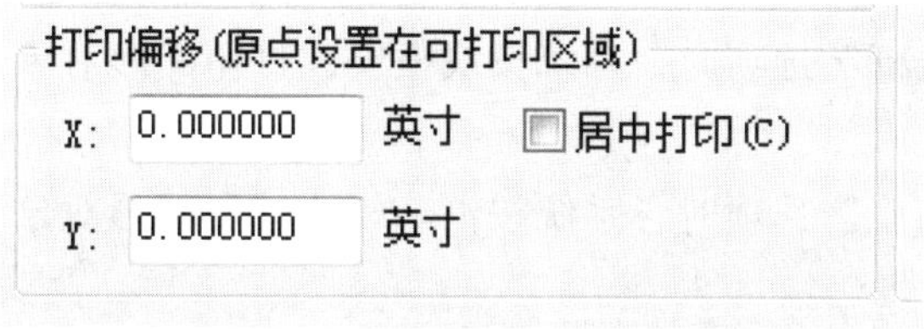

图 10-13　“打印偏移”操作对话框

（七）设置打印的方向

“图形方向”选择租用于设置图形在图纸上的打印方向，如图 10-14 所示。

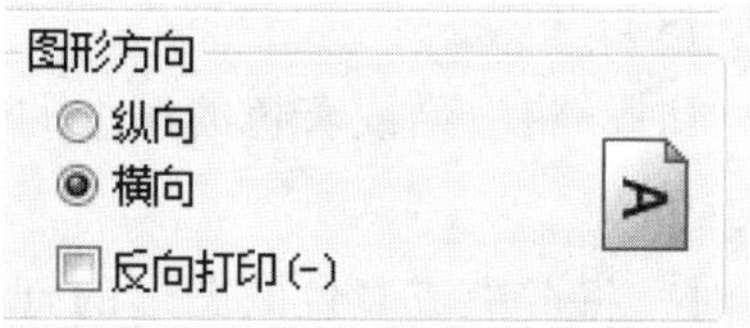

图 10-14　打印“图形方向”操作对话框

“纵向”：当用户选择“纵向”选项时，图形在图纸上的打印位置是纵向的，即图形的长边为垂直方向。

“横向”：当用户选择“横向”选项时，图形在图纸上的打印位置是横向的，即图形的长边为水平方向。

“反向打印”复选框：当用户选择“反向打印”复选框时，可以将图形在图纸上倒置打印。该选项可以与“纵向”“横向”二个单项组合使用。

（八）设置着色打印

“着色视口选项”选项组用于打印经过着色或渲染的三维图形，如图 10-15 所示在“着色打印”下拉列表中存在 4 个选项，分别为“按显示”“线框”“消隐”以及“渲染”。选择“按显示”选项时，系统按图形对象在屏幕上的显示情况进行打印。

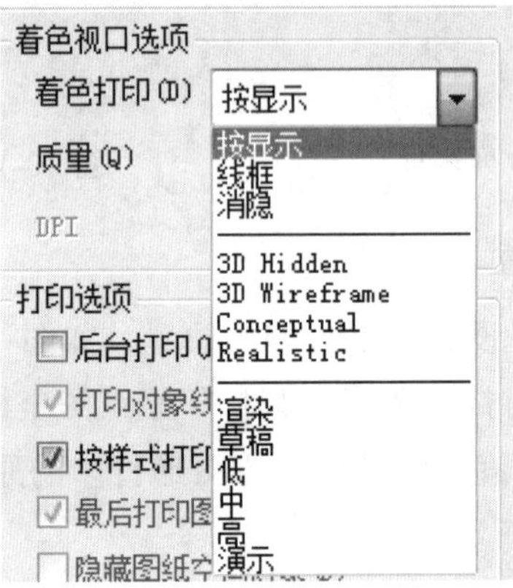

图 10-15 “着色打印预览”对话框

线框：选择“线框”选项时，系统按线框模式打印图形对象，而不考虑图形在屏幕的显示情况。

消隐：选择“消隐”选项时，系统按消隐模式打印图形对象，即在打印图形时去除其隐藏线。

渲染：选择“渲染”选项时，系统按渲染模式打印图形对象。

质量：包含“草稿”“预览”“常规”“演示”“最大”以及“自定义”选项。

草稿：选择“草稿”选项时，将渲染或着色的图形以线框方式打印。

预览：选择“预览”选项时，将渲染或着色的图形的打印分辨率设置为当前设备分辨率的 1/4，DPI 最大值为 150。

常规：选择“常规”选项时，将渲染或着色的图形的打印分辨率设置为当前设备分辨率的 1/2，DPI 最大值为 300。

演示：择“演示”选项时，将渲染或着色的图形的打印分辨率设置为当前设备的分辨率，DPI 最大值为 600。

最大：选择“最大”选项时，将渲染或着色的图形的打印分辨率设置为当前设备的最大分辨率。

自定义：选择“自定义”选项时，将渲染或着色的图形的打印分辨率设置为“DPI”框中用户指定的分辨率。

（九）设置打印选项

在“打印选项”选项组中，有指定线框、打印样式、着色打印和对象的打印次序等选项。

选择“后台打印”复选框，用于指定在后台处理打印操作。

选择“打印对象线宽”复选框，用于指定是否打印为对象或图层指定的线宽。

选择“按样式打印”复选框，用于指定是否打印应用于对象和图层的打印样式。选择该选项时，将自动选择“打印对象线宽”复选框。

选择“最后打印图纸空间”复选框，通常先打印图纸空间几何图形，然后再打印模型空间几何图形。

选择“隐藏图纸空间对象”复选框，用于指定渲染操作是否应用于图纸空间视图中的对象。此选项仅在布局选项卡中可用，效果可以反射在打印预览中，而不能反映在布局中。

选择“打开打印戳记”复选框，用于打开打印戳记。在每个图形的指定角点放置打印戳记，其中，打印戳记也可以保存到日志文件中。

选择“将修改保存到布局”复选框，将“打印”对话框中所做的修改保存到布局。

（十）保存或输入打印设置

在完成图纸幅图、比例、方向等打印参数的设置后，可以将所有的设置的打印参数保存在页面设置中，以便以后使用。

利用“打印-模型”对话框中的“页面设置”选项组，可将图形中保存的命名页面设置作为当前页面设置，也可以创建一个新的命名页面设置。

（十一）打印预览

打印设置完成后，单击“预览”按钮，将显示图打印的预览图，如图 10-16 所示。如果想直接进行打印，可以单击“打印”按钮，打印图像；如果设置的打印效果不理想，可以单击“预览”按钮，返回到“打印”对话框中进行修改，再进行打印。

（十二）一张图纸上打印多个图形

通常在一张图纸上需要打印多个图形，以便节省图纸，具体的操作步骤如下：

（1）选择“文件”/“新建”菜单命令，创建新的图形文件。

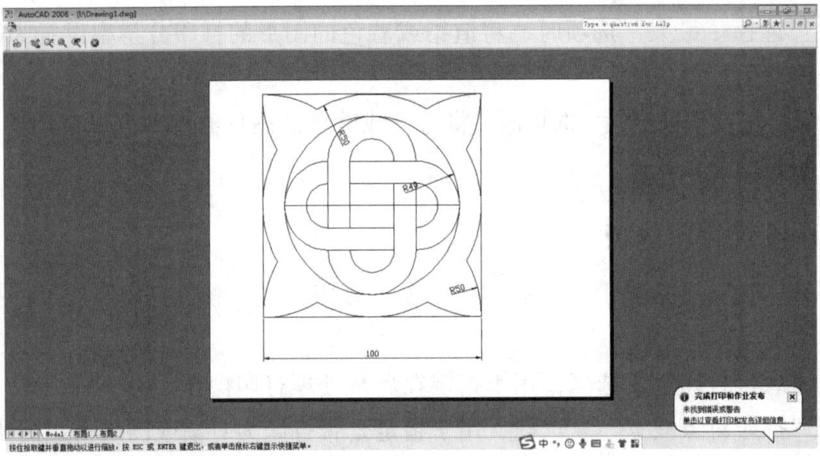

图 10-16　打印“预览”窗口

（2）选择“插入”/“块”，弹出“插入”对话框，单击“浏览”，弹出“选择图形文件”对话框，从中选择要插入的图形文件，单击“打开”按钮，此时在“插入”对话框的“名称”文本框内将显示所选文件的名称，如图 10-17 所示，单击“确定”按钮，将图形插入到指定的位置。

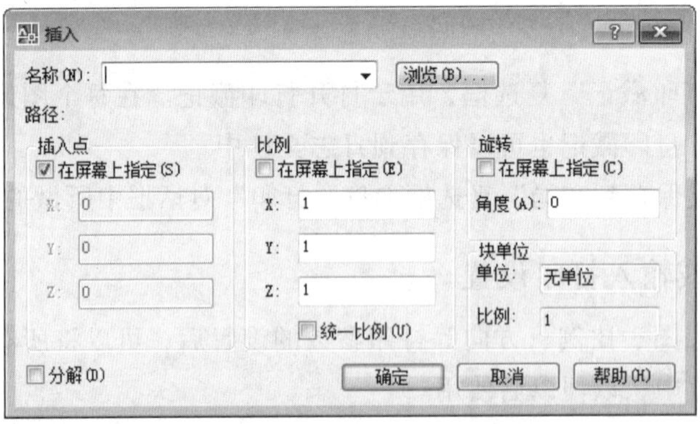

图 10-17　“插入”对话框

注意：如果插入文件的文字样式与当前图形中的文字样式名称相同，则插入的图形文件中的文字将使用当前图形文件中的文字样式。

（3）使用相同的方法插入其他需要的图形，使用“缩放”工具将图形进行缩放，缩放的比例与打印比例相同，适当组成一张图纸幅图。

（4）选择“文件”/“打印”菜单命令，弹出“打印”对话框，设置为 1∶1 的比例图形即可。

二、图形输出

在 AutoCAD 中，使用“输出”命令可以将绘制的图形输出为 bmp、3ds 等格式的文件，并可在其他应用程序中进行使用。

启用“输出”命令，有以下几种方法：

（1）“菜单”/“文件”/“输出”。

（2）命令：“EXPORT”。

（3）快捷键：“EXP”。

启用“输出”命令，弹出“输出数据”对话框，指定文件的名称和保存路径，并在“文件类型”选项的下拉列表中选择相应的输出格式，如图 10-18 所示，然后单击“保存”按钮，将图形输出为所选格式的文件。

在 AutoCAD 中，可以将图形输出为以下几种格式的文件：

（1）图元文件：此格式以“wmf”为扩展名，将图形输出为图元文件，以供不同的 Windows 软件调用，图形在其他的软件中图元的特性不变。

（2）ACIS：此格式以“sat”为扩展名，将图像输出为实体对象文件。

（3）平版印刷：此格式以“sd”为扩展名，输出图形为实体对象立体画文件。

（4）封装 PS：此格式以“eps”为扩展名，输出为 PostScrip 文件。

（5）DXX 提取：此格式以“dxx”为扩展名，输出为属性抽取文件。

（6）位图：此格式以“bmp”为扩展名，输出为与设备无关的位图文件，可供图像处理软件调用。

（7）3D Studio：此格式以“3ds”为扩展名，输出为 3D Studio（MAX）软件可接受的格式文件。

（8）块：此格式以“dwg”为扩展名，输出为图形块文件，可提供不同版本 AutoCAD 软件调用。

图 10-18 “输出数据”对话框

能力训练

1. 单项选择题

（1）图形以 1∶1 的比例绘制，而打印时打印比例设置为“按图纸空间缩放”，输出图形时将（　　）。

A. 以 1∶1 的比例输出　　B. 缩放以合适指定的图纸

C. 以样板比例输出　　D. 以上都不是

（2）（　　）使画出的虚线打印后变成直线。

A. 打印设备无法提供　　B. 没有正确地设置线型比例命令

C. 图面线型没有配合　　D. 以上皆是

（3）AutoCAD 2008 允许在（　　）模式下打印图形。

A. 模型空间　　B. 图纸空间

C. 布局　　D. 以上都是

（4）在打开一张新图形时，AutoCAD 2008 创建的默认布局数是（　　）。

A. 0　　B. 1

C. 2　　D. 无限制

2. 思考题

（1）打印图形前，如何插入图框和标题栏？插入后不合适应如何调整？

（2）打印图形的范围如何选择？如何控制图形在图纸上的位置？

（3）图形打印比例如何调整？

3. 作图题

绘制如图 10-19 所示图形，并打印输出。

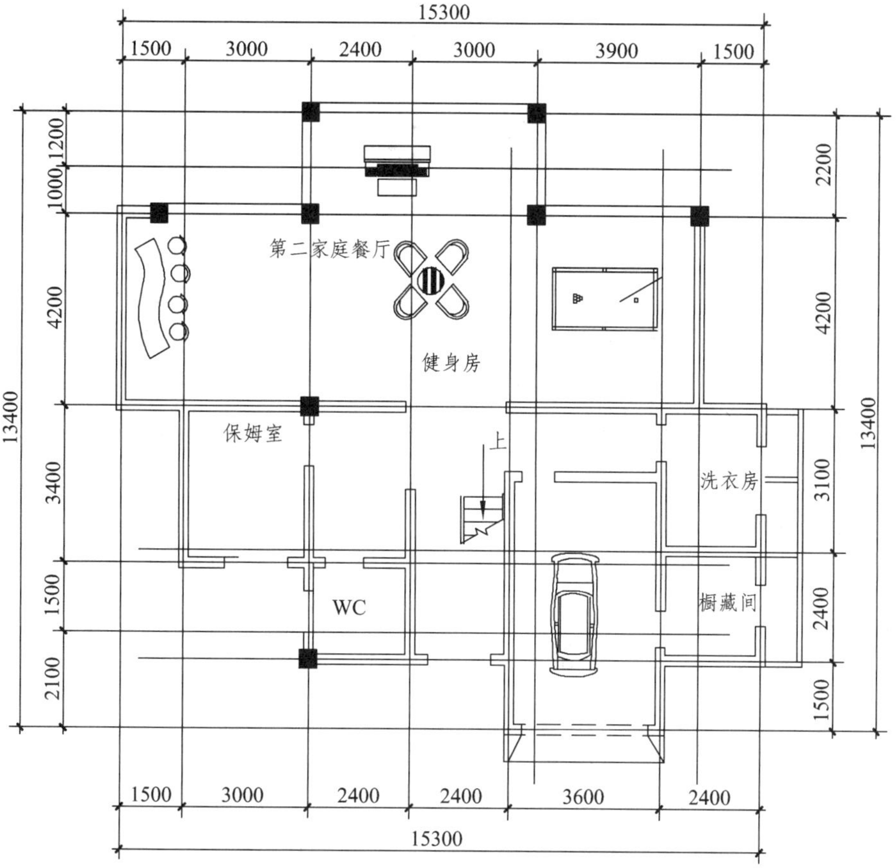
15300
1500
3000
2400
3000
3900
1500
1200
1000
2200
4200
4200
13400
13400
3400
3100
1500
2400
2100
1500
第二家庭餐厅
健身房
保姆室
上
洗衣房
WC
橱藏间
1500
3000
2400
2400
3600
2400
15300

图 10-19 平面图

参考文献

[1] 崔淑杰，冷彬，冯铗．画法几何与土木工程制图[M]．北京：机械工业出版社，2012.
[2] 贾洪斌，雷光明，王德芳．土木工程制图[M]. 3版．北京：高等教育出版社，2015.
[3] 周佳新，王志勇．土木工程制图[M]．北京：化学工业出版社，2015.
[4] 闫晓茹．交通工程制图[M]．成都：电子科技大学出版社，2010.
[5] 谢步瀛．土木工程制图[M]．上海：同济大学出版社，2011.
[6] 白丽红．建筑工程制图与识图[M]．北京：北京大学出版社，2009.
[7] 杨锐，邹蕾，赵颖. AutoCAD建筑工程制图与识图[M]．哈尔滨：哈尔滨工业大学出版社，2019.
[8] 朱平，欧阳志．工程制图基础与AutoCAD[M]．北京：化学工业出版社，2019.
[9] 刘洋，冯雨实．土木工程CAD[M]．成都：西南交通大学出版社，2015.
[10] 李小琴．工程制图与CAD[M]．北京：机械工业出版社，2017.
[11] 柳青，何延东．工程制图与CAD[M]．北京：化学工业出版社，2017.
[12] 刘树．工程制图与CAD[M]．北京：冶金工业出版社，2011.
[13] 冯小平，王俭，郭全花．土木工程制图与CAD[M]．北京：人民交通出版社，2011.
[14] 崔晓利，杨海如，贾立红．中文版AutoCAD工程制图[M]．北京：清华大学出版社，2011.